普通高等教育电子信息类系列教材

U0159853

电子测量与仪器实践教程

郭业才　编著

西安电子科技大学出版社

内 容 简 介

本书共 10 章，主要内容由四部分构成。第一部分为电子测量及数据处理，包括电子测量内容、测量方法(电压、频率、时间、相位)、测量误差及表示、测量方案及数据处理等。第二部分为电子元器件，包括无源元件(电阻器、电容器、电感器及变压器等)和有源器件(晶体二极管、晶体三极管、晶闸管及场效应管等)的概念、命名方法、分类规则、标识方法、管脚识别和参数测试方法等。第三部分为常规仪器(万用表、信号源、示波器、频谱仪、毫伏表等)的使用方法和测试技术。第四部分为电子测量与仪器实验指导。

本书可作为高等学校电子信息类、电气类、自动化类、控制类、计算机类等专业相关课程的教材或参考书，也可作为相关工程技术人员的参考书。

图书在版编目(CIP)数据

电子测量与仪器实践教程/郭业才编著. —西安：西安电子科技大学出版社，2020.8 (2020.11 重印)
ISBN 978 - 7 - 5606 - 5769 - 1

Ⅰ. ① 电… Ⅱ. ① 郭… Ⅲ. ① 电子测量技术—教材 ② 电子测量设备—教材 Ⅳ. ① TM93

中国版本图书馆 CIP 数据核字(2020)第 135041 号

策划编辑 马晓娟
责任编辑 马晓娟 任倍萱
出版发行 西安电子科技大学出版社(西安市太白南路 2 号)
电 话 (029)88242885 88201467 邮 编 710071
网 址 www.xduph.com 电子邮箱 xdupfxb001@163.com
经 销 新华书店
印刷单位 陕西天意印务有限责任公司
版 次 2020 年 9 月第 1 版 2020 年 11 月第 2 次印刷
开 本 787 毫米×1092 毫米 1/16 印张 21.5
印 数 601～2600 册
字 数 511 千字
定 价 49.00 元
ISBN 978 - 7 - 5606 - 5769 - 1/TM
XDUP 6071001 - 2

* * * 如有印装问题可调换 * * *

前　言

本书是参照教育部高等学校教学指导委员会编写的《普通高等学校本科专业类教学质量国家标准(高等教育出版社，2018)》，结合目前电子测量课程的基本教学要求并考虑所选设备的特点编写而成的。本书具有以下特点：

(1) 知识面宽。全书包括电子测量及数据处理、电子元器件、常规仪器的使用方法和测试技术以及电子测量与仪器实验指导四个部分，内容涉及电子测量内容、测量方法与数据处理，电子元器件的命名、识别、检测与选用，电子测量仪器的使用方法与测试技术以及电子测量与仪器实验指导(涵盖了数据处理实验、电子元器件性能与参数测量实验、常用电子测量仪器使用实验等)。

(2) 选材适当。在介绍电子元器件时，将国内外相关知识结合，便于对照，可读性好。在介绍电子测量仪器时，所选仪器是与通信技术、总线技术、计算机技术等相结合的仪器，体现了智能性与新颖性。

(3) 基础广。本书是后继基础实验、专业实践、毕业设计、创新实训类课程的基础。

(4) 实用性强。本书注重工程性，贯穿"用中会""会中用""学用结合"理念，重在培养学生的工程实践能力和创新能力。

本书得到了 2019 年江苏高校一流专业(电子信息工程，No.289)建设项目、2019 年无锡市信息技术(物联网)扶持资金(第三批)扶持项目(高等院校物联网专业新设奖励项目(通信工程，No.D51))、南京信息工程大学教材建设基金、南京信息工程大学滨江学院教学研究与改革项目(JGZDA201902)及西安电子科技大学出版社的大力支持或资助，在此表示衷心感谢！

由于作者水平有限，书中难免会有一些不足之处，恳请读者提出宝贵意见。

编著者
2020 年 6 月

目　　录

第 1 章　电子测量与仪器基础

【教学提示】　本章介绍了电子测量内容、测量方法与测量方案；分析与介绍了测量误差的表示、来源与分类，测量结果的表示和有效数字；给出了数据处理方法，并对电子测量仪器进行概述；讨论了接地问题。

【教学要求】　了解测量及其意义、电子测量的意义和特点，熟悉电子测量的主要内容、特点和基本方法，掌握误差基本理论及分析方法，能对测量结果（数据）进行正确的处理。了解电子测量仪器的分类和性能指标，掌握电子测量仪器的正确使用方法，充分认识接地问题的重要性。

1.1　电子测量内容与特点

现代信息技术的三大支柱是指信息获取（测量技术）、信息传输（通信技术）、信息处理（计算机技术）。这三大技术中，获取（测量）是首要的，是信息的源头。电子测量泛指以电子技术为手段进行的测量，即以电子技术理论为依据，以电子测量仪器和设备（电压表、示波器、信号发生器、特性图示仪等）为工具，对电量和非电量进行测量。狭义上讲，电子测量是指对电子学领域内各种电学参数的测量，例如，用数字万用表测量电压，用频谱分析仪监测卫星信号等。

电子测量是测量学的一个重要分支，是测量技术中最先进的技术之一。

目前，电子测量不仅是现代科学技术中不可缺少的手段，也是一门发展迅速、对现代科学技术的发展起着重大推动作用的独立科学。科学的进步和发展离不开测量，而新的科学理论往往又会成为新的测量方法和手段，推进测量技术的发展，促使新型测量仪器诞生。例如，随着电子测量仪器与通信技术、总线技术、计算机技术的结合，出现了"智能仪器""虚拟仪器""自动测试系统"等，丰富了测量的概念和发展方向。

1.1.1　电子测量的内容

测量是为了确定被测对象的量值而进行的实验过程，也是人类对客观事物取得数量概念的认知过程。电子测量的主要内容有以下四方面。

1. 基本电量的测量

基本电量主要包括：电压、电流、功率等。

在此基础上，电子测量的内容还可以扩展至其他量的测量，如阻抗、频率、时间、位移、电场强度、磁场强度等。

2. 电路、元器件参数的测量与特性曲线的显示

电路、元器件参数的测量与特性曲线的显示包括：电子电路整机的特性测量与特性曲线显示(伏安特性、频率特性等)；电气设备常用元器件(电阻、电感、电容、晶体管、集成电路等)的参数测量与特性曲线显示。

3. 电信号特性的测量

电信号特性主要有：频率、波形、周期、时间、相位、谐波失真度、调幅度及脉冲参数等。

4. 电子设备性能指标的测量

各种电子设备的性能指标主要包括：灵敏度、增益、带宽、信噪比、通频带等。

另外，通过各类传感器，可将很多非电量(如温度、压力、流量、位移、加速度等)转换成电信号后再进行测量。

1.1.2　电子测量的特点

与其他测量相比，电子测量具有以下几个突出优点：

1. 测量频率范围宽

电子测量既可以测量直流电量，又可以测量交流电量，其频率范围可以覆盖整个电磁频谱，可达 10^{-6} Hz～10^{12} Hz。

注意：对于不同的频率，即使是测量同一种电量，所采用的测量方法和使用的测量仪器也有所不同。

2. 仪器量程范围宽

量程是指各种仪器所能测量的参数的范围，电子测量仪器具有相当宽广的量程。

3. 测量准确度高

电子测量的准确度要比其他方法高得多，特别是对于频率和时间的测量，可使测量准确度达到 10^{-14}～10^{-13} 数量级。这是目前人类在测量准确度方面达到的最高指标。

注意：正是由于电子测量的准确度高，使其在现代科学技术领域得到了广泛的应用。

4. 测量速度快

电子测量是通过电磁波的传播和电子运动来进行的，因而可以实现测量过程的高速度，这是其他测量方式所无法比拟的。

只有测量速度快，才能测出快速变化的物理量，这对于现代科学技术的发展具有特别重要的意义。

5. 易于实现遥测

电子测量的数据可以通过电磁波进行传递，很容易实现遥测、遥控。例如，可以通过各种类型的传感器，采用有线或无线方式进行远程遥测。

6. 易于实现测量自动化和测量仪器微机化

由于大规模集成电路和微型计算机的应用，使得电子测量出现了新的发展方向。例如，在测量中能实现程控、自动量程转换、自动校准、自动故障诊断、自动修复，对测量结果可以实现自动记录以及自动数据运算、分析和处理。

1.2　电子测量方法

为了获得测量结果所采用的各种手段和方式被称为测量方法。

1.2.1　电子测量方法的分类

电子测量方法的分类形式有多种，这里仅讨论最常用的分类方法。

1. 按测量方式分类

1）直接测量

直接测量是指直接从电子仪器或仪表上读出测量结果的方法。例如，用电压表测量电路两端点之间的电压，用通用电子计数器测量频率等。

直接测量的特点：测量过程简单、迅速，应用广泛。

2）间接测量

间接测量是指对一个与被测量有确定函数关系的物理量进行直接测量，再将测量结果代入表示该函数关系的公式、曲线或表格，求出被测量的值的方法。

例如，要测量已知电阻 R 上消耗的功率，需先测量加在 R 两端的电压 U，然后根据公式 $P = \dfrac{U^2}{R}$ 便可求出功率 P 的值。

间接测量的特点：多用于科学实验，在生产及工程技术中应用较少，只有当被测量不便于直接测量时才采用。

3）组合测量

组合测量是指在某些测量中，被测量与几个未知量有关，测量一次无法得出完整的结果，通过改变测量条件进行多次测量，然后按照被测量与未知量之间的函数关系组成联立方程，通过求解得出有关未知量的方法。它兼用了直接测量和间接测量两种方法。

一个典型的例子是电阻器温度系数的测量。已知电阻器阻值 R_t 与温度 t 的关系为

$$R_t = R_{20} + \alpha(t - 20) + \beta(t - 20)^2 \tag{1.1}$$

式中，R_{20} 为 $t = 20°C$ 时的电阻值，一般为已知量。只需在两个不同温度 t_1、t_2 下测出相应的阻值 R_{t1}、R_{t2}，即可通过解联立方程

$$\begin{cases} R_{t1} = R_{20} + \alpha(t_1 - 20) + \beta(t_1 - 20)^2 \\ R_{t2} = R_{20} + \alpha(t_2 - 20) + \beta(t_2 - 20)^2 \end{cases} \tag{1.2}$$

得到温度系数 α、β 的值。

组合测量的特点：是一种特殊的精密测量方法，适用于科学实验及一些特殊场合。

2. 按被测信号性质分类

1) 时域测量

时域测量又称瞬态测量，是指测量被测对象在不同时间点上的特性。这时被测信号是关于时间的函数。例如，可用示波器测量被测信号（电压值）的瞬时波形，显示它的幅度、宽度、上升沿和下降沿等参数。

另外，时域测量还包括对一些周期信号的稳态参数的测量。例如，正弦交流电压，虽然其瞬时值随着时间变化，但其振幅和有效值则是稳态值，也可以用时域测量方法对其进行测量。

2) 频域测量

频域测量又称稳态测量，是指测量被测对象在不同频率点上的特性。这时被测信号是关于频率的函数。例如，使用频谱分析仪对电路中产生的新的电压分量进行测量，可产生幅频特性曲线、相频特性曲线等。

3) 数据域测量

数据域测量又称逻辑测量，是指对数字系统的逻辑特性进行的测量。

利用逻辑分析仪能够分析离散信号组成的数据流，可以观察多个输入通道的并行数据，也可以观察一个通道的串行数据。

4) 随机测量

随机测量又称统计测量，是指利用噪声信号源进行的动态测量。例如，测量各类噪声、干扰信号等。

电子测量还有许多分类方法，如动态与静态测量技术、模拟与数字测量技术、实时与非实时测量技术、有源与无源测量技术等。

1.2.2　几个常用量的测量

1. 电压测量

1) 电压测量的重要性和特点

电压测量是电子测量中最基本的内容，主要原因是：

（1）各种电路工作状态（如饱和、截止等）通常都以电压的形式反映出来；

（2）许多电参数（如增益、频率、电流、功率、调幅度等）都可视为电压的派生量；

（3）在非电量测量中，各种传感器将非电参数转换为电压参数进行测量；

（4）不少测量仪器都用电压来表示；

（5）电压测量直接、方便，将电压表并接在被测电路上，只要电压表的输入阻抗足够大，就可以在几乎不影响电路工作状态的前提下获得满意的测量结果。

电流测量就不具备以上这些优点。首先，在电流测量时，要将电流表串接在被测支路中，很不方便；其次，电流表的内阻会改变电路的工作状态，使测得值不能真实反映电路的原状态。因此，可以说电压测量是许多电参数测量的基础，电压测量对调试电子电路来说是必不可少的。

电子测量中电压测量的特点如下：

（1）频率范围宽。电子电路中电压的频率可以从直流到数百兆赫兹。对于甚低频或高频范围的电压测量，一般万用表是不能胜任的。

（2）电压范围广。电子电路中，电压范围可以由微伏到千伏以上。对于不同的电压挡级，必须采用不同的电压表进行测量。例如，用数字电压表可测出 10^{-9} V 数量级的电压。

（3）对非正弦量电压测量会产生测量误差。例如，用普通仪表测量非正弦电压，将造成测量误差。

（4）测量仪器的输入阻抗要高。由于电子电路一般为高阻抗电路，为了将仪器对被测电路的影响减至足够小，要求测量仪器有较高的输入电阻。

（5）存在干扰。电压测量易受外界干扰。当信号电压较小时，干扰往往成为影响测量精度的主要因素。因此，高灵敏度电压表必须有较高的抗干扰能力。测量时，也必须采取一定的措施（如必要的电磁屏蔽等）减少干扰。

此外，测量电压时，还应考虑输入电容的影响。

上述情况，在测量精度要求不高时通常用示波器可以解决。如果测量精度要求较高，则要全面考虑，选择合适的测量方法，合理选择测量仪器。

2）交流电压测量

按工作原理不同，指针式交流电压表可分为检波放大式、放大检波式及外差式三种类型。如果使用的是放大检波式的交流电压表，则被测量电压经放大后送至全波检波器，通过电流表的平均电流 I_{au} 正比于被测电压 U 的平均值 U_{au}。因为正弦波应用广泛，且有效值具有实用意义，所以交流电压表通常都按正弦波有效值划分刻度。

常用晶体管毫伏表的检波器虽然呈现的是平均值，但其面板指示仍以正弦电压有效值划分刻度。

为了便于讨论由于波形不同所产生的误差，先定义波形因数 K_F：

$$K_F = \frac{\text{有效值}}{\text{平均值}} = \frac{U_{ms}}{U_{au}} \qquad (1.3)$$

正弦波的 $K_F \approx 1.11$（即电压表读数 $a = K_F U_{au} \approx 1.11 U_{au}$）。由此可知，用晶体管毫伏表测量非正弦波电压时，因各种波形电压的 K_F 值不同（见表 1.1），将产生较大的波形误差（测量误差）。例如，当用晶体管毫伏表分别测量方波和三角波电压时，若毫伏表均指示在 10 V 处，就不能简单地认为此方波、三角波的有效值就是 10 V，因为指示值 10 V 为正弦波有效值，其正弦波的平均值 $U_{av} \approx 0.9 \times 10 = 9$ V，此数值即为被测电压经整流后的平均值，代入波形因数定义式得：方波的有效值为 $1 \times 9 = 9$ V；三角波的有效值为 $1.15 \times 9 = 10.35$ V。另外，当测量放大器的动态范围 U_{opp} 时，由于波形已不是严格的正弦波，若继续用晶体管毫伏表读出有效值再乘以 $2\sqrt{2}$，得到放大器的动态范围 U_{opp} 值，显然有较大的波形误差，因此，通常是直接从示波器定量测出 U_{opp} 值。

表 1.1　几种交流电压的波形参数

波形		峰值	有效值 U_{rms}	整流平均值 U_{au}	波形因数 $K_F = \dfrac{U_{rms}}{U_{au}}$	波峰因数 K_P
正弦波		U_m	$\dfrac{U_m}{\sqrt{2}} \approx 0.707 U_m$	$\dfrac{2}{\pi} U_m$	$\dfrac{\sqrt{2}}{2}\pi \approx 1.11$	$\sqrt{2}$
全波整流后的正弦波		U_m	$\dfrac{U_m}{\sqrt{2}} \approx 0.707 U_m$	$\dfrac{2}{\pi} U_m$	$\dfrac{\sqrt{2}}{2}\pi \approx 1.11$	$\sqrt{2}$
三角波		U_m	$\dfrac{U_m}{\sqrt{3}} \approx 0.577 U_m$	$\dfrac{1}{2} U_m$	$\dfrac{2}{\sqrt{3}} \approx 1.15$	$\sqrt{3}$
锯齿波		U_m	$\dfrac{U_m}{\sqrt{3}} \approx 0.577 U_m$	$\dfrac{1}{2} U_m$	$\dfrac{2}{\sqrt{3}} \approx 1.15$	$\sqrt{3}$
脉冲波		U_m	$\sqrt{\dfrac{t_p}{T}} U_m$	$\dfrac{t_p}{T} U_m$	$\dfrac{T}{t_p}$	$\dfrac{T}{t_p}$
方波		U_m	U_m	U_m	1	1
梯形波		U_m	$\sqrt{1 - \dfrac{4}{3} - \dfrac{\varphi}{\pi}}\, U_m$	$\left(1 - \dfrac{\varphi}{\pi}\right) U_m$	$\dfrac{\sqrt{1 - \dfrac{4}{3} - \dfrac{\varphi}{\pi}}}{1 - \dfrac{\varphi}{\pi}}$	$\dfrac{1}{\sqrt{1 - \dfrac{4}{3} - \dfrac{\varphi}{\pi}}}$
白噪声		U_m	$\approx \dfrac{1}{3} U_m$	$\dfrac{1}{3.75} U_m$	$\sqrt{\dfrac{\pi}{2}} \approx 1.25$	3

使用交流电压表时还需注意下列问题：

（1）频率范围要与被测电压的频率匹配。

（2）要有较高的输入阻抗，这是因为测量仪器的输入阻抗是被测电路的负载之一，它将影响测量精度。

（3）需要正确测量失真的正弦波和脉冲波的有效值时，可选用真有效值电压表。

2. 频率与相位差的测量

1）频率的测量

测量频率的方法有很多种，这里只介绍两种实验室最常用的方法。

（1）频率计测量法。采用数字频率计测量频率既简单又准确。测量时信号电压的大小要在频率计的测量范围内，否则会损坏频率计。信号电压过小，先放大再测量；信号电压过大，先衰减再测量，否则会发生显示值不准确或不显示的现象。

（2）示波器测量法。频率也可通过示波器来测量，通常采用的方法是测周期法和李沙育图形法。

测周期法就是通过示波器测得信号的周期 T，利用频率与周期的倒数关系 $f=1/T$，求得所测频率。这种方法简单方便，但精度不高，一般只作估测用。

李沙育图形法的测试过程是：将示波器置于 X-Y 工作模式下，Y 通道接入被测信号，X 通道接入已知频率的信号，缓慢调节该信号的频率，当两个信号频率呈整数倍关系时，示波器就会显示稳定的李沙育图形，根据图形形状和 X 通道输入的已知频率 f_X，求得被测信号频率 f_Y 为

$$f_Y = \frac{m}{n} f_X \tag{1.4}$$

式中，m 为 X 轴向不经过图形中交点的直线与图形曲线的交点数，n 为 Y 轴向不经过图形中交点的直线与图形曲线的交点数。表 1.2 给出了正弦信号的几种李沙育图形。

表 1.2 不同频率比和相位差的李沙育图形

$\dfrac{f_Y}{f_X}$ ＼ φ	0°	45°	90°	135°	180°
1:1					
2:1					
3:1					
3:2					

李沙育图形法测量准确度高，但需要准确度比测量精度要求更高的信号源。

2）相位差的测量

相位差的测量方法也有很多种，用数字相位计测量既简单又准确，但在实验教学中一般采用示波器进行测量。

（1）直接测量法。如图 1.1(a) 所示，测出信号周期对应的距离 X_T 和相位差对应的距离 X，则两信号的相位差为

$$\varphi = \frac{X}{X_T} \times 360° \tag{1.5}$$

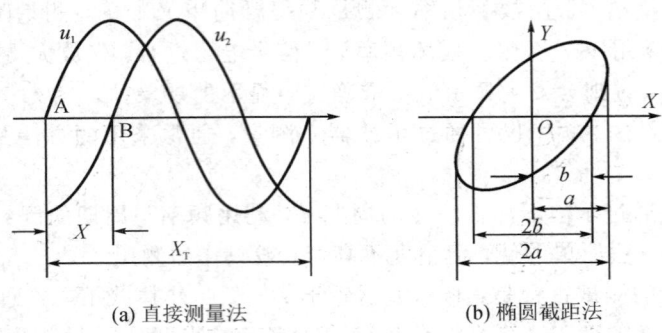

　　　　　　(a) 直接测量法　　　　　　　　　　(b) 椭圆截距法

图 1.1　相位差的测量

　　(2) 椭圆截距法。将两个被测信号分别接入 X 通道和 Y 通道(示波器置于 X - Y 工作模式下),这时示波器显示一个椭圆或一条直线。如果为直线,则说明两信号的相位差为 0°(直线与 X 轴正向夹角小于 90°)或 180°(直线与 X 轴正向夹角大于 90°);若显示椭圆,如图 1.1(b)所示,则说明两信号的相位差为

$$\sin\varphi = \frac{b}{a} \tag{1.6}$$

　　测量时,a、b 无法直接准确测出。为减小测量的误差,可按 $2a$、$2b$ 测量与计算。

1.3　测量误差及表示

1.3.1　测量误差的定义

　　测量是以确定被测对象量值为目的的全部操作。在一定的时间和空间环境中,被测量本身具有的真实数值(真值)是个理想的概念。对客观规律认识的局限性、计量器具不准确、测量手段不完善、测量条件发生变化及测量工作中的错误等,都会导致测量结果与真值不同,这就产生了误差。

1. 真值

　　所谓真值,是指在一定时间和环境条件下,被测量本身所具有的真实数值。

　　注意:真值是一个理想概念,通常无法精确测到。

2. 测量误差

　　所谓测量误差,是指由于测量设备、测量方法、测量环境和测量人员的素质等条件的限制,测量结果与被测量真值之间通常存在的差异。

　　注意:测量误差过大,会使得测量结果变得毫无意义,甚至会带来坏处。

3. 约定真值

　　所谓约定真值,是一个接近真值的值,它与真值之差可忽略不计。实际测量中以在没有系统误差的情况下,足够多次的测量值之平均值作为约定真值。

　　约定真值是对于给定目的的具有适当不确定度的、赋予特定量的值,有时该值是约定

采用的。实际上对于给定目的，并不需要获得特定量的真值，而只需要与该真值足够接近的值，即其不确定度满足需要的值。特定量的值就是约定真值，对于给定的目的可用它来代替真值。

注意：约定真值又称为实际值，通常用 A 来表示。

研究测量误差的目的，就是要了解产生误差的原因和规律，寻找减小测量误差的方法，从而使测量结果精确可靠。

1.3.2　测量误差的表示方法

测量误差有两种表示方法，即绝对误差和相对误差。

1. 绝对误差

1）定义

由测量所得到的测量值 x 与其真值 A_0 之差，称为绝对误差，记作 Δx，即

$$\Delta x = x - A_0 \tag{1.7}$$

说明：由于测量结果 x 总有误差，x 可能比 A_0 大，也可能比 A_0 小，因此 Δx 既有大小，也有正负，其量纲和测量值的量纲相同；这里所说的测量值是指测量仪器的示值。

注意：通常，测量仪器的读数和测量仪器的示值是有区别的。测量仪器的读数是指从测量仪器的刻度盘、显示器等读数装置上直接读到的数字；测量仪器的示值是指该被测量的测量结果，包括数量值和量纲，通常由测量仪器的读数经过换算而得到。

式（1.7）中，A_0 表示真值，实际测量时无法得到 A_0，所以通常用实际值 A 来代替真值 A_0，从而式（1.7）可改写为

$$\Delta x = x - A \tag{1.8}$$

2）修正值

修正值是指与绝对误差的绝对值大小相等、符号相反的量值，用 C 表示，即

$$C = -\Delta x = A - x \tag{1.9}$$

对测量仪器进行定期检定时，对比标准仪器与受检仪器后，可以以表格、曲线或公式的形式给出受检仪器的修正值。

在日常测量中，受检仪器测量所得到的结果应加上修正值，以求得被测量的实际值，即

$$A = x + C \tag{1.10}$$

说明：① 修正值可以减小误差的影响，使测量值更接近真值。② 实际应用中，应定期将测量仪器送检，以便得到正确的修正值。

2. 相对误差

绝对误差虽然可以说明测量结果偏离实际值的大小，但不能确切地反映测量的准确程度，也不便看出对整个测量结果的影响。

1）实际相对误差

相对误差是指绝对误差与被测量的真值之比，用 γ 表示，即

$$\gamma = \frac{\Delta x}{A_0} \times 100\% \tag{1.11}$$

注意：相对误差没有量纲，只有大小及符号。

因真值难以确切得到，通常用实际值 A 代替真值 A_0 来表示相对误差，称为实际相对误差，用 γ_A 表示，即

$$\gamma_A = \frac{\Delta x}{A} \times 100\% \tag{1.12}$$

2）示值相对误差

在误差较小，要求不是很严格的场合，也可用测量值 x 代替实际值 A，由此得到的相对误差称为示值相对误差，用 γ_x 表示，即

$$\gamma_x = \frac{\Delta x}{x} \times 100\% \tag{1.13}$$

说明：① 式（1.13）中的 Δx 由所用仪器的准确度等级定出。② 由于 x 中含有误差，所以 γ_x 只适用于近似测量。③当 Δx 很小时，$x \approx A$，有 $\gamma_A \approx \gamma_x$。

3）满度相对误差

用绝对误差与仪器满刻度值 x_{m} 之比来表示相对误差，称为引用相对误差或满度相对误差，用 γ_{m} 表示，即

$$\gamma_{\mathrm{m}} = \frac{\Delta x}{x_{\mathrm{m}}} \times 100\% \tag{1.14}$$

测量仪器使用最大引用相对误差来表示它的准确度，这时有

$$\gamma_{\mathrm{mm}} = \frac{\Delta x_{\mathrm{m}}}{x_{\mathrm{m}}} \times 100\% \tag{1.15}$$

式（1.15）中，Δx_{m} 表示仪器在该量程范围内出现的最大绝对误差；x_{m} 表示仪器的满刻度值；γ_{mm} 表示仪器在工作条件下不应超过的最大引用相对误差，它反映了该仪器的综合误差大小。

1.3.3　测量误差的来源

误差除了用来表示测量结果的准确程度外，也是衡量电子测量仪器质量的重要指标。为了保证仪器示值的准确，必须在出厂时由检验部门对其误差指标进行严格检查。我国标准规定用工作误差、固有误差、理论误差、方法误差、影响误差和稳定误差等来表征仪器性能。

1）工作误差

工作误差是在额定工作条件下测定的仪器误差极限。用仪器的工作误差来估计测量结果时，误差会偏大。

2）固有误差

固有误差通常也可称为基本误差，它是指测量仪器在参考条件下所确定的测量仪器本身所具有的误差，主要来源于测量仪器自身的缺陷。例如，仪器的结构、原理、使用、安装、测量方法及其测量标准传递等造成的误差。固有误差的大小直接反映了该测量仪器的准确度。一般固有误差是对示值误差而言的，因此固有误差是测量仪器划分准确度的重要依据。测量仪器的最大允许误差就是测量仪器在参考条件下，反映测量仪器自身存在的所允许的固有误差极限值。

3）理论误差

理论误差是通过理论计算得到的误差。这是由于测量所依据的理论公式本身的近似性，或实验条件不能达到理论公式所规定的要求，或实验方法本身不完善所带来的误差。例如，热学实验中没有考虑散热所导致的热量损失，伏安法测电阻时没有考虑电表内阻对实验结果的影响等。

理论误差原则上可通过理论分析和计算来加以消除或修正。

4）方法误差

因测量方法不适宜造成的误差称为方法误差。如用电压表测量电压时，没有正确地估计电压表的内阻对测量结果的影响而造成的误差。选择测量方法和测量设备时，应考虑现有的测量设备及测量的精度要求，并根据被测量本身的特性来确定采用何种测量方法和选择哪些测量设备。正确的测量方法可以得到精确的测量结果，否则有可能损坏仪器、设备、元器件等。

方法误差可通过改变测量方法来加以消除或修正。

5）影响误差

影响误差是指当一个影响量在其额定使用范围内任意取值时，其他影响量和影响特性均处于基准条件下所测得的误差，如温度误差、频率误差等。只有当某一影响量在工作误差中起重要作用时才给出，它是一种误差极限。

6）稳态误差

在自控系统中，当一个动态调整过程结束后，被调节参数稳定后的实际值与预期值之差称为稳态误差。稳态误差由两部分构成：控制原理（如纯比例调节）造成的原理性稳态误差；系统部件中的缺陷（如摩擦、间隙、不灵敏区等）所造成的结构性稳态误差，也称附加性稳态误差。

7）基本误差

基本误差是指在正常工作情况下（如温度、压强、磁场、湿度等），因仪器原因而造成的允许误差。允许误差又称为极限误差，是人为规定的某类仪器测量时不能超过的测量误差的极限值，可用绝对误差、相对误差或二者的结合来表示。

8）附加误差

附加误差是指仪表偏离规定的工作条件（如温度、频率、波形的变化超出规定的条件，工作位置不当或存在外电场和外磁场的影响等）而产生的误差。它实际上是一种因外界工作条件改变而造成的额外误差，如电源波动附加误差、温度附加误差等。

1.3.4　测量误差的分类

根据误差的性质，测量误差分为系统误差、疏失误差和随机误差三类。

1. 系统误差

系统误差是指实验系统（测量系统）在测量过程中和在取得其结果的过程中存在的恒定或按一定规律变化的误差，系统误差又叫作规律误差。例如，在测量电阻的阻值时，电阻因通过电流而发热，从而导致电阻阻值变化，这种变化是有一定规律的。因此，这种误差属于按一定规律变化的系统误差。

系统误差包括仪器误差、仪器零位误差、理论误差和方法误差、环境误差和人为误差等。

（1）仪器误差：由于仪器制造的缺陷、使用不当或者仪器未经很好校准所造成的误差。例如，秒表偏快、表盘刻度不均匀、尺子刻度偏大、米尺因为环境温度的变化而伸缩、砝码未经校准、仪器的水平或铅直未调准等造成的示值与真值之间的误差，统称为仪器误差。

计算方法：某些仪器有级数，计算仪器误差时，其值 $=（量程 \times \dfrac{级数\%}{测量值}）\times 100\%$。例如，量程为 1000，级数为 0.5，测量值为 500，则误差 $=（1000 \times \dfrac{0.5\%}{500}）\times 100\% = 1\%$。测量值越接近最大量程，仪器误差越小。

（2）仪器零位误差：在使用仪器时，仪器零位未校准所产生的误差。例如，当千分尺的两个砧头刚好接触时，千分尺上有读数；电流表在没有电流流过时，电流表上有读数。这些都是因为仪器的零位不准而引起的误差，称为仪器零位误差。

（3）理论误差和方法误差：实验所依据的理论和公式的近似性引起的误差，称为理论误差；实验条件或测量方法不能满足理论公式所要求的条件等引起的误差，称为方法误差。例如，用普通的万用表测量高内阻回路的电压，由于万用表的输入电阻较低而引起的误差，就是此类误差。

（4）环境误差：测量仪器规定的使用条件未满足所造成的误差。例如，因室温高于仪器所规定的实验温度范围而引起的误差。

（5）人为误差：由测量者本身的生理特点或固有习惯所带来的误差。例如，反应速度的快慢、分辨能力的高低、读数的习惯等造成的误差。

系统误差按其特点分为可修正系统误差和不可修正系统误差。凡是大小、符号可以确定的系统误差，即为可修正系统误差。例如，仪器误差、理论误差等，可以根据它的大小和符号对测量结果进行修正，消除它对测量结果的影响。那些只能估计大小，不能确定符号的系统误差，称为不可修正系统误差。这类误差总是偏向一侧，因此不能通过多次测量取平均来消除它。

2. 疏失误差

疏失误差指因实验者使用仪器的方法不正确，实验方法不合理，粗心大意，过度疲劳，读错、记错数据等引起的误差。只要实验者采取严肃认真的态度，就可以消除这种误差。

3. 随机误差

随机误差也称为偶然误差。所谓偶然，是指在消除了系统误差和疏失误差，且测量条件相同的情况下，对同一物理量做多次等精度测量，每次得到的测量值都不相同，有时偏大、有时偏小。当测量次数足够多时，这种偏离引起的误差服从统计规律，即离真值近的测量值出现次数多，离真值远的测量值出现次数少，而且测量值与真值之差的绝对值相等的测量值出现的概率相等。当测量次数趋于无限多时，偶然误差的代数和趋向于零。因此，通过增加测量次数可减小偶然误差。偶然误差是不可修正的。

偶然误差具有以下特点：

（1）有界性，误差的绝对值不会超过某一最大值 Δx_{max}。

（2）单峰性，绝对值小的误差出现的概率大，而绝对值大的误差出现的概率小。

（3）对称性，绝对值相同的正、负误差出现的概率相等。

（4）抵偿性，误差的算术平均值随着测量次数的无限增加而趋于零。

1.3.5　测量结果的表示和有效数字

1. 测量结果的表示

测量结果的表示是指测量结果的数字表示，它包括一定的数值（包括正负号）和相应的计量单位。

说明： 通常为了说明测量结果的可信度，在具体表示测量结果时，还要同时注明其测量误差值或范围。例如，$(4.32\pm0.01)\,\text{V}$、$(465\pm1)\,\text{kHz}$。

2. 有效数字和有效数字位

测量结果通常都存在一定的误差，因此需要考虑如何用近似数据恰当地表示测量结果，这就涉及有效数字的问题。

有效数字是指从最左边第一位非零数字算起，到含有误差的那位存疑数字为止的所有各位数字。

在测量过程中，正确地写出测量结果的有效数字，合理地确定测量结果位数是非常重要的。

对有效数字位数的确定应掌握以下几方面内容：

（1）有效数字位数与测量误差具有一定的关系。原则上可以从有效数字的位数估计出测量误差，一般规定误差不超过有效数字末位单位的一半。

（2）"0"在最左面为非有效数字。

（3）有效数字不能因选用的单位变化而改变。

3. 数字的舍入规则

测量数据中超过保留位数的数字应予以删略。删略原则是：小于五舍，大于五入，等于五求偶。具体说明如下：

（1）删略部分最高位数字小于 5 时，后位舍去。

（2）删略部分最高位数字大于 5 时，末位进 1。

（3）删略部分最高位数字等于 5 时，5 后面有非零数字时进 1；5 后面全为零或无数字时，采用求偶法则，即 5 前面为偶数时舍 5 不进，5 前面为奇数时进 1。

说明： ① 经过数字舍入后，末位是欠准数字，末位以前的数字为准确数字。末位欠准的程度不超过该位单位的一半。② 决定有效数字位数的标准是误差范围，并不是位数写得越多越好，写多了会夸大测量的准确度。③ 表示带有绝对误差的数字时，有效数字的末位应和绝对误差取齐，即两者的欠准数字所在数字位必须相同。

1.4　测量方案

1.4.1　测量目的与原理

1. 根据被测量特点，明确测量内容与目的

诸如，被测量是直流量还是交流量，如果是直流量，应先估计其内阻的大小，如果是交流量，那么它是高频量还是低频量，是正弦量还是非正弦量，是线性变化量还是非线性变化量，是测量有效值、平均值还是峰值，等等，需做周密考虑后再安排。

例如，高频量或脉冲量，应选择宽频带示波器；非正弦电压测量，要进行波形换算；非线性变化量的测量，要注意实际操作状态。

2. 根据测量原理，初步拟定可选方案

根据被测量的性质，估计误差范围，分析主要影响因素，初步拟定可选的几个方案，再进行优选。对于复杂的测量任务，可采用间接的测量方法，预先绘制测量框图，搭接测量电路，制定计算步骤及计算公式等。在拟定测量步骤时，要注意到：

（1）应使被测电路系统及测试仪器等处于正常状态。

（2）应满足测量原理中所要求的测量条件。

（3）应尽量减小系统误差，设法消除随机误差的影响，合理选择测量次数及组数。

3. 根据准确度要求，合理选择仪器类型

由被测量的性质及环境条件，选择仪器的类型及技术性能，并配置合理的标准元件；由被测量的大小和频率范围选择仪器、仪表的量程，以满足测量的准确度要求。

4. 根据测量要求，充分考虑环境条件

测量现场的温度、电磁干扰、仪器设备的安放位置及安全措施等，均应符合测量任务的要求。

1.4.2　测量过程

测量过程可分为三个阶段，即测量准备阶段、测量实施阶段和数据处理阶段。

测量准备阶段主要是选择测量方法及仪器仪表。

测量实施阶段要多注意测量的准确度、精密度、测量速度及正确记录等。

数据处理阶段将测量数据进行整理，给出正确的测量结果，绘制表格、曲线，作出分析和结论。

在具体测量过程中应做到：

（1）对实验室或科研室的检验仪器，除作出合格与否的评价外，还应当给出仪器的精确度等级及其修正值，并且要注意检验的可靠性。

（2）明确仪器各项技术指标的意义及各项误差所对应的工作条件。

（3）对于标准仪器应有严格的要求。首先要确定标准仪器的极限误差。当标准仪器与受检仪器同时含有系统误差和随机误差时，标准仪器的误差可以忽略的条件是：标准仪器的容许误差限应小于受检仪器容许误差限的 $1/10 \sim 1/3$。例如，欲鉴定准确度为 1.0 级的仪表，应选择经过校准的 0.2 级仪表做标准表。如果标准装置是一套比较复杂的设备，还应当考虑对标准装置中各部件进行误差分配，并作综合误差的校正标准等。

（4）检验方式有两种：一种是利用比较原理直接检验受检仪器的总误差；另一种是先检验各分项误差，然后进行合成。至于采用何种检验方式合适，应视各种仪器的具体情况而定。

通过前面所述，可以看出，有关误差理论及处理措施都很重要，应当很好地掌握。只有测量误差被限制在一定的范围内，测量才具有实际意义。

1.5　测量数据处理

前面讨论了测量与误差的基本概念，测量结果的最佳值、误差和不确定度的计算。然而，实验的最终目的是为了通过数据的获取和处理，从中揭示出有关物理量的关系，或找出事物的内在规律性，或验证某种理论的正确性，或为以后的实验准备依据。因而，需要对所获得的数据进行正确的处理，数据处理贯穿于从获得原始数据到得出结论的整个实验过程，包括数据记录、整理、计算、作图、分析等方面涉及数据运算的处理方法。常用的数据处理方法有：列表法、图示法、图解法、逐差法和最小二乘线性拟合法等，下面分别予以简单讨论。

1.5.1　列表法

列表法是将实验所获得的数据用表格的形式进行排列的数据处理方法，其功能是：记录实验数据，显示出物理量间的对应关系。其优点是：能对大量杂乱无章的数据进行归纳整理，使之既有条不紊，又简明醒目；既有助于表现物理量之间的关系，又便于及时地检查和发现实验数据是否合理，减少或避免测量错误；同时，也为作图法等处理数据奠定基础。

用列表的方法记录和处理数据是一种良好的科学工作习惯，要设计出一个栏目清楚、行列分明的表格，也需要在实验中不断训练，逐步掌握、熟练，并形成习惯。

一般来讲，在用列表法处理数据时，应遵从如下原则：

（1）栏目条理清楚，简单明了，便于显示有关物理量的关系；

（2）在栏目中，应给出有关物理量的符号，并标明单位（一般不重复写在每个数据的后面）；

（3）填入表中的数字应是有效数字；

（4）必要时需要加以注释说明。

例如，用螺旋测微计测量钢球直径的实验数据如表 1.3 所示。

表 1.3　螺旋测微计测量钢球直径的数据记录表

$\Delta = \pm 0.004$ mm

次　数	初读数/mm	末读数/mm	直径 D_i/mm	$D_i - \bar{D}$/mm
1	0.004	6.002	5.998	$+0.0013$
2	0.003	6.000	5.997	$+0.0003$
3	0.004	6.000	5.996	-0.0007
4	0.004	6.001	5.997	$+0.0003$
5	0.005	6.001	5.996	-0.0007
6	0.004	6.000	5.996	-0.0007
7	0.004	6.001	5.997	$+0.0003$
8	0.003	6.002	5.999	$+0.0023$
9	0.005	6.001	5.995	-0.0017
10	0.004	6.000	5.996	-0.0007

依据表 1.3 中数据，可计算直径平均值为

$$\bar{D} = \frac{\sum D_i}{n} = 5.99\,67(\text{mm})$$

取 $\bar{D} \approx 5.997\,\text{mm}$，$\Delta_i = D_i - \bar{D}$。

不确定度的 A 分量（运算中 $\bar{D}$ 保留两位存疑数字）为

$$S_\text{D} = \sqrt{\frac{\sum \Delta_i}{n-1}} \approx 0.001\,1(\text{mm})$$

B 分量（按均匀分布）为

$$U_\text{D} = \frac{\Delta}{\sqrt{3}} \approx 0.00\,23(\text{mm})$$

则

$$\sigma = \sqrt{S_\text{D}^2 + U_\text{D}^2} \approx 0.00\,26(\text{mm})$$

取

$$\sigma = 0.003(\text{mm})$$

测量结果为

$$D = 5.997 \pm 0.003(\text{mm})$$

1.5.2　图示法

图示法是指用图形或曲线来表示数据之间的关系，描述物理规律的一种实验数据处理方法。一般来讲，一个物理规律可以用三种方式来表述：文字表述、解析函数关系表述、图形表示。图示法处理实验数据的优点是直观、形象地显示各个物理量之间的数量关系，便

于比较分析。一条图线上可以有无数组数据，可以方便地进行内插和外推，特别是对那些尚未找到解析函数表达式的实验结果，可以依据图示法所画出的图线寻找到相应的经验公式。因此，图示法是处理实验数据的好方法。

要想制作一幅完整而正确的图，必须遵循的原则及步骤如下：

（1）选择合适的坐标纸。作图一定要用坐标纸，常用的坐标纸有直角坐标纸、双对数坐标纸、单对数坐标纸、极坐标纸等。选用的原则是尽量让所作图线呈直线，有时还可采用变量代换的方法将图线作成直线。

（2）确定坐标的分度和标记。一般用横轴表示自变量，纵轴表示因变量，并标明各坐标轴所代表的物理量及其单位（可用相应的符号表示）。坐标轴的分度要根据实验数据的有效数字及对结果的要求来确定。原则上，数据中的可靠数字在图中也应是可靠的，即不能因作图而引进额外的误差。在坐标轴上应每隔一定间距均匀地标出分度值，标记所用有效数字的位数应与原始数据的有效数字的位数相同，单位应与坐标轴单位一致。要恰当选取坐标轴比例和分度值，使图线充分占用图纸空间，不要缩在一边或一角。除特殊需要外，分度值起点可以不从零开始，横、纵坐标可采用不同比例。

（3）描点。根据测量获得的数据，用一定的符号在坐标纸上描出坐标点。一张图纸上画几条实验曲线时，每条曲线应用不同的标记，以免混淆。常用的标记符号有⊙、＋、×、△、□等。

（4）连线。要绘制一条与标出的实验点基本相符的图线，图线尽可能多地通过实验点，由于测量误差，某些实验点可能不在图线上，应尽量使其均匀地分布在图线的两侧。图线应是直线或光滑的曲线或折线。

（5）注解和说明。应在图纸上标出图的名称、有关符号的意义和特定实验条件。例如，在绘制的热敏电阻-温度关系的坐标图上，应标明"电阻-温度曲线""＋—实验值""×—理论值""实验材料：碳膜电阻"等。

1.5.3　图解法

图解法是在图示法的基础上，利用已经作好的图，定量地求出待测量或某些参数、经验公式的方法。

由于直线不仅绘制方便，而且所确定的函数关系也简单，因此，对非线性关系的情况，应在初步分析、把握其关系特征的基础上，通过变量变换的方法将原来的非线性关系化为新变量的线性关系。即将"曲线化直"，然后再使用图解法。

下面仅就直线情况简单介绍一下图解法的一般步骤：

步骤 1：选点。通常在图线上选取两个点，所选点一般不用实验点，并用与实验点不同的符号标记，此两点应尽量在直线的两端。如记为 $A(x_1, y_1)$ 和 $B(x_2, y_2)$，并用"＋"表示实验点，用"⊙"表示选点。

步骤 2：求斜率。根据直线方程 $y = kx + b$，将两点坐标代入，可解出图线的斜率为

$$k = \frac{y_2 - y_1}{x_2 - x_1}$$

步骤 3：求与 y 轴的截距，即

$$b = \frac{x_2 y_1 - x_1 y_2}{x_2 - x_1}$$

步骤 4：求与 x 轴的截距，即

$$x_0 = \frac{x_2 y_1 - x_1 y_2}{y_2 - y_1}$$

例如，用图示法和图解法处理热敏电阻的电阻值 R_{T} 随温度 T 变化的测量结果：

（1）曲线化直。根据理论，可知热敏电阻的电阻-温度关系为

$$R_{\mathrm{T}} = a \mathrm{e}^{b/T}$$

为了方便地使用图解法，应将其转化为线性关系，取对数有

$$\ln R_{\mathrm{T}} = \ln a + \frac{b}{T}$$

令

$$y = \ln R_{\mathrm{T}},\ a' = \ln a,\ x = \frac{1}{T}$$

得

$$y = a' + bx$$

这样，便将电阻 R_{T} 与温度 T 的非线性关系化为了 y 与 x 的线性关系。

（2）转化实验数据。将电阻 R_{T} 取对数，将温度 T 取倒数，然后用直角坐标纸作图，将所描数据点用直线连接起来。

（3）使用图解法求解。先求出 a' 和 b，再求 a，最后得出 $R_{\mathrm{T}} - T$ 函数关系。

1.5.4　逐差法

由于随机误差具有抵偿性，对于多次测量的结果，常用平均值来估计最佳值，以消除随机误差的影响。但是，当自变量与因变量呈线性关系时，对于自变量等间距变化的多次测量，如果用求差平均的方法计算因变量的平均增量，就会使中间测量数据两两抵消，失去利用多次测量求平均的意义。例如，在拉伸法测杨氏模量的实验中，当荷重均匀增加时，标尺位置读数依次为 x_0，x_1，x_2，x_3，x_4，x_5，x_6，x_7，x_8，x_9，如果求相邻位置改变的平均值，则

$$\bar{\Delta}x = \frac{1}{9}\big[(x_9 - x_8) + (x_8 - x_7) + \cdots + (x_1 - x_0)\big] = \frac{1}{9}(x_9 - x_0)$$

即中间的测量数据对 $\bar{\Delta}x$ 的计算值不起作用。为了避免这种情况下中间数据的损失，可以用逐差法处理数据。

逐差法是物理实验中常用的一种数据处理方法，特别是当自变量与因变量呈线性关系，而且自变量为等间距变化时，更有其独特的特点。

逐差法是将测量得到的数据按自变量的大小顺序排列后平分为前后两组，先求出两组中对应项的差值（即求逐差），然后取其平均值。例如，对上述杨氏模量实验中的 10 个数据的逐差法处理步骤如下：

（1）将数据分为两组：

Ⅰ组：x_0，x_1，x_2，x_3，x_4；

Ⅱ组：x_5，x_6，x_7，x_8，x_9。

（2）求逐差：

$$x_5-x_0，x_6-x_1，x_7-x_2，x_8-x_3，x_9-x_4$$

（3）求差平均：

$$\overline{\Delta x}'=\frac{1}{5}\left[(x_5-x_0)+\cdots+(x_0-x_4)\right]$$

在实际处理时，采用列表的形式较为直观，如表 1.4 所示。

表 1.4　逐差法数据处理表

Ⅰ组	Ⅱ组	逐差（$x_{i+5}-x_i$）
x_0	x_5	x_5-x_0
x_1	x_6	x_6-x_1
x_2	x_7	x_7-x_2
x_3	x_8	x_8-x_3
x_4	x_9	x_9-x_4

但要注意的是：逐差法中的 $\overline{\Delta x}'$ 相当于一般平均法中 $\overline{\Delta x}$ 的 $n/2$ 倍（n 为 x_i 的数据个数）。

1.5.5　最小二乘法

通过实验获得测量数据后，可确定假定函数关系中的各项系数，这一过程就是求取有关物理量之间关系的经验公式。从几何上看，就是要选择一条曲线，使之与所获得的实验数据更好地吻合。因此，求取经验公式的过程也即是曲线拟合的过程。

那么，怎样才能获得一条正确地与实验数据拟合的最佳曲线呢？常用的方法有两类：一是图估计法，二是最小二乘拟合法。

图估计法是凭眼力估测直线的位置，使直线两侧的数据均匀分布，其优点是简单、直观、作图快；缺点是图线不唯一，准确性较差，有一定的主观随意性。例如，图解法、逐差法和平均法都属于这一类，是曲线拟合的粗略方法。

最小二乘拟合法以严格的统计理论为基础，是一种科学而可靠的曲线拟合方法。此外，它也是方差分析、变量筛选、数字滤波、回归分析的数学基础。在此仅简单介绍其原理和对一元线性拟合的应用。

1. 最小二乘法的基本原理

设在实验中获得了自变量 x_i 与因变量 y_i 的若干组对应数据 $(x_i，y_i)$，在使偏差平方和 $\sum\left[y_i-f(x_i)\right]^2$ 取最小值时，找出一个已知类型的函数 $y=f(x)$（即确定关系式中的参数）。这种求解 $f(x)$ 的方法称为最小二乘法。

根据最小二乘法的基本原理，设某量的最佳估计值为 x_0，则

$$\frac{\mathrm{d}}{\mathrm{d}x_0} \sum_{i=1}^{n} (x_i - x_0)^2 = 0$$

可求出

$$x_0 = \frac{1}{n} \sum_{i=1}^{n} x_i$$

即

$$x_0 = \bar{x}$$

而且，可以证明

$$\frac{\mathrm{d}^2}{\mathrm{d}x_0^2} \sum_{i=1}^{n} (x_i - x_0)^2 = \sum_{i=1}^{n} 2 = 2n > 0$$

说明 $\sum_{i=1}^{n} (x_i - x_0)^2$ 可以取得最小值。

可见，当 $x_0 = \bar{x}$ 时，各次测量偏差的平方和为最小，即平均值就是在相同条件下多次测量结果的最佳值。

根据统计理论，要得到上述结论，测量的误差分布应遵从正态分布（高斯分布）。这也是最小二乘法的统计基础。

2. 一元线性拟合

设一元线性关系为

$$y = a + bx$$

实验获得的 n 对数据为 $(x_i, y_i)(i=1, 2, \cdots, n)$。由于误差的存在，当把测量数据代入所设函数关系式时，等式两端一般并不严格相等，存在一定的偏差。为了讨论方便，设自变量 x 的误差远小于因变量 y 的误差，则这种偏差就归结为因变量 y 的偏差，即

$$v_i = y_i - (a + bx_i)$$

根据最小二乘法，获得相应的最佳拟合直线的条件为

$$\frac{\partial}{\partial a} \sum_{i=1}^{n} v_i^2 = 0$$

$$\frac{\partial}{\partial b} \sum_{i=1}^{n} v_i^2 = 0$$

若记

$$I_{xx} = \sum (x_i - \bar{x})^2 = \sum x_i^2 - \frac{1}{n} \left(\sum x_i \right)^2$$

$$I_{yy} = \sum (y_i - \bar{y})^2 = \sum y_i^2 - \frac{1}{n} \left(\sum y_i \right)^2$$

$$I_{xy} = \sum (x_i - \bar{x})(y_i - \bar{y}) = \sum (x_i y_i) - \frac{1}{n^2} \sum x_i \cdot \sum y_i$$

代入方程组，可以求得

$$a = \bar{y} - b\bar{x}$$

$$b = \frac{I_{xy}}{I_{xx}}$$

由误差理论可以证明,最小二乘一元线性拟合的标准差为

$$S_a = \sqrt{\frac{\sum x_i^2}{n \sum x_i^2 - \left(\sum x_i\right)^2}} \cdot S_y$$

$$S_b = \sqrt{\frac{n}{n \sum x_i^2 - \left(\sum x_i\right)^2}} \cdot S_y$$

$$S_y = \sqrt{\frac{\sum (y_i - a - bx_i)^2}{n - 2}}$$

为了判断测量点与拟合直线符合的程度,需要计算相关系数:

$$r = \frac{I_{xy}}{\sqrt{I_{xx} \cdot I_{yy}}}$$

一般地,$|r| \leqslant 1$。如果 $|r| \to 1$,说明测量点紧密地接近拟合直线;如果 $|r| \to 0$,说明测量点离拟合直线较分散,应考虑用非线性拟合。

由上面的讨论可知,回归直线一定要通过点 $(\bar{x}, \bar{y})$,这个点叫作该组测量数据的重心。

注意: 此结论对于用图解法处理数据很有帮助。

一般来讲,使用最小二乘法拟合时,要计算六个参数:a, b, S_a, S_b, S_y, r。

1.6　电子测量仪器

电子测量仪器是指利用电路技术、电子技术、计算机技术、通信技术、总线技术、网络技术、软件技术等所开发的测量装置,用以测量各类电学参数或产生用于电学参数测量的各类电信号或电源。它包括各类指示仪器、比较仪器、记录仪器、传感器和变送器等。

1.6.1　电子测量仪器的分类

按照测量仪器的功能,电子测量仪器可分为专用和通用两大类。

专用电子测量仪器是为特定的目的而专门设计制作的,适用于特定对象的测量。例如,光纤测试仪器专用于测试光纤的特性,通信测试仪器专用于测试通信线路及通信过程中的参数。

通用电子测量仪器是为了测量某一个或某一些基本电参量而设计的,适用于多种电子测量。

1. 信号发生器

信号发生器主要用来提供各种测量所需的信号。例如,正弦信号发生器、脉冲信号发生器、扫频信号发生器、函数信号发生器、任意波形发生器等。

2. 电平测量仪器

电平测量仪器主要用来测量各类电信号的电压、电流等。例如,电流表、电压表、万用表等。

3. 信号分析仪器

信号分析仪器主要用来观测、分析和记录各种电量的变化。例如，各种示波器、波形分析仪和频谱分析仪等。

4. 频率、时间和相位测量仪器

频率、时间和相位测量仪器主要用来测量电信号的频率、时间间隔和相位差。例如，频率计、相位计等。

5. 网络特性测量仪器

网络特性测量仪器主要用来测量电气网络的各种特性，主要包括频率特性、阻抗特性、功率特性等。例如，阻抗测试仪、频率特性测试仪、网络分析仪等。

6. 电子元器件测试仪

电子元器件测试仪主要用来测量各种电子元器件的各种电参数是否符合要求。例如，晶体管测试仪、集成电路测试仪、电路元件(如电阻、电感、电容)测试仪等。

7. 电波特性测试仪

电波特性测试仪主要用来测量电波传播、干扰强度等参量。例如，测试接收机、场强计、干扰测试仪等。

8. 逻辑分析仪

逻辑分析仪是分析数字系统逻辑关系的仪器，属于数据域测试仪器中的一种总线分析仪，即以总线(多线)概念为基础，同时对多条数据线上的数据流进行观察和测试。这种仪器对复杂的数字系统的测试和分析十分有效。逻辑分析仪是利用时钟从测试设备上采集和显示数字信号的仪器，最主要的作用在于时序判定。逻辑分析仪通常只显示两个电压(逻辑1和0)，因此设定了参考电压后，逻辑分析仪将被测信号通过比较器进行判定，高于参考电压者为逻辑1(High)，低于参考电压者为逻辑0(Low)，在 High 与 Low 之间形成数字波形。

9. 辅助仪器

辅助仪器主要用于配合上述各种仪器对信号进行放大、检波、隔离、衰减，以便使这些仪器更充分地发挥作用。例如，交直流放大器、选频放大器、检波器、衰减器、记录器等。

10. 基于计算机的仪器

基于计算机的仪器是上述各种仪器和微计算机相结合的产物，可分为智能仪器和虚拟仪器两类。

1.6.2　电子测量仪器的误差

在电子测量中，由于电子测量仪器本身性能不完善所产生的误差，称为电子测量仪器的误差。

1. 固有误差

固有误差是指在基准工作条件下测量仪器的误差。基准工作条件是指一组有公差的基准值(如环境温度 20℃±2℃)或有基准范围的影响量(例如，温度、湿度、气压、电源等环境条件)。

2. 工作误差

在额定工作条件内任一值上测得的某一性能特性的误差称为工作误差。

3. 稳定误差

由于测量仪器稳定性不好导致性能特性变化，从而产生的误差称为稳定误差。

4. 变动量

变动量反映的是影响量所引起的误差。

当同一个影响量相继取两个不同值时，对于被测量的同一个量，测量仪器给出的示值之差称为电子测量仪器的变动量。

1.6.3　电子测量仪器的主要性能指标

为了正确地选择测量方法、使用测量仪器和分析测量结果，本节将对电子测量仪器的主要性能指标和分类做一概括。电子测量仪器的主要性能指标包括准确度、精密度、精确度、稳定性、输入阻抗、灵敏度、线性度、动态性及频率范围等。

1. 准确度

测量准确度是指测量仪器的读数或测量结果与被测量真实值相一致的程度。

2. 精密度

对精密度目前还没有一个公认的数学表达式，因此常作为一个笼统的概念来使用，其含义是：精密度越高，表明误差越小；精密度越低，表明误差越大。因此，精密度不仅用来评价测量仪器的性能，同时也是评定测量结果最主要、最基本的指标。

精密度是指测量值重复一致的程度。说明测量过程中，在相同的条件下用同一方法对某个量进行重复测量时，所测得的数值相互之间接近的程度。数值越接近，精密度越高。换句话说，精密度用以表示测量值的重复性，反映随机误差的影响。

3. 精确度

精确度反映系统误差和随机误差综合的影响程度。精确度高，说明准确度及精密度都高，意味着系统误差及随机误差都小。一切测量都应力求实现既精密而又准确。

以上三种误差的大小示意如图 1.2 所示。

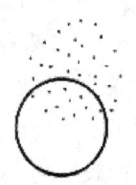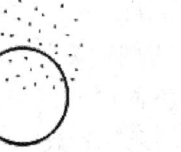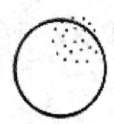

(a) 准确度高而精密度低　　　(b) 精密度高而准确度低　　　(a) 精确度高，既准确又精密

图 1.2　三种误差大小示意图

4. 稳定性

稳定性是指在规定的时间内，其他外界条件恒定不变的情况下，保证仪器示值不变的能力。造成示值变化的原因主要是仪器内部各元器件的特性、参数不稳定和老化等。

5. 输入阻抗

测量仪表的输入阻抗对测量结果会产生一定的影响。例如，电压表、示波器等测量时并联于待测电路两端，如图 1.3 所示。不难看出，测量仪表的接入改变了被测电路的阻抗特性，这种现象称为负载效应。为了减小测量仪器对待测电路的影响，提高测量精度，通常对这类测量仪表的输入阻抗都有一定要求。

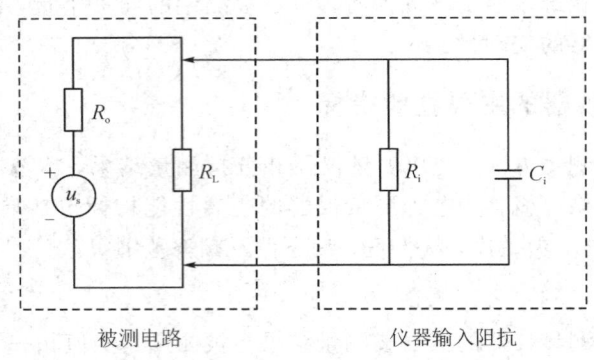

图 1.3　输入阻抗

6. 灵敏度

灵敏度表示测量仪表对被测量参数变化的敏感程度，一般定义为测量仪表指示值（指针的偏转角度、数码的变化、位移的大小等）增量 Δy 与被测量增量 Δx 之比。例如，示波器在单位输入电压的作用下，示波管荧光屏上光点偏移的距离就定义为它的偏转灵敏度，单位为 cm/V、cm/mV 等。对示波器而言，偏转灵敏度的倒数称为偏转因数，单位为 V/cm、mV/cm 或 mV/div（每格）等。灵敏度的另一种表述方式叫作分辨力或分辨率，是指测量仪表所能区分的被测量变化的最小值，在数字式仪表中经常使用，同一仪器不同量程的分辨率是不相同的。

7. 线性度

线性度是测量仪表输入/输出特性之一，表示仪表的输出量（示值）随输入量（被测量）变化的规律。若仪表的输出为 y，输入为 x，两者关系用函数 $y = f(x)$ 表示。如果 $y = f(x)$ 为 $y - x$ 平面上过原点的直线，则称之为线性刻度特性，否则称为非线性刻度特性。由于各类测量仪器的原理各异，因而不同的测量仪器可能呈现不同的刻度特性。例如，常用的万用表的电阻挡，具有上凸的非线性刻度特性，如图 1.4(a) 所示；数字电压表具有线性刻度特性，如图 1.4(b) 所示。

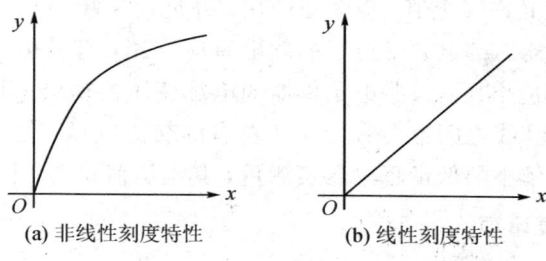

(a) 非线性刻度特性　　　　　　　(b) 线性刻度特性

图 1.4　欧姆表和数字电压表的刻度特性

8. 动态性

测量仪表的动态特性表示仪器的输出随输入变化的能力。例如，模拟电压表由于动圈式表头指针惯性、轴承摩擦、空气阻尼等因素的作用，使得仪器的指针不能瞬间稳定在固定值上。又例如，示波器的垂直偏转系统，由于输入电容等因素的影响，造成输出波形对输入信号的滞后及畸变，示波器的瞬态响应就表示了这种仪器的动态特性。

9. 频率范围

频率范围是指保证测量仪器其他指标正常工作的有效频率范围。

1.6.4　电子测量仪器的正确使用

1. 仪器仪表的使用环境

仪器仪表的使用环境通常为：

(1) 温度：$20\,℃\pm5\,℃$。

(2) 相对湿度：$40\%\sim70\%$。

(3) 电源电压：波动小于 10%（精密仪器仪表的电源电压波动小于 5%）。

(4) 其他环境：通风。

2. 仪器仪表的防漏电措施

电子仪器在使用过程中应防止仪器漏电。由于电子仪器大都采用市电供电，因此防漏电是关系到安全使用的重要措施。特别是对于采用双芯电源插头，机壳又没有接地措施的仪器，如果仪器内部电源变压器的初级绕组与机壳之间严重漏电，机壳与地面之间就可能会有相当大的交流电压（$100\,\text{V}\sim200\,\text{V}$），这样，人手碰到仪器外壳时，就会有发麻的感觉，甚至会发生触电的人身事故。对此，应对仪器进行漏电程度检查。检查方法如下：

(1) 仪器在不通电情况下，把电源开关扳到"通"位置；用兆欧表检查仪器电源插头（火线）与机壳之间的绝缘是否符合要求，一般规定，电气用具的最小允许绝缘电阻不得低于 $500\,\text{k}\Omega$，否则应禁止使用，进行检修。

(2) 没有兆欧表时，在预先采取防电措施条件下，仪器接通交流电源，然后用万用表 $250\,\text{V}$ 交流电压挡进行漏电检查。具体做法是将万用表的一个表笔接到被测仪器的机壳与"地"线接线柱点，另一表笔分别接到双孔电源插座孔内，若两次测量结果无电压指示或指示电压很小，则无漏电现象；如果有一次表笔接到火线端，电压指示值大于 $50\,\text{V}$，就表明被测仪器漏电程度超过允许安全值,应禁止使用,并进行检修。

应当指出,由于仪器内部电源变压器的静电感应作用,有的电子仪器的机壳与"地"线间会有相当大的交流感应电压,某些电子仪器的电源变压器初级采用了电容平衡式高频滤波电路,它的机壳与"地"线之间也会有 110 V 左右的交流电压,但上述机壳电压都没有负荷能力。如果使用内阻较小的低量程电压表测量,其电压值就会下降到很小。

3. 使用仪器的注意事项

1) 仪器开机前注意事项

(1) 在开机通电前,应检查仪器设备的工作电压与电源电压是否相符。

(2) 开机通电前,应检查仪器面板上各种开关、旋钮、接线柱、插孔等是否松动或滑位,如果发生这些现象应加以紧固或整位,以防止因此而扯断仪表内部连线,甚至造成断开、短路以及接触不良等人为故障。

(3) 在开机通电前,应检查电子仪器的接"地"情况是否良好。这是关系到测量的稳定性、可靠性和人身安全的重要问题。

2) 仪器开机时注意事项

(1) 在开机通电时,应使仪器预热 5~10 分钟,待仪器稳定后再行使用。

(2) 在开机通电时,应注意观察仪器的工作情况,即眼看、耳听、鼻闻以及检查有无不正常现象。如果发现仪器内部有响声、臭味、冒烟等异常现象,应立即切断电源。在尚未查明原因之前,应禁止再次开机通电,以免扩大故障。

(3) 在开机通电时,如果发现仪器的保险丝烧断,应调换相同容量的保险丝,如果第二次开机通电又烧断保险丝,应立即检查,不应再调换保险丝进行第三次通电,更不要随便加大保险丝的容量,否则会导致仪器内部故障扩大,甚至会烧坏电源变压器或其他元件。

(4) 对于内部有通风设备的电子仪器,在开机通电后,应注意仪器内部电风扇是否运转正常。如果发现电风扇有碰片声或旋转缓慢,甚至停转,应立即切断电源进行检修,否则通电时间久了,将会使仪器工作温度过高,烧坏电风扇和其他电路器件。

3) 仪器使用中注意事项

(1) 仪器在使用过程中,对于面板上各种旋钮、开关的作用及正确使用方法,必须予以了解。对旋钮、开关的扳动和调节动作,应缓慢稳妥,不可猛扳猛转。当遇到转动困难时,不能硬扳硬转,以免造成松动、滑位、断裂等人为故障。此时,应切断电源进行检修。对于输出、输入电缆的插接或取离应握住套管,不应直接拉扯电缆线,以免拉断内部导线。

(2) 对于消耗电功率较大的电子仪器,在使用过程中切断电源后,不能再次立即开机使用,一般应等待仪器冷却 5~10 分钟后再开机;否则,可能会引起保险丝烧断。

(3) 信号发生器的输出,不应直接连到直流电压的电路上,以免电流注入仪器的低阻抗输入衰减器,烧坏衰减器电阻元件。必要时,应串联一个相应工作电压和适当容量的耦合电容器后,再引入信号到测试电路上。

(4) 使用电子仪器进行测试工作时,应先连接"低电位"端(即地线),再连接"高电位"端,反之,测试完毕先拆除"高电位"端,后拆除"低电位"端,否则,会导致仪器过荷,甚至打坏仪表指针。

4）仪器使用后注意事项

（1）仪器使用完毕，应先切断仪器电源开关，然后取下电源插线。应禁止只拔掉电源线而不关断仪器电源开关的不良做法；也应改正只关断仪器电源开关而不取离电源线的习惯。

（2）仪器使用完毕，应将使用过程中暂时取离或替换的零附件（如接线柱、插件等）整理并复位，以免散失或错配，从而影响以后使用。必要时应将仪器加罩，以免沾积灰尘。

1.7　电路接地问题

"地"是电子技术中一个很重要的概念。由于"地"的分类与作用有多种，初学者往往容易混淆。这里就这个问题进行一些讨论。

1.7.1　地的分类与作用

1. 安全接地

安全接地即将高压设备的外壳与大地连接。一是防止机壳上积累电荷，产生静电放电而危及设备和人身安全，例如，电脑机箱的接地，油罐车那根拖在地上的尾巴，都是为了使积聚在一起的电荷释放，防止出现事故；二是当设备的绝缘损坏而使机壳带电时，促使电源的保护动作而切断电源，以便保护工作人员的安全，例如，电冰箱、电饭煲的外壳；三是可以屏蔽设备巨大的电场，起到保护作用，例如，民用变压器的防护栏。如图 1.5 所示，Z_1 是电路与机壳的阻抗。若机壳未接地，机壳与大地之间就有很大的阻抗 Z_2，U_1 为仪器中电路与地之间的电压，U_2 为机壳与大地之间的电压，则有 $U_2 = Z_2 \cdot U_1/(Z_1 + Z_2)$，因机壳与大地绝缘，故此时 U_2 较高。特别是 Z_1 很小或绝缘击穿时，$U_1 \approx U_2$，如果人体接触机壳，就有可能触电。如果将机壳接地，即 $Z_2 = 0$，则机壳上的电压为零，可保证人身安全。实验室中仪器采用的三眼插座即属于这种接地。这时，仪器外壳经插座上等腰三角形顶点的插孔与地线相连。

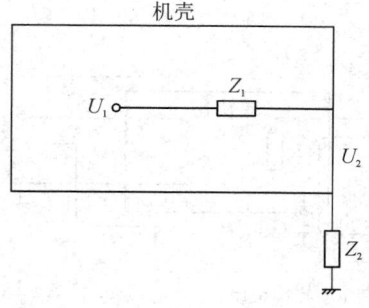

图 1.5　仪器外壳接地

2. 防雷接地

当电力电子设备遇雷击时，不论是直接雷击还是感应雷击，如果缺乏相应的保护，电力电子设备将会受到很大损害，甚至报废。为防止雷击，一般在高处(例如屋顶、烟囱顶部)设置避雷针与大地相连，以防雷击时危及设备和人员安全。

安全接地与防雷接地都是为了给电子电力设备或者人员提供安全的防护措施，用来保护设备及人员的安全。

3. 工作接地

工作接地又称为技术接地，是为电路正常工作而提供的一个基准电位。这个基准电位一般设定为零。该基准电位可以设为电路系统中的某一点、某一段或某一块等。当该基准电位不与大地连接时，视为相对的零电位。但这种相对的零电位是不稳定的，它会随着外界电磁场的变化而变化，使系统的参数发生变化，从而导致电路系统工作不稳定。当该基准电位与大地连接时，基准电位视为大地的零电位，而不会随着外界电磁场的变化而变化。但是不合理的工作接地反而会增加电路的干扰。例如，接地点不正确引起的干扰，电子设备的公共端没有正确连接而产生的干扰等。

仪器设备中的电路都需要直流供电才能工作，而电路中所有各点的电位都是相对于参考零电位来度量的。通常将直流电源的某一极作为这个参考零电位点，也就是"公共端"，它虽未与大地相连，也称作"接地点"。与此点相连的线就是"地线"。任何电路的电流都必须经过地线形成回路，应该使流经地线的各电路的电流互不影响。由于交流电源因三相负载难以平衡，中线两端有电位差，其上有中线电流流过，对低电平的信号就会形成干扰。因此，为了有效抑制噪声和防止外界干扰，绝不能以中线作为信号的地线。

在电子测量中，通常要求将电子仪器的输入或输出线黑色端子与被测电路的公共端相连，这种接法也称为"接地"，这样连接可以防止外界干扰，这是因为在交流电路中存在电磁感应现象。空间的各种电磁波经过各种途径窜扰到电子仪器的线路中，影响仪器的正常工作。为了避免这种干扰，仪器生产厂家将仪器的金属外壳与信号输入或输出线的黑色端子相连，这样，干扰信号被金属外壳短接到地，不会对测量系统产生影响。

图 1.6 所示为用晶体管毫伏表测量信号发生器输出电压，其因未接地或接地不良引入了干扰。

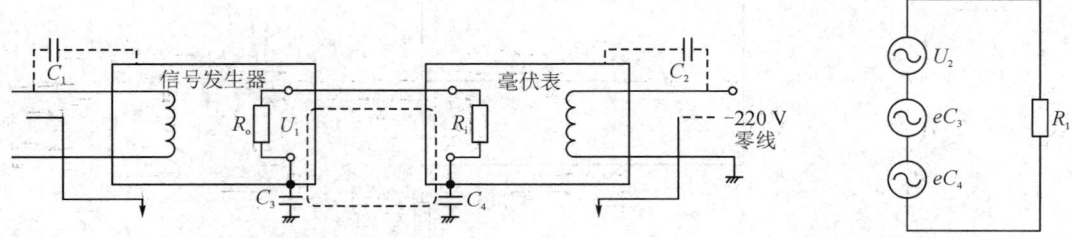

(a) 毫伏表测信号发生器输出电压　　　　　　　(b) 被测电压与分布电容引入的干扰

图 1.6　仪器接地不良引起干扰

在图 1.6(a)中，C_1、C_2 分别为信号发生器和晶体管毫伏表的电源变压器初级线圈对各自机壳（地线）的分布电容，C_3、C_4 分别为信号发生器和晶体管毫伏表的机壳对大地的分布电容。由于图中晶体管毫伏表和信号发生器的地线没有相连，因此实际到达晶体管毫伏表输入端的电压为被测电压与分布电容 C_3、C_4 所引入的 50 Hz 干扰电压 eC_3、eC_4 之和（如图 1.6(b)所示），由于晶体管毫伏表的输入阻抗很高（兆欧级），故加到它上面的总电压可能很大而使毫伏表过载，表现为在小量程挡表头指针超量程打表。

如果将图 1.6(a)中的晶体管毫伏表改为示波器，则会在示波器的荧光屏上看到如图 1.7(a)所示的干扰电压波形；将示波器的灵敏度降低，可观察到如图 1.7(b)所示的一个低频信号叠加一个高频信号后的信号波形，并可测出低频信号的频率为 50 Hz。

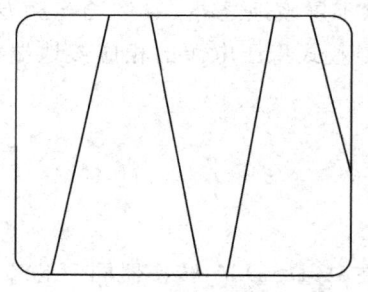　　　　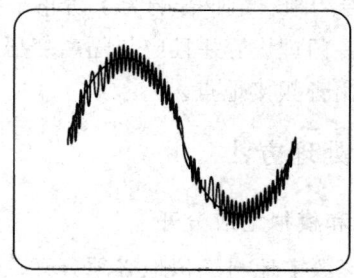

　　　(a) 干扰电压波形　　　　　　　　(b) 低频信号叠加一个高频信号后的信号波形

图 1.7　接地不良时观察到的波形

如果将图 1.6(a)中信号发生器和晶体管毫伏表的地线相连（机壳）或两地线（机壳）分别接大地，干扰即可消除。因此，使用高灵敏度、高输入阻抗的电子测量仪器应养成先接好地线再进行测量的习惯。

应有效控制电路在工作中产生的各种干扰，使之能符合电磁兼容原则。在设计电路时，根据电路的性质，可以将工作接地分为以下不同的种类，如直流地、交流地、数字地、模拟地、功率地、电源地等。不同的接地应当分别设置，不要在一个电路里面将它们混合接在一起。例如，数字地和模拟地就不能共一根地线，否则两种电路将产生非常强大的干扰，使电路陷入瘫痪！

1) 信号地

信号地又称参考地，就是零电位（势）的参考点，也是构成电路信号回路的公共端，图形符号为"⊥"，可分为以下几类：

(1) 直流地：直流电路地，零电位参考点。

(2) 交流地：交流电的零线。应与地线区别开。

(3) 功率地：大电流网络器件、功放器件的零电位参考点。

(4) 模拟地：放大器、采样保持器、A/D 转换器和比较器的零电位参考点。

(5) 数字地：也称逻辑地，是数字电路的零电位参考点。

(6) "热地"：开关电源无需使用变压器，其开关电路的地和市电电网有关，既所谓的"热地"，它是带电的。

(7) "冷地"：由于开关电源的高频变压器将输入、输出端隔离；又由于其反馈电路常用光电耦合,既能传送反馈信号又将双方的地隔离,所以,输出端的地称之为"冷地",它不带电,图形符号为"⊥"。

2)保护地

保护地是为了保护人员安全而设置的一种接线方式。保护地线一端接用电器,另一端与大地作可靠连接。

3)音响中的地

(1)屏蔽线接地:音响系统为防止干扰,其金属机壳用导线与信号地相接,也称屏蔽接地。

(2)音频专用地:专业音响为了防止干扰,除了屏蔽地之外,还需与音频专用地相连。此接地装置应专门埋设,并且应与隔离变压器、屏蔽式稳压电源的相应接地端相连后作为音控室中的专用音频接地点。

1.7.2　地的处理方法

1. 数字地和模拟地应分开

在电路中,数字地与模拟地必须分开。即使在 A/D、D/A 转换器同一芯片上,两种地最好也要分开,仅在系统一点上把两种地连接起来。

2. 浮地与接地

系统浮地,即将系统电路各部分的地线浮置起来,不与大地相连。这种接法有一定抗干扰能力,但系统与地的绝缘电阻不能小于 $50\,\text{M}\Omega$,一旦绝缘性能下降,就会带来干扰。通常采用系统浮地,机壳接地,可使抗干扰能力增强,安全可靠。

3. 一点接地

在低频电路中,布线和元件之间不会产生太大影响,因而通常频率小于 $1\,\text{MHz}$ 的电路,采用一点接地。

4. 多点接地

在高频电路中,寄生电容和电感的影响较大,因而通常频率大于 $10\,\text{MHz}$ 的电路,采用多点接地。

关于一点接地与多点接地的理解:

(1)一点接地:它是整个系统中唯一一个被定义为接地参考点的物理点,其他各个需要接地的点都连接到这一点上。一点接地适用于频率较低的电路($1\,\text{MHz}$ 以下)。当系统的工作频率很高,以致工作波长与系统接地引线的长度可比拟时,一点接地方式就会出现问题。当地线的长度接近 1/4 波长时,它就像一根终端短路的传输线,地线的电流、电压呈驻波分布,地线变成了辐射天线,而不能起到"地"的作用。为了减少接地阻抗,避免辐射,地线的长度应小于 1/20 波长。在电源电路的处理上,一般可以考虑一点接地。对于大量采用的数字电路的 PCB(Printed Circuit Board),由于其含有丰富的高次谐波,一般不建议采用一点接地方式。

(2)多点接地:设备中各个接地点都直接接到距它最近的接地平面上,以使接地引线的长度最短。多点接地比较适合大于 10 MHz 的电路。

　　在数模混合的电路中，可以采用一点接地和多点接地结合的方法。通常情况下，模拟地采用一点接地；数字地采用多点接地。大电流地和小电流地分开接地，不需要有相通的地方。

1.7.3　接地原则

　　(1) 一点接地和多点接地的应用原则。高频电路应就近多点接地，低频电路应一点接地。

　　(2) 交流地与信号地不能共用。

　　(3) 浮地和接地的比较。全机浮空方法简单，但全机与地的绝缘电阻不能小于 50 MΩ。

　　(4) 数字地。印刷板中的地线应成网状，而且其他布线不要形成环路。

　　(5) 模拟地。一般采用浮空隔离。

　　(6) 功率地。应与小信号地线分开，并与直流地相连。

　　(7) 信号地(传感器的地)。一般以 5 Ω 导体(接地电阻)一点接地，这种地不浮空。

　　(8) 屏蔽地。这类地用于对电场的屏蔽。

习　题　1

　　1.1　解释真值、约定真值、示值、测量误差、修正值的含义。

　　1.2　测量误差有哪些表示方法？测量误差有哪些来源？

　　1.3　什么是直接测量、间接测量与组合测量？

　　1.4　误差按性质分为哪几种？各有何特点？

　　1.5　何谓标准差、平均值标准差、标准差的估计值？

　　1.6　测量误差和不确定度有何不同？

　　1.7　逐差法的思想是什么？最小二乘法的原理是什么？

　　1.8　用图 1.8(a)、(b)所示的两种电路测电阻 R_x，若电压表的内阻为 R_V，电流表的内阻为 R_I，求测量值受电表影响产生的绝对误差和相对误差，并讨论所得结果。

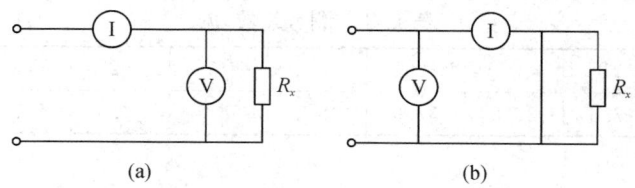

图 1.8　习题 1.8 图

　　1.9　用量程是 10 mA 的电流表测量实际值为 8 mA 的电流，若读数是 8.15 mA，试求测量的绝对误差、示值相对误差和引用相对误差。

　　1.10　用三种不同的方法测量频率，若测量中系统误差已修正，且频率的单位为 kHz。测量数据结果如表 1.5 所示。

表 1.5　三种不同方法的测量频率

方法	1	2	3	4	5	6	7	8
1	100.36	100.41	100.28	100.30	100.32	100.31	100.37	100.29
2	100.30	100.35	100.28	100.29	100.30	100.29		
3	100.33	100.38	100.28	100.28				

（1）分别用以上三组数据的平均值作为该频率的三个估计值，问哪一个估计值更可靠？

（2）用三种不同方法的全部数据进行估计，问该频率的估计值（即加权平均值）为多少？

1.11　对于测量频率的方法，按测量原理可以分为哪几类？

1.12　天文(历书)秒准确度可达 $\pm 1 \times 10^{-9}$，问一天的误差为几秒？某铯原子钟准确度可达 $\pm 5 \times 10^{-14}$，问一天的误差为几秒？需要多少年才会产生 1 秒的误差？

1.13　对某恒流源的输出电流进行了 8 次测量，数据如表 1.6 所示，求恒流源的输出电流的算术平均值、标准偏差估值及平均值标准偏差估值。

表 1.6　恒流源的输出电流测量数据

次数	1	2	3	4	5	6	7	8
I/mA	10.082	10.079	10.085	10.084	10.078	10.091	10.076	10.082

1.14　对某参数进行测量，测量数据为 1464.3、1461.7、1462.9、1463.4、1464.6、1462.7。试求置信概率为 95% 的情况下，该参量的置信区间。

1.15　用一电压表对某一电压精确测量 10 次，单位为 V，测得数据如表 1.7 所示，试写出测量结果的完整表达式。

表 1.7　电压测量数据

次数	1	2	3	4	5	6	7	8	9	10
U/V	30.47	30.49	30.51	30.60	30.50	30.48	30.49	30.43	30.52	30.45

1.16　测量 x 和 y 的关系，得到一组数据，如表 1.8 所示，试用最小二乘法对实验数据进行最佳曲线拟合。

表 1.8　测　量　数　据

x	4	11	18	26	35	43	52	60	69	72
y	8.8	17.8	26.8	37.0	48.5	58.8	70.3	80.5	92.1	95.9

第 2 章　无源元件

【教学提示】　本章主要内容有电阻器、电容器、电感器和变压器的型号命名、主要参数、识别和检测方法、使用注意事项和选用原则等。

【教学要求】　认识电阻器、电容器、电感器和变压器，掌握电阻器、电容器、电感器和变压器的应用与检测；掌握电阻器串并联的应用电路，电容器在电路中的应用，电感线圈与变压器的基本应用电路。

电子元器件是组成电子产品的最小单元，其合理的选用直接关系到产品的电气性能和可靠性，特别是一些通用电子元器件。了解并掌握常用电子元器件的种类、结构性能及应用等必要的工艺知识，对电子产品的设计、制造十分重要。

电子元器件一般分为有源器件和无源元件两大类。本章将讨论不需要电源支持的无源元件，如电阻器、电容器、电感器和变压器等。

2.1　电　阻　器

既能导电又有确定电阻值的元件，称为电阻器，简称电阻，它是电子设备中应用最多的基本元件之一。电阻器的电路符号如图 2.1 所示。

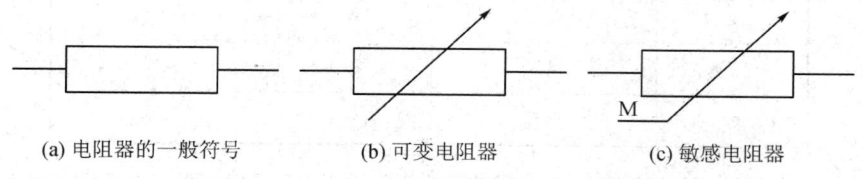

(a) 电阻器的一般符号　　　(b) 可变电阻器　　　(c) 敏感电阻器

图 2.1　电阻器电路符号

2.1.1　电阻器的型号命名

国产电阻器的型号由四部分组成（不适用敏感电阻）。

第一部分：主称，用字母表示。例如，R 表示电阻，W 表示电位器，M 表示敏感电阻。

第二部分：材料，用字母表示。例如，T—碳膜、H—合成碳膜、S—有机实心、N—无机实心、J—金属膜、Y—氧化膜、C—沉积膜、I—玻璃釉膜、X—线绕，如表 2.1 所示。

表 2.1　电阻器型号中第二部分字母所代表的意义

字母	电阻器导电材料	字母	电阻器导电材料
T	碳膜	Y	氧化膜
P	硼碳膜	S	有机实心
U	硅碳膜	N	无机实心
C	沉积膜	X	线绕
H	合成膜	R	热敏
I	玻璃釉膜	G	光敏
J	金属膜	M	压敏

第三部分：分类，一般用数字表示，个别类型用字母表示。例如，1—普通、2—普通、3—超高频、4—高阻、5—高温、7—精密、8—高压、9—特殊、G—高功率、T—可调，如表2.2所示。

表 2.2　电阻器型号中第三部分数字(字母)所代表的意义

数字(字母)	电阻器	数字(字母)	电阻器
1	普通	9	特殊
2	普通	G	高功率
3	超高频	T	可调
4	高阻	X	小型
5	高温	L	测量用
6		W	微调
7	精密	D	多圈
8	高压		

第四部分：序号，用数字表示。序号表示同类产品中不同品种，以区分产品的外形尺寸和性能指标等。例如，RT11型普通碳膜电阻。

电阻器的型号命名示例如图2.2所示。

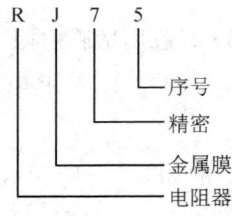

图 2.2　电阻器的型号命名示例

2.1.2 电阻器的分类及特点

电阻器的种类很多。普通电阻器在电路中用作负载电阻、取样电阻器、分压器、分流器、滤波器(与电容组合)、阻抗匹配等。

1. 电阻器的分类

电阻的种类繁多,一般可分为固定电阻、可变电阻和特种(敏感、熔断)电阻三大类。本节主要介绍固定电阻。固定电阻可按材料、结构、引出线及用途等分成多个类别,具体如表 2.3 所示。

表 2.3 电 阻 器 分 类

分类标准	类型Ⅰ	类型Ⅱ	类型Ⅲ
材料	线绕电阻器	普通型电阻器	
		被釉型电阻器	
	非线绕电阻器	合成型电阻器	
		薄膜型电阻器	碳膜电阻器
			金属膜电阻器
			金属氧化膜电阻器
用途	通用型电阻器		
	高阻型电阻器		
	高压型电阻器		
	高频无感型电阻器		
结构	圆柱形电阻器		
	管形电阻器		
	圆盘形电阻器		
	平面片状电阻器		
引出线	轴向引线电阻器		
	径向引线电阻器		
	同向引线电阻器		
	列引线电阻器		

2. 电阻器的结构与特点

电阻器的结构与特点如表 2.4 所示。

表 2.4　电阻器的结构与特点

序号	电阻器名称	结　构　与　特　点
1	碳膜电阻器（RT）	它是通过真空高温热分解出的结晶碳沉积在陶瓷骨架上制成的。体积比金属膜电阻略大，温度系数为负值；价格低廉，在一般电子产品中被大量使用。有普通碳膜、测量型碳膜、高频碳膜、精密碳膜和硅碳膜电阻器等
2	金属膜电阻器（RJ）	它是将金属或合金材料在高温真空下加热使其蒸发，通过高温分解、化学沉积或烧渗技术将合金材料蒸镀在陶瓷骨架上制成的。工作环境温度范围宽（−55℃～125℃）、温度系数小、稳定性好、噪声低、体积小（与体积相同的碳膜电阻相比，额定功率要大一倍左右）。在稳定性和可靠性要求较高的电路中被广泛应用。有普通金属膜、高精密金属膜、高压型金属膜、高阻型金属膜、超高频金属膜电阻器等
3	金属氧化膜电阻器（RY）	它是将锡和锑的盐类配制成溶液，用喷雾器送入 500℃～550℃ 的加热炉内，喷覆在旋转的陶瓷基体上制成的。膜层比金属膜和碳膜电阻的厚得多，且均匀、阻燃；与基体附着力强，因而有极好的脉冲，高频和过负荷性能；机械性能好、坚硬、耐磨；在空气中不会被氧化，因而化学稳定性好，但阻值范围窄（200 kΩ 以下），温度系数比金属膜电阻差
4	线绕电阻器（RX）	它是在瓷管上用合金丝绕制而成的。为了防潮并避免线圈松动，将其外层用被釉（玻璃釉或珐琅）涂覆加以保护，具有阻值范围大、功率大、噪声小、温度系数小、耐高温的特点。由于采用线绕工艺，其分布电感和分布电容都比较大，高频特性差。可分为精密型和功率型两类。其中，精密型线绕电阻适用于测量仪表或高精度电路，一般精度为 ±0.01%，最高可达 ±0.005% 以上，温度系数小，阻值范围为 0.01 Ω～10 MΩ，长期工作稳定可靠
5	精密合金箔电阻器（RJ）	它是在玻璃基片上黏结一块合金箔，用光刻法蚀出一定图形，并涂覆环氧树脂保护层，装上引线并封装后制成的。具有高精度、高稳定性、自动补偿温度系数的功能。可在较宽的温度范围内，保持较小的温度系数
6	实心电阻器	它又分为有机实心和无机实心两种。 有机实心电阻器（RS）由导电颗粒（碳粉、石墨）、填充物（云母粉、石英粉、玻璃粉、二氧化钛等）和有机黏合剂（如酚醛树脂）等材料混合并热压而成。有较强的过负荷能力，噪声大、稳定性差、分布电感和分布电容较大。 无机实心电阻器（RN）使用的是无机黏合剂（如玻璃釉），温度系数小、稳定性好，但阻值范围小
7	合成膜电阻器（RH）	它也叫合成碳膜电阻，用有机黏合剂将碳粉、石墨和填制充料配成悬浮液，涂覆于绝缘基体上，经高温聚合制成。可制成高阻型和高压型。高阻型的电阻体为防止合成膜受潮或氧化被密封在真空玻璃管内，提高了阻值的稳定性。高压型是一根无引线的电阻长棒，表面涂为红色。高阻型电阻的阻值范围为 10 MΩ～10 TΩ，磁精度等级为 ±5%、±10%。高压型电阻的阻值范围为 4.7 MΩ～1 GΩ，精度等级与高阻型相同，耐压分为 10 kV、35 kV 两挡

序号	电阻器名称	结 构 与 特 点
8	金属玻璃釉电阻器(RI)	它是用玻璃釉做黏合剂,与金属氧化物混合,印制或涂覆在陶瓷基体件上,经高温烧结而成的。其电阻膜比普通薄膜类的电阻膜厚,具有较高的耐热性和防潮性,常制成小型贴片式(SMT)电阻
9	电用网络	它是采用掩膜、光刻、烧结等综合工艺技术,按一定规律在一块基片上制成多个参数、性能一致的电阻,连接而成的,也称为排电阻或集成电阻。有单列式和双列直插式两种
10	热敏电阻器(MZ 或 MF)	它是以钛酸钢为主要原料,辅以微量的锶、钛、铝等化合物,经加工制成的具有正温度系数的电阻器,是一种对温度反应较敏感且阻值随温度变化而变化的非线性电阻器,常用于温度监控设备中
11	压敏电阻器(MY)	它是以氧化锌为主要材料制成的半导体陶瓷元件,电阻值随两端电压的变化按非线性特性变化。当两端电压小到一定值时,流过压敏电阻器的电流很小,呈现高阻抗;当两端电压大到一定值时,流过压敏电阻器的电流迅速增大,呈现低阻抗。常用于过压保护电路中
12	光敏电阻器(MG)	它是用硫化镉或硒化镉等半导体材料制成的。对光线敏感,无光照射时呈现高阻抗,阻值可达 $1.5\,M\Omega$ 以上;有光照射时,材料中激发出自由电子和空穴,其电阻值减小,电阻值随照度升高迅速降低,阻值可小至 $1\,k\Omega$ 以下。常用于自动控制电路中
13	气敏电阻器(MQ)	它常用二氧化锡等半导体材料制成。对特殊气体敏感,主要是由于二氧化锡等半导体材料吸附气体时,具有电阻值改变的特性,使其阻值随被测气体的浓度变化,将气体浓度的变化转化为电信号的变化。常用于有害气体的检测装置中
14	湿敏电阻器(MS)	它由基体、电极和感湿的材料制成,是一种对环境湿度敏感的元件,其阻值可随着环境湿度的变化而变化。基体一般采用聚碳酸酯板、氧化铝、电子陶瓷等耐高温且吸水的材料,感湿层为微孔型结构,具有电解质特性。根据感湿层使用的材料不同可分为:正电阻湿度特性(湿度大、电阻值大)和负电阻湿度特性(湿度大、电阻值小)。常用于洗衣机、空调等家用电器中
15	力敏电阻器(ML)	它是利用半导体材料的电阻值随外力大小而变化的现象制成,是一种能将力转变为电信号的特殊元件。常用于张力计、转矩计及压力传感器中
16	磁敏电阻器(MC)	它采用砷化铟或锑化铟等材料,根据半导体的磁阻效应制成,其电阻值可随磁场强度的变化而变化,是一种对磁场敏感的半导体元件,可以将磁感应信号转变为电信号。常用于磁场强度漏磁磁卡文字识别、磁电编码器等的磁检测及传感器中
17	熔断电阻器(RF)	它不属于半导体电阻,是近年来大量采用的一种新型元件,集电阻器与熔断器(保险丝)于一身,平时具有电阻器的功能,当电路出现异常电流时,立刻熔断,起到保护电路中其他元器件的作用

3. 常用电阻器外形

电阻的种类虽多，但常用的主要为 RT 型碳膜电阻、RJ 型金属膜电阻、RX 型线绕电阻和片状电阻等，其外形如图 2.3 所示。

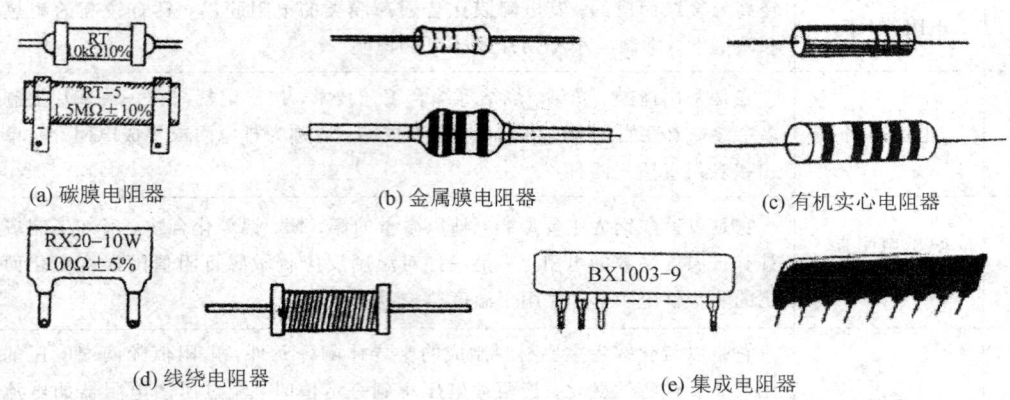

(a) 碳膜电阻器　　　　　　　(b) 金属膜电阻器　　　　　　(c) 有机实心电阻器

(d) 线绕电阻器　　　　　　　　　　　(e) 集成电阻器

图 2.3　常用电阻器外形

2.1.3　电阻器的主要特性参数

1. 标称(阻)值

电阻器上面所标示的阻值，为选用电阻器提供了方便。电阻器的标称值按国家 E 系列标准标注，如表 2.5 所示。不同类型的电阻器，其阻值范围不同；不同精度等级的电阻器，其数值系列也不相同。各系列中的数可分别表示不同量值的标称值。例如，4.7 这个标称值，就有 0.47 Ω、4.7 Ω、47 Ω、470 Ω、4.7 kΩ 等不同的阻值。

表 2.5　E24～E6 标称值系列及精度

系列	允许误差	误差等级	标称容量值												
E24	±5%	I	1.0	1.1	1.3	1.6	2.0	2.4	3.0	3.6	4.3	5.1	6.2	7.5	9.1
			1.2	1.5	1.8	2.2	2.7	3.9	3.9	4.7	5.6	6.8	8.2		
E12	±10%	II	1.0	1.2	1.5	1.8	2.2	2.7	3.3	3.9	4.7	5.6	6.8	8.2	
E6	±20%	III	1.0		1.5		2.2		3.3		4.7		6.8		

在标称值的 E 系列标准中，还有 E48、E96 ……电阻器阻值的基本单位为欧姆(Ω)，常用单位还有千欧姆(kΩ)、兆欧姆(MΩ)、吉欧姆(GΩ)，它们之间的关系为

$$1 \ \Omega = 10^{-3} \ \text{k}\Omega = 10^{-6} \ \text{M}\Omega = 10^{-9} \ \text{G}\Omega$$

不同的系列规定了不同的精度等级。直标法中可直接用百分数精度，也可用罗马字母表示，如 ±5%(I)、±10%(II)、±20%(III)。

2. 允许误差

标称阻值与实际阻值的差值和标称阻值之比的百分数称阻值误差，它表示电阻器的精度。允许误差与精度等级对应关系为 ±0.5%—0.05、±1%—0.1(或 00)、±2%—0.2(或 0)、±5%—I 级、±10%—II 级、±20%—III 级，如表 2.6 所示。

表 2.6　字母表示的允许误差

精度/%	±0.001	±0.002	±0.005	±0.01	±0.02	±0.05	±0.1
符号	E	X	Y	H	U	W	B
精度/%	±0.25	±0.5	±1	±2	±5	±10	±20
符号	C	D	F	G	J	K	M

表 2.6 中，E、X、Y、H、U、W、B …… 分别表示允许误差范围。

3. 额定功率

在正常的大气压力 90 kPa～106.6 kPa 及环境温度为－55℃～＋70℃的条件下，电阻器长期工作所允许耗散的最大功率，称为额定功率。电阻器额定功率的通用符号如图 2.4 所示。

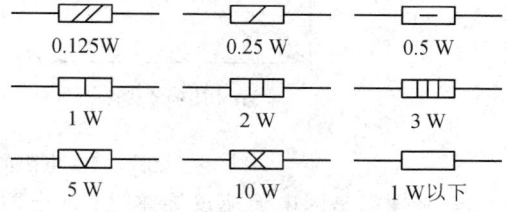

图 2.4　电阻器额定功率的通用符号

4. 额定电压

额定电压是由阻值和额定功率换算出的电压。

5. 最高工作电压

最高工作电压是允许的最大连续工作电压。在低气压工作时，最高工作电压较低。

6. 温度系数

温度系数指温度每变化 1℃所引起的电阻值的相对变化。温度系数越小，电阻的稳定性越好。阻值随温度升高而增大的为正温度系数，反之为负温度系数。

在衡量电阻温度稳定性时，用 α 表示温度系数，定义为

$$\alpha = \frac{R_2 - R_1}{R_1(T_2 - T_1)} \ (1/℃) \tag{2.1}$$

式中，α 为电阻温度系数，R_1、R_2 分别是温度在 T_1、T_2 时的阻值（Ω）。式(2.1)表明，温度系数越大，电阻器的热稳定性越差。

金属膜、合成膜等电阻具有较小的正温度系数，碳膜电阻具有负温度系数。适当控制材料及加工工艺，可以制成温度系数稳定性高的电阻。

7. 非线性

当流过电阻中的电流与加在其两端的电压不成正比关系时，称为电阻的非线性，如图 2.5(a)所示。电阻的非线性用电压系数表示，即在规定的范围内，电压每改变 1 V，电阻值的平均相对变化量为

$$K = \frac{R_2 - R_1}{R_1(U_2 - U_1)} \times 100\% \tag{2.2}$$

式中，U_2 为额定电压，U_1 为测试电压，R_1、R_2 分别是在 U_1、U_2 条件下所测电阻。一般金属型电阻线性度很好，非金属型电阻线性度差。

8. 噪声

噪声是产生于电阻中的一种不规则的电压起伏。噪声包括热噪声和电流噪声两种。

热噪声是由电子在导体中不规则运动而引起的，它既不取决于材料，也不取决于导体的形状，仅与温度和电阻阻值有关。任何电阻都有热噪声，降低电阻的工作温度，可以减小热噪声。电阻的噪声曲线如图 2.5(b)所示。

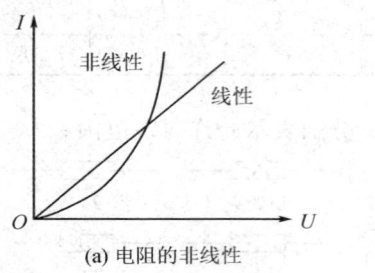
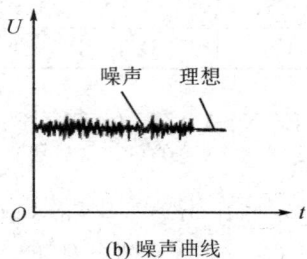

图 2.5　电阻的非线性和噪声曲线

电流噪声是因电流流过导体时，导电微粒与非导电微粒之间不断发生碰撞而产生的机械振动，使颗粒之间的接触电阻不断发生变化。当直流电压加在电阻两端时，电流将被起伏的噪声电阻所调制。因此，电阻两端除了有直流压降外，还有不规则的交变电压分量，这就是电流噪声。电流噪声与电阻内的微观结构有关，并与外加的直流电压成正比。合金型电阻无电流噪声，薄膜型电流噪声较小，合成型电流噪声最大。

9. 老化系数

老化系数指电阻器在额定功率长期负荷下，阻值相对变化的百分数，是表示电阻器寿命长短的参数。

10. 电压系数

电压系数是指在规定的电压范围内，电压每变化 1 V，电阻器的相对变化量。

2.1.4　电阻器阻值的标示方法

1. 直标法

直标法是按照各类电子元器件的命名规则，将主要信息用字母和数字标注在元器件表面上的标示方法。直标法一目了然，但只适用于体积较大的元器件，通常多用于电阻器、电容器和电感器。元器件直标法示例如图 2.6 所示。

图 2.6　元器件直标法示例

2. 文字符号法

文字符号法即用阿拉伯数字和文字符号两者有规律的组合来表示标称阻值，其允许误差也可用文字符号来表示，如表 2.6 所示。

符号前面的数字表示整数阻值，后面的数字依次表示第一位小数阻值和第二位小数阻值。例如，5.1 kΩ 的电阻在文字符号法中可表示为 5 k1，5.1 Ω 的电阻可表示为 5 Ω1 或 5R1，0.1 Ω 的电阻可表示为 R10，100 Ω 的电阻可表示为 100R。

文字符号法多用于标注晶体管与集成电路。在电阻器、电容器的标注中，也经常会使用文字符号法，它们表示材料的部分与直标法相同，差别主要表现在标称值和精度的标注上。

3. 数码法

在电阻器上用三位数码表示标称值的标注方法称为数码法。数码从左到右，第一、二位为有效值，第三位为数值的倍率，即 10^n，偏差通常采用文字符号表示。当第三位为 9 时为特例，表示 10^{-1}。电阻的基本标注单位为 Ω。例如，电阻 105 表示 $1\ \mathrm{M\Omega}$，272 表示 $2.7\ \mathrm{k\Omega}$。

4. 色标法

用不同颜色的色环或点在电阻器表面标出标称阻值和允许误差的标注方法称为色标法。国外大部分电阻采用色标法。

色环颜色对应数值为：黑—0、棕—1、红—2、橙—3、黄—4、绿—5、蓝—6、紫—7、灰—8、白—9、金—$\pm 5\%$、银—$\pm 10\%$、无色—$\pm 20\%$，如图 2.7 的中部所示。色标法所代表的数值、倍率数及误差如表 2.7 所示。

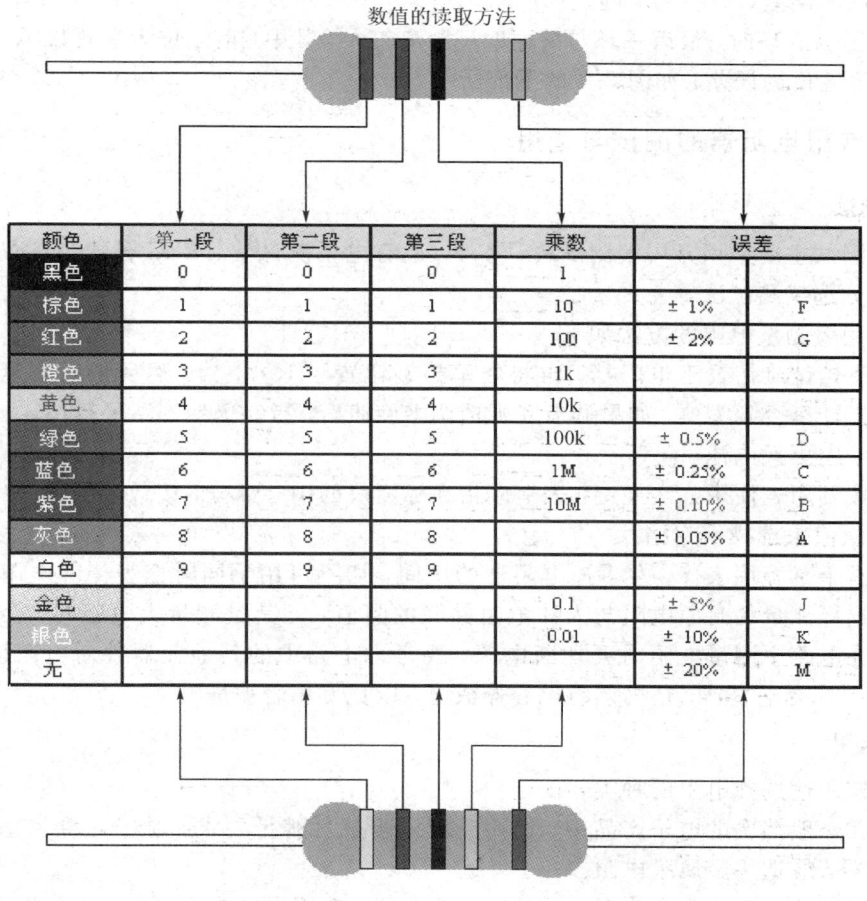

数值的读取方法

颜色	第一段	第二段	第三段	乘数	误差	
黑色	0	0	0	1		
棕色	1	1	1	10	$\pm 1\%$	F
红色	2	2	2	100	$\pm 2\%$	G
橙色	3	3	3	1k		
黄色	4	4	4	10k		
绿色	5	5	5	100k	$\pm 0.5\%$	D
蓝色	6	6	6	1M	$\pm 0.25\%$	C
紫色	7	7	7	10M	$\pm 0.10\%$	B
灰色	8	8	8		$\pm 0.05\%$	A
白色	9	9	9			
金色				0.1	$\pm 5\%$	J
银色				0.01	$\pm 10\%$	K
无					$\pm 20\%$	M

图 2.7　色标法

表 2.7　色环颜色与数值对照表

颜色	有效数字	倍率	允许误差/(%)	颜色	有效数字	倍率	允许误差/(%)
棕	1	10^1	±1	灰	8	10^8	—
红	2	10^2	±2	白	9	10^9	−20～+50
橙	3	10^3	—	黑	0	10^0	—
黄	4	10^4	—	金	—	10^{-1}	±5
绿	5	10^5	±0.5	银	—	10^{-2}	±10
蓝	6	10^6	±0.2	无色	—		±20
紫	7	10^7	±0.1				

当电阻为四环时,最后一环必为金色或银色。其中,前两位为有效数字,第三位为乘方数,第四位为误差,如图 2.7 的上部所示。

当电阻为五环时,最后一环与前面四环距离较大。其中,前三位为有效数字,第四位为乘方数,第五位为误差,如图 2.7 的下部所示。

2.1.5　常用电阻器的测试与选用

1. 测试

阻值测试主要采用万用表测试法。另外,还有电桥测试法、RLC 智能测试仪测试法和电阻误差分选仪测试法等。

用万用表测量电阻的方法如下:

(1)将挡位旋钮置于电阻挡,再将倍率挡旋钮置于 R×1 挡,然后把两表笔金属棒短接,观察指针是否到零位。如果调节欧姆挡调零旋钮后,指针仍然到不了零位,则说明电池电量不足,应更换电池。

(2)按万用表使用方法规定,表笔应指在标度尺的中心部分,读数才准确。因此,应根据电阻的阻值来选择倍率挡。

(3)右手拿万用表棒,左手捏电阻器的中间,切不可用手同时捏表棒和电阻的两根引线。因为这样测量的是原电阻与人体电阻并联的阻值,尤其是测量大电阻时,会使测量误差增大。在电路中测量电阻时要切断电源,要考虑电路中的其他元器件对电阻值的影响。如果电路中接有电容器,还必须将电容器放电,以免万用表被烧毁。

2. 选用

(1)按用途选择电阻的种类。

(2)在一般档次的电子产品中,选用碳膜电阻就可满足要求。对于环境较恶劣的地方或精密仪器,应选用金属膜电阻。

(3)正确选取阻值和允许误差。对于一般电路,选用误差为±5%的电阻即可;对于精密仪器,应选用高精度的电阻。

(4)为保证电阻可靠耐用,其额定功率应是实际功率的 2～3 倍。

(5)电阻安装前,应将引线处理一下,保证焊接可靠。高频电路中电阻引线不宜长,以减少分布参数的影响；小型电阻的引线不宜短，一般为 5 mm 左右。

（6）使用电阻时，应注意电阻两端所承受的最高工作电压。

（7）电阻绝缘性能要良好，不能有脱漆现象等。

2.2　电　位　器

2.2.1　电位器的电路符号

电位器是一种机电元件，它靠电刷在电阻体上的滑动，取得与电刷位移成一定关系的输出电压。

电位器是一种连续可调的电阻器，它是常用的电子元件之一。它有三个引出端，其中两个为固定端，另一个为滑动端，其滑动臂的

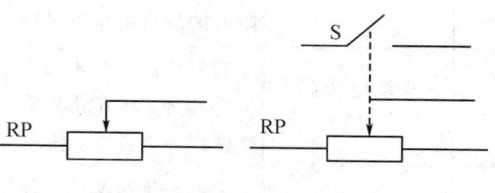

图 2.8　电位器的电路符号

接触刷在电阻体上滑动，使它的输出电位发生变化，因此称为电位器。电位器的电路符号如图 2.8 所示。

2.2.2　电位器的分类及特点

1. 分类

电位器的种类与电阻器一样，也十分繁多，用途各异，可按用途、材料、结构特点、调节方式等分类。常用电位器的分类如表 2.8 所示。

表 2.8　常用电位器的分类

序号	分类标准	一级分类	二级分类	序号	分类标准	一级分类	二级分类
1	材料	合金型电位器	线绕电位器	3	结构特点	抽头式电位器	
			块金属膜电位器			带开关电位器	旋转开关型电位器
		合成型电位器	合成碳膜型电位器				推拉开关型电位器
			合成实心型电位器			单联电位器	
			金属玻璃釉电位器			多联电位器	同步多联电位器
			导电塑料型电位器				异步多联电位器
		薄膜型电位器	金属膜型电位器	4	用途	普通型电位器	
			金属氧化膜型电位器			微调型电位器	
			氮化钽膜电位器			精密型电位器	
2	调节方式	直滑式电位器				功率型电位器	
		旋转式电位器	单圈电位器			专用型电位器	
			多圈电位器				

2. 电位器的结构与特点

各电位器特性说明如表 2.9 所示。

表 2.9　电位器结构与特点

序号	电位器名称	结　构　与　特　点
1	线绕电位器（WX）	它是由合金电阻丝绕制在涂有绝缘物的金属或非金属上，经涂胶干燥处理后，装入基座内，再配上带滑动触点的转动系统而构成的。精度可达±0.1%，额定功率可达 10W；具有精度高、稳定性好、温度系数小、接触可靠、耐高温、功率负荷能力强等优点。缺点是阻值范围不够宽、高频性能差、分辨力不高，而且高阻值的线绕电位器易断线、体积较大、售价较高
2	碳膜电位器（WT）	它是在绝缘胶木板上蒸涂上一层碳膜制成的。其结构有单联、双联和单联带开关等几种。具有成本低、结构简单、噪声小、稳定性好、电阻范围宽等优点；缺点是耐温耐湿性差、使用寿命短。被广泛用于收音机、电视机等家用电器产品中
3	合成碳膜电位器（WHT）	它是在绝缘基体上涂覆一层合成碳膜，经加温聚合后形成碳膜片，再与其他配件组合而成的。阻值变化规律有线性和非线性两种，轴端结构有锁紧和非锁紧两种。这种电位器的阻值连续可变、分辨力高、耐高压、噪声低、阻值范围宽，性能优于碳膜电位器
4	有机实心电位器（WS）	它是用碳粉、石英粉、有机黏合剂等材料混合加热后，压入塑料基体上，再经加热聚合而成的。这种电位器分辨力高、阻值连续可调、体积小、耐高温、耐磨、可靠性好、寿命长；缺点是耐压稍低、噪声较大、转动力矩大。多用于对可靠性要求较高的电子设备上
5	多圈电位器	它属于精密型电位器，转轴每转一圈，滑动臂触点在电阻体上仅改变很小一段距离，因而精度高，阻值调整需转轴旋转多圈（可达 40 圈）。常用于精密调节电路中
6	金属玻璃铀电位器	它是用丝网印刷法按照一定图形，将金属玻璃铀电阻浆料涂覆在陶瓷基体上，经高温烧结而成的。优点是阻值范围宽、耐热性好、过载能力强、耐潮、耐磨等，缺点是接触电阻和电流噪声大
7	无触点电位器	它消除了机械接触，寿命长、可靠性高，分光电式电位器、磁敏式电位器等
8	金属膜电位器	它可由合金膜、金属氧化膜、金属箔等组成。特点是分辨力高、耐高温、温度系数小、动噪声小、平滑性好
9	导电塑料电位器	它是用特殊工艺将 DAP(邻苯二甲酸二烯丙酯)电阻浆料覆在绝缘机体上，加热聚合成电阻膜，或将 DAP 电阻粉热塑压在绝缘基体的凹槽内形成的实心体作为电阻体的电位器。优点是平滑性好、分辨力强、耐磨性好、寿命长、动噪声小、可靠性极高、耐化学腐蚀。用于宇宙装置、导弹、飞机雷达天线的伺服系统等
10	带开关的电位器	它有旋转式开关电位器、推拉式开关电位器、推拉开关式电位器等
11	预调式电位器	它在电路中，一旦调试好，用蜡封住调节位置，在一般情况下不再调节
12	直滑式电位器	它采用直滑方式改变电阻值
13	双连电位器	它有异轴双连电位器和同轴双连电位器之分

3. 电位器外形

常用电位器的外形如图 2.9 所示。

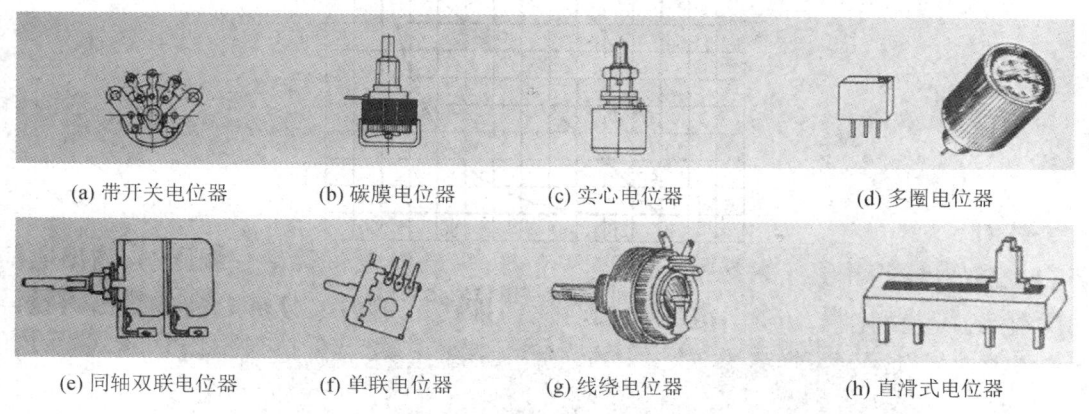

　　(a) 带开关电位器　　　　(b) 碳膜电位器　　　　(c) 实心电位器　　　　(d) 多圈电位器

　　(e) 同轴双联电位器　　　(f) 单联电位器　　　　(g) 线绕电位器　　　(h) 直滑式电位器

图 2.9　常用电位器的外形

2.2.3　电位器的主要技术参数

电位器所用的材料与相应的电阻器相同，其主要参数与相应的电阻器也类似，这里不再重复。由于电位器的阻值是可调的，且又有触点存在，因此还有其他一些参数。

1. 滑动噪声

当电刷在电阻体上滑动时，电位器中心端与固定端的电压会出现无规则的起伏现象，称为电位器的滑动噪声。它是由电阻体电阻率分布的不均匀性和电刷滑动时接触电阻的无规律变化引起的。

2. 分辨力

分辨力也称为分辨率，主要用于线绕电位器。当活动触点每移动一线匝时，输出电压将跳跃式地发生变化，该变化量与输出电压的相对比值即为分辨力。分辨力标志着输出量调节可达到的精密程度。线绕电位器没有非线绕电位器的分辨力高。

3. 阻值变化特性

为了适应各种不同的用途，电位器阻值变化规律也不相同。常见的电位器阻值变化规律有直线式（X 型）、指数式（Z 型）和对数式（D 型）三种。三种形式的电位器阻值随活动触点的旋转角度变化的曲线如图 2.10 所示。纵坐标是当某一角度时的电阻实际数值与电位器总电阻值之比的百分数，横坐标是旋转角与最大旋转角之比的百分数。

4. 轴长与轴端结构

电位器的轴长是指从安装基准面到轴端的尺寸，如图 2.11(a) 所示。轴长尺寸系列有：6、10、12.5、16、25、30、40、50、63、80（单位：mm）；轴端系列有：2、3、4、6、8、10（单位：mm）。电位器的轴端结构如图 2.11(b) 所示。

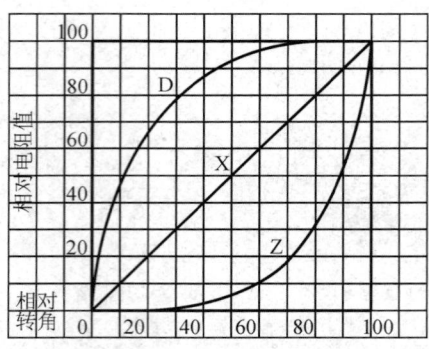

图 2.10　电位器阻值变化规律

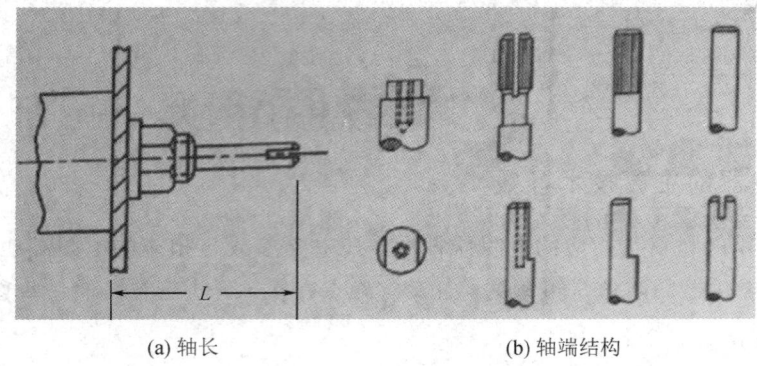

(a) 轴长　　　　　　　　　(b) 轴端结构

图 2.11　电位器轴长、轴端结构

2.2.4　电位器的简易测试与使用

1. 测试

电位器在使用过程中，由于旋转频繁而容易发生故障，这种故障表现为噪声、声音时大时小、电源开关失灵等。可用万用表来检查电位器的质量。

（1）测量电位器 1、3 端的总阻值是否符合标称值。普通电位器对外有 3 个引出端，固定端 1、3，滑动端 2。固定端 1、3 两端的电阻值就是电位器的标称值。把万用表的两根表笔分别接在 1、3 之间，看万用表读数是否与标称值一致。

（2）检测电位器的活动臂与电阻片的接触是否良好。用万用表的欧姆挡测 1、2 或 2、3 两端，慢慢转动电位器，阻值应连续变大或变小，若有阻值跳动则说明活动触点接触不良。

（3）测量开关电位器的好坏。对带有开关的电位器，检查时可用万用表 R×1 挡测"开关"两焊片间的通断情况是否正常。旋转电位器的轴柄，使开关一"开"一"关"，观察万用表指针是否"通"或"断"。要"开""关"多次，并观察是否每次都反应正确。若在"开"的位置，电阻不为零，则说明内部开关触点接触不良；若在"关"的位置，电阻值不为无穷大，则说明内部开关失控。

（4）检查外壳与引脚的绝缘性。将万用表拨至 R×10k 挡，一表笔接电位器外壳，另一表笔逐个接触每一个引脚，阻值均应为无穷大。否则，说明外壳引脚间绝缘不良。

2. 电位器使用

使用电位器时应注意以下几点：

（1）各类电子设备中，设置电位器的安装位置比较重要。如需要经常进行调节电位器轴或驱动装置，电位器应装在不要拆开设备就能方便调节的位置。

微调电位器放在印刷电路板上可能会受到其他元件的影响。例如，把一个关键的微调电位器靠近散发较多热量的大功率电阻安装是不合适的。

电位器的安装位置与实际的组装工艺方法也有一定的关系。各种微调电位器可能散布在给定的印刷电路板上，但只有一个入口方向可进行调节。因此，设计者必须精心地排列所有的电路元件，使全部微调电位器都能沿同一入口方向加以调节而不受相邻元件的阻碍。

（2）用前进行检查。电位器在使用前，应用万用表测量其是否良好。

（3）正确安装。安装电位器时，应把紧固零件拧紧，使电位器安装可靠。由于经常调节，若电位器松动变位，与电路中其他元件相碰，会使电路发生故障或损坏其他元件。特别是带开关的电位器，开关常常和电源线相连，引线脱落与其他部位相碰，更易发生故障，在日常使用中，若发现松动，应及时紧固，不能大意。

（4）正确焊接。像大多数电子元件那样，电位器在装配时如果在其接线柱或外壳上加热过度，则易损坏。

（5）使用中必须注意不能超负荷使用，尤其是终点电刷。

（6）使用电位器调整电路，都应注意避免在错误调整电位器时造成某些元件有过电流现象。最好在调整电路中串入固定电阻，以避免损坏其他元件。

（7）正确调节使用。当频繁调节电位器时，用力要均匀，不要猛拉猛关。

（8）修整电位器特别是截去较长的调节轴时，应夹紧转轴后再截短，避免电位器主体部位受力损坏。

（9）避免在湿度大的环境下使用，因为传动机构不能进行有效的密封，潮气会进入电位器内。

2.3　电　容　器

电容器是电子设备中大量使用的电子元件之一，广泛应用于隔直、耦合、旁路、滤波、调谐回路、能量转换、控制电路等。

2.3.1　电容器的型号命名

国产电容器的型号一般由四部分组成（不适用于压敏、可变、真空电容器）。依次代表名称、材料、分类和序号。

第一部分：名称，用字母表示（C）。

第二部分：材料，用字母表示，如表 2.10 所示。

表 2.10　电容器型号中第二部分字母所代表的意义

字母	电容器介质材料	字母	电容器介质材料
A	钽电解	N	铌电解
B (BB、BF)	聚苯乙烯等非极性薄膜 (在 B 后再加一字母区分具体材料)	L (L、S)	聚酯等极性有机薄膜 (在 L 后再加一字母区分具体材料)
C	高频陶瓷	O	玻璃膜
D	铝电解	Q	漆膜
E	其他材料电解	S	
F		T	低频陶瓷
G	合金电解	V	云母纸
H	纸膜复合	X	
I	玻璃釉	Y	云母
J	金属化纸	Z	纸

第三部分：分类，一般用数字表示，个别用字母表示，如表 2.11 所示。

表 2.11　电阻器、电容器型号中第三部分数字(字母)所代表的意义

数字	瓷介电容器	云母电容器	有机介质电容器	电解质电容器
1	圆形	非封闭	非封闭	箔式
2	管形	非封闭	非封闭	箔式
3	叠片	封闭	封闭	烧结粉、非固体
4	独石	封闭	封闭	烧结粉、非固体
5	穿心		穿心	
6	支柱形			
7				无极性
8	高压	高压	高压	
9			特殊	特殊
字母	电阻器		电容器	
G	高功率		高功率	
T	可调		叠片式	
W			可调	

第四部分：序号，用数字表示。

电容器型号命名示例如图 2.12 所示。

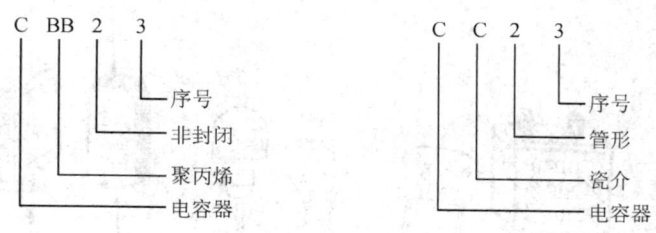

图 2.12　电容器型号命名示例

2.3.2　电容器的分类及特点

1. 分类

按照结构，电容器可分三大类：固定电容器、可变电容器和微调电容器。

按电介质，电容器可分为有机介质电容器、无机介质电容器、电解质电容器和气体介质电容器等，再细分的话如表 2.12 所示。

表 2.12　电容器按电介质分类

分类标准	类型 I	类型 II
有机介质 复合介质	纸质电容器	
	塑料电容器	
	纸膜复合金属化纸介电容器	
	薄膜复合电容器	
无机介质	云母电容器	
	玻璃釉电容器	
	瓷介电容器	圆形电容器
		管形电容器
		矩形电容器
		片状电容器
		穿心电容器
气体介质	空气电容器	
	真空电容器	
	充气电容器	
电解质	普通铝电解电容器	
	钽电解电容器	
	铌电解电容器	

2. 常用固定电容器的外形

电容器的种类也很多，常用固定电容器的外形如图 2.13 所示。

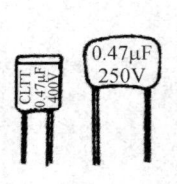   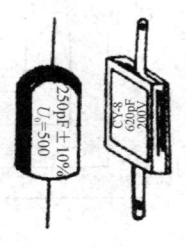 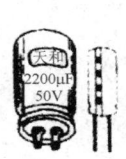

(a) 涤纶电容器　　　　(b) 聚丙烯电容器　　(c) 瓷介电容器　　(d) 云母电容器　　(e) 铝电解电容器

图 2.13　常用固定电容器外形

3. 电容器的结构与特点

常用电容器的结构与特点如表 2.13 所示。

表 2.13　常用电容器的结构与特点

电容器种类	电容结构和特点
纸介电容器	它用两片金属箔作电极，夹在极薄的电容纸中，卷成圆柱形或者扁柱形芯子，然后密封在金属壳或者绝缘材料(如火漆、陶瓷、玻璃釉等)壳中制成。优点是体积较小，容量可以做得较大；缺点是固有电感和损耗都比较大。适用于低频电路
云母电容器	它用金属箔或者在云母片上喷涂银层作电极板，极板和云母一层一层叠合后，再压铸在胶木粉或封固在环氧树脂中制成。其特点是介质损耗小、绝缘电阻大、温度系数小，适宜用于高频电路
陶瓷电容器	它由陶瓷作介质，在陶瓷基体两面喷涂银层，然后烧成银质薄膜作极板制成。优点是体积小、耐热性好、损耗小、绝缘电阻高，缺点是容量小。适宜用于高频电路。铁电陶瓷电容量较大，但损耗和温度系数较大，适宜用于低频电路
薄膜电容器	它的结构和纸介电容相同，介质是涤纶或者聚苯乙烯。涤纶薄膜电容器的介电常数较高、体积小、容量大、稳定性较好，适宜作旁路电容。聚苯乙烯薄膜电容器的介质损耗小、绝缘电阻高，但温度系数大，可用于高频电路
金属化纸介电容器	它的结构和纸介电容基本相同。它在电容器纸上覆上一层金属膜来代替金属箔，优点是体积小、容量较大，一般用在低频电路中
油浸纸介电容器	它是把纸介电容器浸在经过特别处理的油里，能增强它的耐压。其特点是电容量大、耐压高，但体积较大
铝电解电容器	它由铝圆筒作负极，里面装有液体电解质，插入一片弯曲的铝带作正极制成。还需要经过直流电压处理，使正极片上形成一层氧化膜作介质。其优点是容量大，但漏电大、稳定性差、有正负极性，适宜用于电源滤波或者低频电路中。使用时，正负极不要接反
钽、铌电解电容器	它用金属钽或者铌作正极，用稀硫酸等配液作负极，用钽或铌表面生成的氧化膜作介质制成。其优点是体积小、容量大、性能稳定、寿命长、绝缘电阻大、温度特性好，常用在要求较高的设备中

续表

电容器种类	电容结构和特点
半可变电容器	它也叫作微调电容，由两片或者两组小型金属弹片，中间夹着介质制成。调节的时候改变两弹片之间的距离或者面积。它的介质有空气、陶瓷、云母、薄膜等
可变电容器	它由一组定片和一组动片组成，其容量随动片的转动而连续改变。把两组可变电容装在一起同轴转动，叫作双连。它的介质有空气和聚苯乙烯两种。空气介质可变电容器体积大、损耗小，多用在电子管收音机中。聚苯乙烯介质可变电容器多做成密封式的，体积小，多用在晶体管收音机中

2.3.3　电容器的主要特性参数

1. 标称电容量与允许误差

标称电容量是标注在电容器上的电容量和精度。电容量的单位有法拉（F）、微法拉（μF）、皮法拉（pF），$1F=10^{-6}\mu F=10^{-12}pF$。

电容器实际电容量与标称电容量的偏差称误差，在允许的偏差范围称精度。

精度等级与允许误差对应关系：00(01)－±1%、0(02)－±2%、Ⅰ－±5%、Ⅱ－±10%、Ⅲ－±20%、Ⅳ－(＋20%－10%)、Ⅴ－(＋50%－20%)、Ⅵ－(＋50%－30%)。

一般电容器常用Ⅰ、Ⅱ、Ⅲ级，电解电容器用Ⅳ、Ⅴ、Ⅵ级，根据用途选取。

2. 额定电压

在最低环境温度和额定环境温度下可连续加在电容器上的最高直流电压有效值，一般直接标注在电容器外壳上，如果工作电压超过电容器的耐压，电容器会被击穿，造成不可修复的永久损坏。

3. 绝缘电阻及漏电流

直流电压加在电容器上，并产生漏电流，两者之比称为绝缘电阻。

当电容较小时，绝缘电阻主要取决于电容的表面状态；电容大于 0.1 μF 时，绝缘电阻主要取决于介质的性能，绝缘电阻越小越好。

电容的时间常数是为评价大容量电容的绝缘情况而引入的，它等于电容的绝缘电阻与容量的乘积。

4. 损耗因素

电容器在电场作用下，单位时间内因发热所消耗的能量叫作损耗。各类电容器都规定了其在某频率范围内的损耗允许值，电容器的损耗主要由介质损耗、电导损耗和电容器所有金属部分的电阻所引起。

在直流电场的作用下，电容器的损耗以漏导损耗的形式存在，一般较小；在交变电场的作用下，电容器的损耗不仅与漏导有关，而且与周期性的极化建立过程有关。

电容器的损耗因数定义为有功损耗功率与无功损耗功率之比，即

$$\frac{P}{P_q}=\frac{UI\sin\delta}{UI\cos\delta}=\tan\delta \tag{2.3}$$

式中，P 为有功损耗功率，P_q 为无功损耗功率，U 为施加于电容上的电压有效值，δ 为损耗角。

通常，电容器在电场作用下，其存储或传递的一部分电能会因介质漏电及极化作用而变为无用有害的热能，这部分发热消耗的能量就是电容器的损耗，各类电容器都规定了某频率范围内的损耗因数允许值。

5. 温度系数

电容器容量在温度每变化 1℃ 时的相对变化量，可用温度系数 α_C 表示，即

$$\alpha_C = \frac{1}{C} \cdot \frac{\Delta C}{\Delta t} \times 10^{-6} (1/℃) \tag{2.4}$$

式中，C 为室温下的电容量，$\dfrac{\Delta C}{\Delta t}$ 为电容量随温度的变化率。

电容器的温度系数也有正温度系数和负温度系数之分。

6. 频率特性

随着频率的上升，一般电容器的电容量呈现下降的规律。

各类电容器的主要参数对照如表 2.14 所示。

表 2.14　电容器的主要参数对照

电容器种类	容量范围	直流工作电压 /V	适用频率 /MHz	准确度	漏电电阻 /MΩ
中小型纸介电容器	470 pF～0.22 μF	63～630	8 以下	Ⅰ～Ⅲ	>5000
金属壳密封纸介电容器	0.01 μF～10 μF	250～1600	直流、脉动直流	Ⅰ～Ⅲ	>1000～5000
中、小型金属化纸介电容器	0.01 μF～0.22 μF	160、250、400	8 以下	Ⅰ～Ⅲ	>2000
金属壳密封金属化纸介电容器	0.22 μF～30 μF	160～1600	直流、脉动直流	Ⅰ～Ⅲ	>30～5000
薄膜电容器	3 pF～0.1 μF	63～500	高频、低频	Ⅰ～Ⅲ	>10000
云母电容器	10 pF～0.51 μF	100～7000	75～250 以下	02～Ⅲ	>10000
瓷介电容器	1 pF～0.1 μF	63～630	低频、高频 50～3000 以下	02～Ⅲ	>10000
铝电解电容器	1 μF～10000 μF	4～500	直流、脉动直流	Ⅳ Ⅴ	
钽、铌电解电容器	0.47 μF～1000 μF	6.3～160	直流、脉动直流	Ⅲ Ⅳ	
瓷介微调电容器	2/7 pF～7/25pF	250～500	高频		>1000～10000
可变电容器	最小>7 pF 最大<1100 pF	100 以上	低频、高频		>500

2.3.4　电容器容量的标示方法

1. 直标法

直标法即用数字和单位符号直接标出。如 01 μF 表示 0.01 微法，有些电容用"R"表示小数点，如 R56 表示 0.56 微法。

2. 文字符号法

文字符号法即用数字和文字符号有规律的组合来表示容量。如 P10 表示 0.1 pF，1P0 表示 1 pF，6P8 表示 6.8 pF，2μ2 表示 2.2 μF。在电容器电路中，4.7 μF 可表示为 4μ7，0.1 pF 的电容可表示为 p10，3.32 pF 可表示为 3p32，均可用单位符号表示小数点。

3. 色标法

色标法即用色环或色点表示电容器的主要参数。电容器的色标法与电阻的相同。

电容器误差标志符号有：$+100\% \sim 0$—H、$+100\% \sim 10\%$—R、$+50\% \sim 10\%$—T、$+30\% \sim 10\%$—Q、$+50\% \sim 20\%$—S、$+80\% \sim 20\%$—Z。

2.3.5　电容器的简易测试与选用

1. 电容器的简易测试

电容器在使用前应对其漏电情况进行检测。容量小于 100 μF 内的电容器用 R$\times$1k 挡检测；容量大于 100 μF 的电容器用 R$\times$10 检测。具体方法为：将万用表两表笔分别接在电容器的两端，指针应先向右摆动，然后回到"∞"位置附近。表笔对调重复上述过程，若指针距"∞"处很近或指在"∞"位置上，说明漏电电阻大、电容性能好；若指针距"∞"处较远，说明漏电电阻小、电容性能差；若指针在"0"处始终不动，说明电容内部短路。对于 5000 μF 以下的小容量电容器，由于容量小、充电时间快、充电电流小，用万用表的高阻值挡也看不出指针摆动，可借助电容表直接测量其容量。

2. 电容器的选用

电容器的种类繁多，性能指标各异，合理选用电容器对产品设计十分重要。

(1) 不同的电路应选用不同种类的电容器。在电源滤波、去耦电路中，要选用电解电容器；在高频、高压电路中，应选用瓷介电容器、云母电容器；在谐振电路中，可选用云母、陶瓷和有机薄膜等电容器；用作隔直流时，可选用纸介、涤纶、云母、电解等电容器；用在调谐回路中时，可选用空气介质或小型密封可变电容器。

(2) 电容器耐压的选择。电容器的额定电压应高于实际工作电压的 $10\% \sim 20\%$，对工作稳定性较差的电路，可留更大的余量，以确保电容器不被损坏和击穿。

(3) 容量的选择。对业余的小制作一般不必考虑电容量的误差。对于振荡、延时电路，电容器容量误差应尽可能小，选择误差应小于 5%；对于低频耦合电路，电容器容量误差可大些，一般 $10\% \sim 20\%$ 就能满足要求。

(4) 在选用时，还应注意电容器的引线形式。可根据实际需要选择焊片引出、按线引出和螺丝引出等，以适应线路的插孔要求。

（5）在选用时，有时还要考虑其体积、价格和电容器所处的工作环境（温度、湿度）等情况。

（6）电容器的代用。在选购电容器的时候可能买不到所需要的型号或所需容量的电容器，或在维修时手头有的与所需的不相符合，这时可考虑代用。代用的原则是：电容器的容量基本相同；电容器的耐压值不低于原电容器的耐压值；对于旁路电容、耦合电容，可选比原电容量大的代用；在高频电路中，代用时一定要考虑频率特性应满足电路的要求。

（7）电容器使用注意事项。电容器外形应该完整，引线不应松动；使用电容器时应测量其绝缘电阻，其值应该符合使用要求；电解电容器极性不能接反；电容器耐压应符合要求，如果耐压不够可采用串联的方法；某些电容器，其外壳有黑点或黑圈，在接入电路时应将该端接低电位或低阻抗的一端（接地）；在振荡电路、延时电路、音调电路中，电容器容量应尽可能与计算值一致。在各种滤波及网络（选频网络）中，电容量要求精确；在退耦电路、低频耦合电路中，对同两级精度的要求不太严格。

2.4　电　感　器

电感线圈（电感器）是由导线一圈挨一圈地绕在绝缘管上，导线彼此互相绝缘而制成的，绝缘管可以是空心的，也可以包含铁芯或磁粉芯。电感器简称电感，用 L 表示。单位有亨利（H）、毫亨利（mH）、微亨利（μH），$1H=10^3\ mH=10^6\ \mu H$。

电感器可分为两大类：一是应用自感作用的电感器；二是应用互感作用的变压器。电感器主要作用是对交流信号进行隔离、滤波或与电容组成谐振电路等。电感器在电路中的符号如图 2.14 所示。

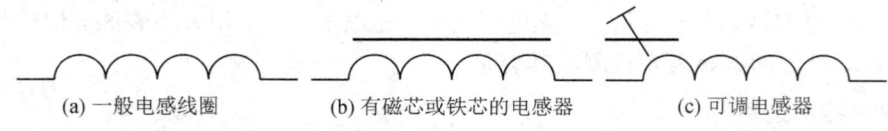

(a) 一般电感线圈　　　(b) 有磁芯或铁芯的电感器　　　(c) 可调电感器

图 2.14　电感器的电路符号

2.4.1　电感器的型号命名

电感器的型号命名没有统一的国家标准，各生产厂家有所不同。有的厂家用 LG 加产品序号来表示；有的厂家采用 LG 加数字和字母后缀来表示形式，其后缀字 1 表示卧式，2 表示立式，G 表示胶木外壳，P 表示圆饼式，E 表示耳朵形环氧树脂包封；也有的厂家采用 LF 加数字和字母后缀来表示，如 LF10RD01，其中 LF 为低频电感线圈，10 为特征尺寸，RD 为工字形磁芯，01 代表产品序号。

但大多数的表示方法由 4 部分组成：

第 1 部分：主称，用字母表示。其中，L 代表线圈，ZL 代表阻流圈。

第 2 部分：特征，用字母表示。其中，G 代表高频。

第 3 部分：型号，用字母表示。其中，X 代表小型。

第 4 部分：区别代号，用字母表示。

例如，LGX 型为小型高频电感线圈。

2.4.2 电感器容量的标示方法

为了便于生产和使用，常将小型固定电感线圈的主要参数标示在其外壳上，标示方法有直标法和色标法两种。

1. 直标法

直标法是在小型固定电感线圈的外壳上直接用文字符号标出其电感量、允许误差和最大直流工作电流等主要参数的方法。其中，允许误差常用Ⅰ、Ⅱ、Ⅲ来表示，分别代表允许误差为±5％、±10％、±20％，最大工作电流常用字母 A、B、C、D、E 等标示。字母与电流的对应关系如表 2.15 所示。

表 2.15　小型固定电感线圈的工作电流与字母的相应关系

字母	A	B	C	D	E
最大工作电流/mA	50	150	300	700	1600

例如，固定电感线圈外壳上标有 330 μH、C、Ⅱ的字样，表明线圈的电感量为 330 μH，允许误差为Ⅱ级（±10％），最大工作电流为 300 mA（C 挡）。

2. 色标法

色标法是在电感器的外壳上涂上 4 条不同颜色的环，来反映电感器的主要参数的方法。前两条色环表示电感器的电感量。第一条色环表示电感量的第一位有效数字，第二条色环表示第二位有效数字，第三条色环表示乘数（即 10^n），第四条色环表示允许误差。数字与颜色的对应关系如表 2.16 所示，单位为微亨（μH）。

表 2.16　电感器的色环表示

颜色	有效数字	乘数	允许误差	颜色	有效数字	乘数	允许误差
黑	0	10^0		紫	7	10^7	±0.1％
棕	1	10^1	±1％	灰	8	10^8	
红	2	10^2	±2％	白	9	10^9	±5％
橙	3	10^3		金		10^{-2}	±5％
黄	4	10^4		银		10^{-1}	±10％
绿	5	10^5	±0.5％	无色			±20％
蓝	6	10^6	±0.25％				

2.4.3 电感器的分类

电感器的分类方法有很多种，如表 2.17 所示。

表 2.17　电感器的分类

序号	分类标准	分　类
1	电感器形式	固定电感器
		可变电感器
2	导磁体性质	空芯线圈
		铁氧体线圈
		铁芯线圈
		铜芯线圈
3	工作性质	天线线圈
		振荡线圈
		扼流线圈
		陷波线圈
		偏转线圈
4	绕线结构	单层线圈
		多层线圈
		蜂房式线圈

2.4.4　电感器的主要特性参数

1. 电感量

电感量 L 表示线圈本身的固有特性,与电流大小无关。除专门的电感线圈(色码电感)外,电感量一般不专门标注在线圈上,而以特定的名称标注。

2. 感抗

电感线圈对交流电流阻碍作用的大小称感抗 X_{L},单位是欧姆。它与电感量 L 和交流电频率 f 的关系为

$$X_{\mathrm{L}} = 2\pi f L = \omega L \tag{2.5}$$

3. 品质因素

线圈的品质因数 Q 也称优值或 Q 值,表示线圈质量的参数,是指线圈在某一频率的交流电压下工作时,所呈现的感抗与其等效损耗电阻之比,即

$$Q = \frac{\omega L}{R} = \frac{2\pi f L}{R} \tag{2.6}$$

式中:L 为线圈的电感量(H);R 是当交流电频率为 f 时的等效损耗电阻(Ω),当 f 较低时,可认为 R 等于线圈的直流电阻,当 f 较高时,R 为包括各种损耗在内的总等效损耗电阻;ω 为角频率。Q 的数值大都在几十至几百之间,Q 值越高,电路的损耗越小、效率越高。

电感线圈的 Q 值与线圈的绕法、线的粗细、单股还是多股、所用磁芯及工作频率有关。

4. 分布电容

线圈的匝与匝间、线圈与屏蔽罩间、线圈与底板间存在的电容被称为分布电容。分布

电容的存在,使线圈的 Q 值减小、稳定性变差,因而线圈的分布电容越小越好。

　　这些分布电容可等效为与线圈并联的电容 C_0,如图 2.15 所示。该电路实际上是由 L、R 和 C_0 组成的并联谐振回路,谐振频率为

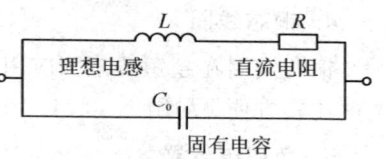

图 2.15　电感器等效电路

$$f_0 = \frac{1}{2\pi \sqrt{LC_0}} \qquad (2.7)$$

f_0 也称为线圈的固有频率。

　　为了保证线圈有效电感量的稳定,应使电感器的工作额率低于其固有频率。分布电容的存在,使线圈的 Q 值减小,稳定性变差。为了减小分布电容,可以减小线圈骨架的直径,用细导线绕制线圈。可采用间绕法、蜂房式绕法等。

5．额定电流

　　额定电流是指允许通过电感元件的直流电流值,在选用电感元件时,若电路电流大于额定电流值,电感器就会发热导致参数改变,甚至烧毁。

6．稳定性

　　稳定性表示线圈参数随外界条件变化而改变的程度,通常用电感温度系数表示电感量对温度的稳定性,即

$$\alpha_L = \frac{L_2 - L_1}{L_1(T_2 - T_1)} \ (1/℃) \qquad (2.8)$$

式中,α_L 为电感温度系数,L_i 是温度为 $T_i(i = 1, 2)$ 时的电感量(H)。

　　温度对电感器的影响主要是导线受热膨胀使线圈产生几何变形而引起的。可以采用热绕法将导线加热绕制,冷却后导线收缩,紧紧贴在骨架上;还可采用烧渗法在线圈的高额骨架上烧渗一层薄银膜,替代线圈的导线,保证线圈不变形,提高稳定性。

　　湿度变化也会影响电感器的参数。湿度增加时,线圈的分布电容和漏电损耗增加,改进的方法是:线圈用环氧树脂等防潮材料浸渍密封。但这样处理后,由于浸渍材料的介电常数比空气大,线圈的分布电容将增大,这会引入介质损耗,使线圈 Q 值减小。

2.4.5　常用线圈

1．单层线圈

　　单层线圈指用绝缘导线一圈挨一圈地绕在纸筒或胶木骨架上,如晶体管收音机中的波天线线圈。

2．蜂房式线圈

　　如果所绕制的线圈其平面不与旋转面平行,而是相交成一定的角度,这种线圈称为蜂房式线圈。其旋转一周,导线来回弯折的次数,常称为折点数。其优点是体积小、分布电容小、电感量大。蜂房式线圈都是利用蜂房绕线机来绕制的,折点越多,分布电容越小。

3．铁氧体磁芯和铁粉芯线圈

　　线圈的电感量大小与有无磁芯有关。在空芯线圈中插入铁氧体磁芯,可增加电感量和

提高线圈的品质因素。

4. 铜芯线圈

铜芯线圈在超短波范围应用较多,利用旋动铜芯在线圈中的位置来改变电感量,这种调整比较方便、耐用。

5. 色码电感器

色码电感器是具有固定电感量的电感器,其电感量标示方法采用的是色环法。

6. 阻流圈(扼流圈)

限制交流电通过的线圈称为阻流圈,分高频阻流圈和低频阻流圈。

7. 偏转线圈

偏转线圈是电视机扫描电路输出级的负载。偏转线圈要求:偏转灵敏度高、磁场均匀、Q 值高、体积小、价格低。

2.4.6　电感器的简易测试与选用

电感器的电感量一般可通过高频 Q 表或电感表进行测量。若不具备以上两种仪表,则可通过用万用表测量线圈的直流电阻来判断其好坏。

1. 测试

用万用表电阻挡测量电感器阻值的大小。若被测电感器的阻值为零,说明电感器内部绕组有短路故障。

注意:操作时一定要将万用表调零,反复测试几次。

若被测电感器阻值为无穷大,说明电感器的绕组或引出脚与绕组接点处发生了断路故障。

2. 选用

(1) 按工作频率的要求选择某种结构的线圈。用于音频段的一般要用带铁芯(硅钢片或坡莫合金)或低铁氧体芯的。要用几百千赫兹到几十兆赫兹间的线圈时,最好用铁氧体芯,并以多股绝缘线绕制的。要用几兆赫兹到几十兆赫兹的线圈时,宜选用单股镀银粗铜线绕制的,磁芯要采用短波高频铁氧体,也常用空心线圈。当工作频率为 100 MHz 以上时,一般不能选用铁氧体芯,只能用空心线圈。如要作微调,可用铜芯。

(2) 因为线圈的骨架材料与线圈的损耗有关,因此用在高频电路里的线圈,通常应选用高频损耗小的高频瓷作骨架。对要求不高的场合,可以选用塑料、胶木和纸作骨架的电感器,它们的价格低廉、制作方便、重量轻。

(3) 选用线圈时必须考虑机械结构是否牢固,不应使线圈松脱,引线接点活动等。

2.5　变　压　器

变压器是变换交流电压、电流和阻抗的器件,当初级线圈中通有交流电流时,铁芯(或磁芯)中便产生交流磁通,使次级线圈中感应出电压(或电流)。变压器由铁芯(或磁芯)和线圈组成，线圈有两个或两个以上的绕组，其中接电源的绕组叫初级线圈，其余的绕组叫次级线圈。

2.5.1　变压器的型号命名

1. 低频变压器的型号命名

电源变压器、音频输入变压器和音频输出变压器的型号命名由 3 部分组成，如图 2.16 所示。其主称字母的含义如表 2.18 所示。

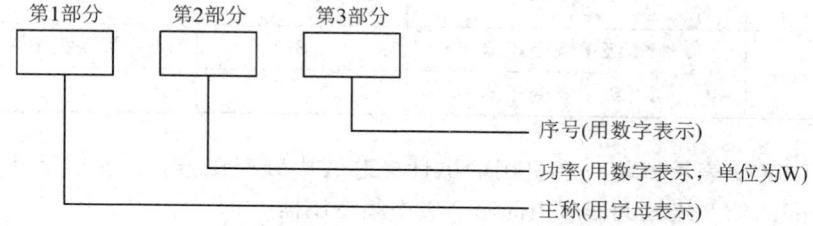

图 2.16　变压器命名格式

表 2.18　低频变压器主称字母的含义

字母	含　义	字母	含　义
DB	电源变压器	HB	灯丝变压器
CB	音频输出变压器	SB 或 ZB	音频(定阻式)输送变压器
RB	音频输入变压器	SB 或 EB	音频(定压式或自耦式)输送变压器
GB	高压变压器		

2. 调幅收音机内中频变压器的型号命名

调幅收音机内中频变压器型号命名也由 3 部分组成，如图 2.17 所示。其各部分的具体介绍见表 2.19～表 2.21。

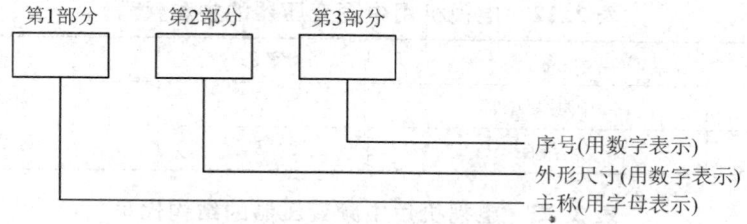

图 2.17　调幅收音机内中频变压器的型号命名

表 2.19　调幅收音机内中频变压器的主称代号

字母	名称、特征、用途	字母	名称、特征、用途
I	中频变压器	F	调幅收音机用
L	线圈或振荡线圈	S	短波段
T	磁性瓷芯式		

表 2. 20　调幅收音机内中频变压器的尺寸代号

数字	外形尺寸/(mm×mm×mm)	数字	外形尺寸/(mm×mm×mm)
1	7×7×12	3	12×12×16
2	10×10×14	4	20×25×36

表 2. 21　调幅收音机内中频变压器的序号代号

数字	意义	数字	意义
1	第 1 级中频变压器	3	第 3 级中频变压器
2	第 2 级中频变压器		

　　例如，TTF22 表示调幅收音机用的磁性瓷芯式中频变压器，其外形尺寸为 10 mm×10 mm×14 mm，第 2 级放大器后用的第 2 级中频变压器。

3. 电视机用中频变压器的型号命名

电视机用中频变压器的型号命名由 4 部分组成，如图 2.18 所示。

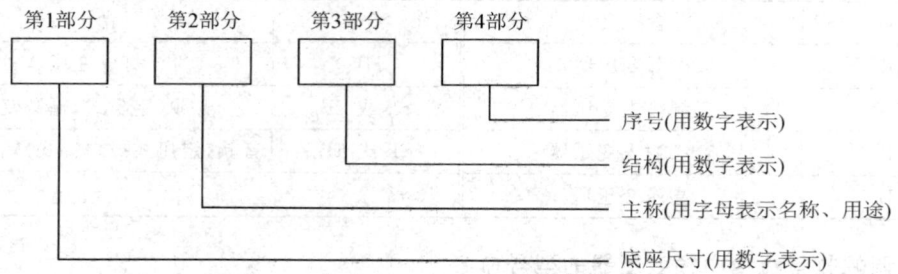

图 2.18　电视机用的中频变压器型号命名

第 2 部分及第 3 部分具体介绍见表 2.22 和表 2.23。

表 2. 22　电视机用中频变压器的主称代号

字母	意义	字母	意义
T	中频变压器	V	图像回路
L	线圈	S	伴音回路

表 2. 23　电视机用中频变压器的结构代号

字母	意义	字母	意义
2	调磁帽式	3	调螺杆式

　　例如，10TS2221 表示调磁帽式伴音中频变压器，其底座尺寸为 10 mm×10 mm，产品序列号为 221。

2.5.2　变压器的分类

变压器的分类方法有很多种，如表 2.24 所示。

表 2.24　变 压 器 分 类

序号	分类标准	分　类	序号	分类标准	分　类
1	冷却方式	干式(自冷)变压器	4	电源相数	单相变压器
		油浸(自冷)变压器			三相变压器
		氟化物(蒸发冷却)变压器			多相变压器
2	防潮方式	开放式变压器	5	用途	电源变压器
		灌封式变压器			调压变压器
		密封式变压器			音频变压器
3	铁芯或线圈结构	芯式变压器(插片铁芯、C形铁芯、铁氧体铁芯)			脉冲变压器
		壳式变压器(插片铁芯、C形铁芯、铁氧体铁芯)	6	频率	低频变压器
		环形变压器			中频变压器
		金属箔变压器			高频变压器

几种变压器的外形如图 2.19 所示。

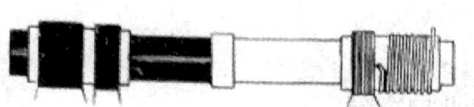  

(a) 高频变压器　　　　　　　(b) 中频变压器　　　　　　(c) 电源变压器

图 2.19　几种变压器的外形

2.5.3　电源变压器的特性参数

1. 工作频率

变压器铁芯损耗与频率关系很大,应根据使用频率来设计和使用,这种频率称为工作频率。

2. 额定功率

额定功率是指在规定的频率和电压下,变压器长期工作而不超过规定温升量的输出功率。

3. 额定电压

额定电压指在变压器的线圈上所允许施加的电压,工作时不得大于规定值。

4. 电压比

电压比指变压器初级电压和次级电压的比值,有空载电压比和负载电压比的区别。

5. 空载电流

变压器次级开路时,初级仍有一定的电流,这部分电流称为空载电流。空载电流由磁化电流(产生磁通)和铁损电流(由铁芯损耗引起)组成。对于 50 Hz 电源变压器而言,空载电流基本上等于磁化电流。

6. 空载损耗

空载损耗指变压器次级开路时,在初级测得的功率损耗。主要损耗是铁芯损耗,其次是空载电流在初级线圈铜阻上产生的损耗(铜损),这部分损耗很小。

7. 效率

效率指次级功率 P_2 与初级功率 P_1 的比值,即

$$\eta = \frac{P_2}{P_1} = \frac{P_2}{P_2 + P_m + P_C} \tag{2.9}$$

式中,P_m、P_C 分别为线圈铜损和铁芯磁损,单位为 W。通常变压器的额定功率愈大,效率就愈高。

8. 绝缘电阻

绝缘电阻表示变压器各线圈之间、各线圈与铁芯之间的绝缘性能。绝缘电阻的高低与所使用的绝缘材料的性能、温度高低和潮湿程度有关。

2.5.4 音频变压器和高频变压器的特性参数

1. 频率响应

频率响应指变压器次级输出电压随工作频率变化的特性。

2. 通频带

如果变压器在中间频率的输出电压为 U_0,那么输出电压(输入电压保持不变)下降到 $0.707U_0$ 时的频率范围,称为变压器的通频带 B。

3. 初、次级阻抗比

变压器初、次级接入适当的阻抗 R_0 和 R_i,使变压器初、次级阻抗匹配,则 R_0 和 R_i 的比值称为初、次级阻抗比。在阻抗匹配的情况下,变压器工作在最佳状态,传输效率最高。

2.5.5 变压器的简易测试与选用

1. 测试

(1) 绝缘性能测试:用万用表欧姆挡 R×10k 分别测量铁芯与初级、初级与各次级、铁芯与各次级、静电屏蔽层与初次级、次级各绕组间的电阻值,应大于 100 kΩ 或表指针在无穷大处不动。否则,说明变压器绝缘性能不良。

(2) 测量绕组通断:用万用表 R×1 挡分别测量变压器一次、二次各个绕组间的电阻值,一般一次绕组的电阻值应为几十欧姆至几百欧姆,变压器功率越小电阻值越小;二次绕组电阻值一般为几欧姆至几十欧姆,如某一组的电阻值为无穷大,则该组有断路故障。

(3) 测量空载电流:将二次开路,测量一次电流,变压器一次空载电流为 100 mA 左

右。如果超过太多，则说明变压器有短路故障。

（4）测量空载电压：将变压器一次接入 220 V 电压，分别测量二次电压，一般高压绕组的电压误差≤±10％，低压绕组的电压误差≤±5％，带中心抽头的两组对称绕组的电压误差≤±2％。

2. 变压器的选用

1）选用原则

（1）要了解变压器的输出功率、输入和输出电压的大小以及所接负载需要的功率。

（2）要根据电路要求选择其输出电压与标称电压相符，其绝缘电阻应大于 500 kΩ，对于要求较高的电路应大于 1000 kΩ。

（3）要根据变压器在电路中的作用合理使用，必须知道其引脚与电路中各点的对应关系。

2）变压器的代换

（1）中频变压器的型号较多，基本上不能互换使用，损坏后应尽量选用同型号、同规格的变压器。

（2）电源变压器的代换原则是同型号可以代换，也可选比原型号功率大但输出电压与原型号相同的进行代换，还可选用不同型号、不同规格、不同铁芯的变压器进行代换，但前提是比原型号功率稍大，输出电压相同（对特殊要求的电路除外）。

习　题　2

2.1　下列型号代表何种电阻器或电位器？
RS、RH8、RX70、RJ71、WX11、WI81

2.2　下列是何种表示法？表示的阻值是多少？
2 M、180 Ω、1 Ω1、48 G、2K2

2.3　对某电阻进行了 10 次测量，测得数据如表 2.25 所示。

表 2.25　电阻的测量数据

次数	1	2	3	4	5	6	7	8	9	10
$R/k\Omega$	46.98	46.97	46.96	46.96	46.81	46.95	46.92	46.94	46.93	46.91

以上数据中是否含有粗差数据？若有粗差数据，请剔除。设以上数据不存在系统误差，在要求置信概率为 99％的情况下，估计该被测电阻的真值应在什么范围内？

2.4　电阻 $R_1 = (150 \pm 0.6)$ Ω，$R_2 = 62$ Ω±0.4％，试求此两电阻分别在串联和并联时的总电阻值及其相对误差，并分析串并联时各电阻的误差对总电阻的相对误差的影响？

2.5　设有两只电阻，$R_1 = 200 \pm 0.8$ Ω，$R_2 = 51$ Ω±1％，试求这两只电阻并联时的总阻值及误差。

2.6　测量电阻器消耗的功率时，可间接测量电阻值 R、电阻上的电压 U、流过电阻器的电流 I，然后采用三种方案来计算功率。

（1）请给出三种方案。

（2）设电阻、电压、电流测量的相对误差分别为 $r_R = \pm 1\%$，$r_U = \pm 2\%$，$r_I \pm 2.5\%$，问

采用哪种测量方案较好？

2.7　为了计算一个电阻性电路的功率消耗，已测得电压和电流为

$$U=(100\pm2)\,\text{V},\quad I=(10\pm0.2)\,\text{A}$$

（1）求计算功率时的最大可能误差及最佳估计误差。假设 U 和 I 的置信水平相同。

（2）要使功率最佳估计误差达到 $\pm10\,\text{W}$，电压和电流应限制在什么范围（两者误差的变化率相等）？

2.8　什么是电容器？有什么特性？其常用单位有哪些？

2.9　电解电容器的选用有什么要求？代替需要根据什么原则进行？

2.10　电容器的主要参数有哪些？

2.11　填空。

电容器的一般符号是_____，有极性电容器的符号是_____，微调电容器的符号是_____，可变电容器的符号是_____。

电感元件的符号用字母_____表示。电感的单位为_____，$1\,\text{H}=$_____ mH，$1\,\text{mH}=$_____ μH。

电感器按结构形式可分为_____和_____。

电感器的主要参数有_____、_____、_____和_____。

电源变压器一般分为_____和_____两个绕组。

2.12　电感器的结构由哪几部分组成？各部分起什么作用？

2.13　简要说明电源变压器的检测步骤。

2.14　如何检测中频变压器？

2.15　CD-13 型万用电桥测电感的部分技术指标如下：

$5\,\mu\text{H}\sim1.1\,\text{mH}$ 挡：$\pm2\%$（读数值）$\pm5\,\mu\text{H}$；

$10\,\text{mH}\sim110\,\text{mH}$ 挡：$\pm2\%$（读数值）$\pm0.4\%$（满度值）。

试求被测电感示值分别为 $10\,\mu\text{H}$、$800\,\mu\text{H}$、$20\,\text{mH}$、$100\,\text{mH}$ 时，该仪器测量电感的绝对误差和相对误差，并以所得绝对误差为例，讨论仪器误差的绝对部分和相对部分对总测量误差的影响。

第3章　有 源 器 件

【教学提示】　本章主要内容为有源器件，包括晶体二极管、晶体三极管、场效应管、晶闸管以及集成电路的型号命名、分类、主要参数、识别和检测方法、使用常识等。

【教学要求】　了解晶体二极管的结构、种类及参数，掌握二极管的基本应用电路，熟练掌握二极管的检测方法；了解晶体三极管的结构、种类及参数，掌握三极管的基本应用电路，熟练掌握三极管的封装与引脚的识别和检测方法，学会判断和分析三极管的工作状态，会选用与使用三极管；掌握晶闸管的结构、封装与引脚的识别、检测和选用；掌握场效应管的结构、检测和选用与应用时的注意事项；了解集成电路的种类，熟悉集成电路的型号命名方法、主要参数和引脚识别，掌握集成电路的选用、使用和检测。

电子元器件是组成电子产品的最小单元，其合理的选用直接关系到产品的电气性能和可靠性，特别是一些通用电子元器件。了解并掌握常用电子元器件的种类、结构性能及应用等必要的工艺知识，对电子产品的设计、制造十分重要。

电子元器件一般分为无源元件和有源器件两大类。第2章讨论了无源元件，本章将讨论有源器件。有源器件需要电源支持才能工作，如晶体管、集成电路等。有源器件也常被叫作器件。

3.1　半导体分立器件

半导体分立器件包括晶体二极管、晶体三极管及半导体特殊器件等。虽然集成电路飞速发展，并在不少领域取代了晶体管，但晶体管有其自身的特点，分立器件仍是电子产品中不可缺少的器件。

3.1.1　国产半导体器件的型号命名及分类

1. 型号命名

国产半导体分立器件的型号命名由五部分组成：前面三部分的符号含义如表3.1所示，第四部分用数字表示器件序号，第五部分用汉语拼音字母表示器件的规格号。

表 3.1　国产半导体分立器件命名

第一部分		第二部分		第三部分				第四部分	第五部分
用数字表示器件的电极数目		用汉语拼音字母表示器件的材料与极性		用汉语拼音字母表示器件的类型				用数字表示器件序号	用汉语拼音字母表示器件的规格号
符号	意义	符号	意义	符号	意义	符号	意义		
2	二极管	A	N型，锗材料	P	普通管	S	隧道管		
		B	P型，锗材料	Z	整流管	U	光电管		
		C	N型，硅材料	L	整流堆	N	阻尼管		
		D	P型，硅材料	W	稳压管	Y	体效应管		
		E	化合物	K	开关管	EF	发光管		
3	三极管	A	PNP型，锗材料	X	低频小功率管	T	晶闸管		
		B	PNP型，硅材料	D	低频大功率管	V	微波管		
		C	NPN型，锗材料	G	高频小功率管	B	雪崩管		
		D	NPN型，硅材料	A	高频大功率管	J	阶跃恢复管		
		E	化合物	K	开关管	U	光电管		
				CS	场效应管	BT	特殊器件		
				FH	复合管	JG	微光器件		

注：场效应管、半导体特殊器件、复合管、PIN 型管、激光器件的命名只有第三、四、五部分。

国产半导体分立器件命名示例如图 3.1 所示。

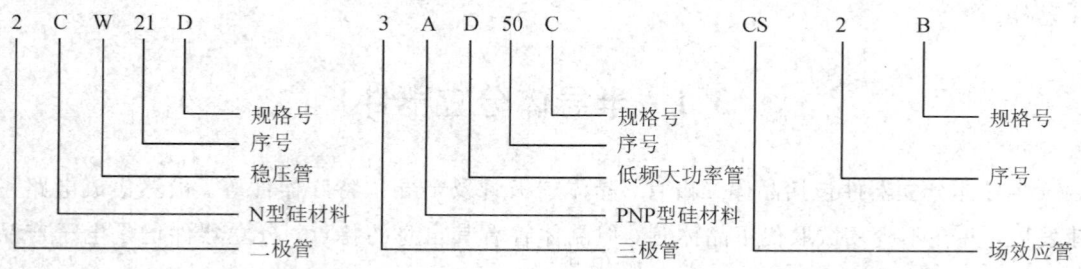

图 3.1　国产半导体分立器件命名示例

2. 分类

半导体分立器件的种类很多，分类方式也有很多种，具体分类如表 3.2 和表 3.3 所示。

表 3.2　半导体分立器件的分类方式

分类原则	类型	分类原则	类型
半导体材料	硅管	封装方式	金属封装
	锗管		塑料封装
极性	N 型		玻璃钢壳封装
	P 型		表面封装
	NPN 型		陶瓷封装
	PNP 型	功能与用途	低噪声放大晶体管
结构与制造工艺	扩散型		中高频放大晶体管
	合金型		低频放大晶体管
	平面型		开关晶体管
电流容量	小功率管		达林顿晶体管
	中功率管		带阻尼晶体管
	大功率管		微波晶体管
工作频率	低频管		光敏晶体管
	高频管		磁敏晶体管
	超高频管		…

表 3.3　半导体分立器件的分类

一级类型	二级类型	三级分类
半导体二极管	普通二极管	整流二极管、检波二极管、稳压二极管、恒流二极管、开关二极管等
	特殊二极管	微波二极管、变容二极管、雪崩管、TD 管、PIN 管、TVP 管等
	敏感二极管	光敏、温敏、压敏、磁敏等
	发光二极管	采用砷化镓、磷化镓、镓铝砷等材料
双极型晶体管	锗管	高频小功率(合金型、扩散型)
		低频大功率(合金型、扩散型)
	硅管	低频大功率管、大功率高反压管(扩散型、扩散台面型、外延型)
		高频小功率管、超高频小功率管、高速开关管(外延平面工艺)
		低噪声管、微波低噪声管、超 β 管(外延平面工艺、薄外延、纯化技术)
		高频大功率管、微波功率管(外延平面型、覆盖式、网状结构、复合型)
		专用器件:单结晶体管、可编程单结晶体管
晶闸管	单向晶闸管	普通晶闸管、高频(快速)晶闸管
	双向晶闸管	
	可关断晶闸管	
	特殊晶闸管	正(反)向阻断管、逆导管等

续表

一级类型	二级类型	三级分类	
场效应晶体管	结型	硅管	N 沟道（外延平面型）、P 沟道（双扩散型） 隐埋栅、V 沟道（微波大功率）
		砷化镓	肖特基势垒栅（微波低噪声、微波大功率）
	MOS（硅）	耗尽型	N 沟道、P 沟道
		增强型	N 沟道、P 沟道

3.1.2　进口半导体器件的型号命名

目前市场上半导体器件除国产外，还有来自日本、韩国、美国和欧洲等国家的产品。在众多产品中，各国都有一套自己的型号命名方法。下面介绍常用的几个国家、地区生产的晶体管命名方法。

1. 日本半导体器件的型号命名

日本晶体管的型号命名均按日本工业标准 JIS-C-7012 规定的日本半导体分立器件型号命名方法命名。日本半导体器件型号由五部分组成。这五个基本部分的符号及意义如表 3.4 所示。

表 3.4　日本半导体分立器件的型号命名

第一部分		第二部分		第三部分		第四部分		第五部分	
用数字表示器件有效电极数目		日本电子工业协会（JEIA）注册标志		用字母表示器件材料、极性和类型		器件在日本电子工业协会（JEIA）的登记号		同一型号的改进型产品标志	
符号	意义	符号	意义	符号	意义	符号	意义	符号	意义
0	光电二极管或三极管及其组合管	S	已在日本电子工业协会（JEIA）注册的半导体器件	A	PNP 高频晶体管	多位数字	该器件在日本电子工业协会（JEIA）登记号，性能相同而厂家不同，生产的器件使用同一个登记号	A B C D ⋮	表示这一器件是原型号的改进型产品
				B	NPN 低频晶体管				
				C	PNP 高频晶体管				
1	二极管			D	NPN 低频晶体管				
2	三极管			F	P 控制可控性				
				G	N 基极单结晶体管				
3	具有 4 个有效电极的器件			J	P 沟道场效应管				
				K	N 沟道场效应管				
n-1	具有 n 个有效电极器件			M	双向可控硅				

日本半导体分立器件的型号命名示例如图 3.2 所示。

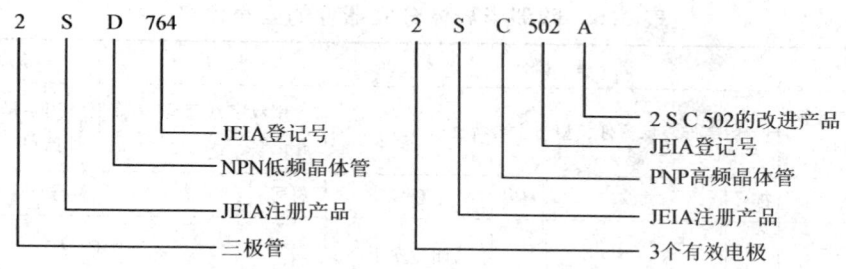

图 3.2 日本半导体分立器件的型号命名示例

2. 美国半导体器件的型号命名

美国电子工业协会(EIA)的半导体分立器件型号命名方法规定,半导体分立器件型号由五部分组成,第一部分为前缀,第五部分为后缀,中间三部分为型号的基本部分。这五部分的符号及意义如表 3.5 所示。

表 3.5 美国半导体分立器件的型号命名

第一部分		第二部分		第三部分		第四部分		第五部分	
用符号表示器件类别		用数字表示PN结数目		美国电子工业协会(EIA)注册标志		美国电子工业协会(EIA)登记号		用字母表示器件分挡	
符号	意义	符号	意义	符号	意义	符号	意义	符号	意义
JAN或J	军用品	1 2 3 ⋮ n	二极管 三极管 3个PN结器件 ⋮ n个PN结器件	N	该器件已在美国电子工业协会(EIA)注册登记	多位数字	该器件在美国电子工业协会(EIA)登记号	A B C D	同一型号器件的不同挡别
无	非军用品								

美国半导体分立器件的型号命名示例如图 3.3 所示。

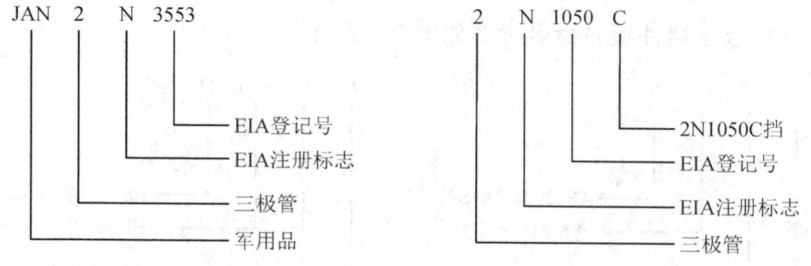

图 3.3 美国半导体分立器件的型号命名示例

3. 欧洲半导体分立器件的型号命名

欧洲国家大都使用国际电子联合会的标准半导体分立器件型号命名方法对晶体管型号命名,其命名法由四个基本部分组成,如表 3.6 所示。

表 3.6　欧洲半导体分立器件的型号命名

第一部分		第二部分				第三部分		第四部分	
用字母表示器件使用的材料		用字母表示器件类型与主要特性				用数字或字母表示登记号		用字母表示同一器件挡别	
符号	意义	符号	意义	符号	意义	符号	意义	符号	意义
A	锗材料	A	检波二极管 开关二极管 混频二极管	M	封闭磁路中的霍尔元件	三位数字	代表通用半导体器件的登记序号	A B C D E …	表示同一型号的半导体器件按某一参数进行分挡的标志
		B	变容二极管	P	光敏器件				
B	硅材料	C	低频小功率三极管 ($R_{tj}>15\,℃/W$)	Q	发光器件				
		D	低频大功率三极管 ($R_{tj}\leqslant15\,℃/W$)	R	小功率可控硅 ($R_{tj}>15\,℃/W$)				
C	砷化镓材料	E	隧道二极管	S	小功率开关管 ($R_{tj}>15\,℃/W$)				
		F	高频小功率三极管 ($R_{tj}>15\,℃/W$)	T	大功率可控硅 ($R_{tj}>15\,℃/W$)				
D	锑化铟材料	G	复合器件及其他器件	U	大功率开关管 ($R_{tj}>15\,℃/W$)	一个字母两位数字	代表专用半导体器件的登记序号		
		H	磁敏二极管	X	倍增二极管				
R	复合材料	K	开放磁路中的霍尔元件	Y	整流二极管				
		L	高频大功率三极管 ($R_{tj}\leqslant15\,℃/W$)	Z	稳压二极管				

欧洲半导体分立器件型号命名示例如图 3.4 所示。

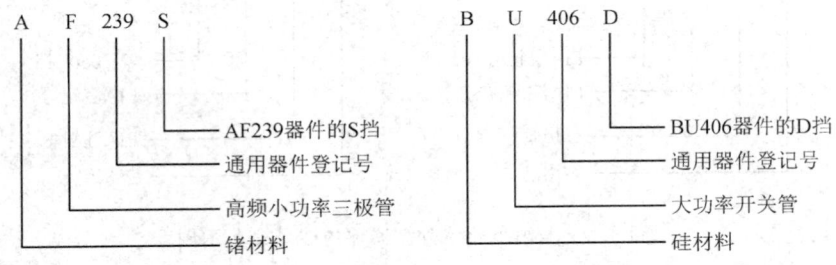

图 3.4　欧洲半导体分立器件型号命名示例

另外，市场上常见的韩国三星电子公司生产的晶体管，它是以 4 位数字来表示型号的，其常见的晶体管如表 3.7 所示。

表 3.7　三星电子公司产品型号

型号	极性	功率/mW	f_T/MHz	用途	型号	极性	功率/mW	f_T/MHz	用途
9011	NPN	400	150	高放	9016	NPN	400	500	超高频
9012	PNP	625	150	功放	9018	NPN	400	500	超高频
9013	NPN	625	140	功放	8050	NPN	1000	100	功放
9014	NPN	450	80	低放	8550	PNP	1000	100	功放
9015	PNP	450	80	低放					

3.2　晶体二极管

半导体二极管也称晶体二极管(简称二极管),它是由一个 PN 结加上电极引线和密封壳做成的器件。二极管按其用途不同可分为整流二极管、检波二极管、稳压二极管、开关二极管、发光二极管等。按照结构工艺不同,二极管可分为点接触型和面接触型两种。点接触型二极管的 PN 结接触面积小,难以通过较大的电流,但因其结电容较小,在较高工作频率下可用于检波、变频、开关及小电流整流电路中。面接触型二极管的 PN 结接触面积大,可通过较大的电流,适合在大电流整流电路或数字电路中用作开关管,因其结电容较大,故工作频率较低。

3.2.1　常见二极管的外形与符号

常见二极管的外形及符号如图 3.5 和表 3.8 所示。

表 3.8　各种二极管的电路图形符号

类型	符号	类型	符号	类型	符号
光电二极管		隧道二极管		体效应二极管	
发光二极管		稳压二极管		磁敏二极管	
温度效应二极管		双向击穿二极管			
变容二极管		双向二极管 交流开关二极管			

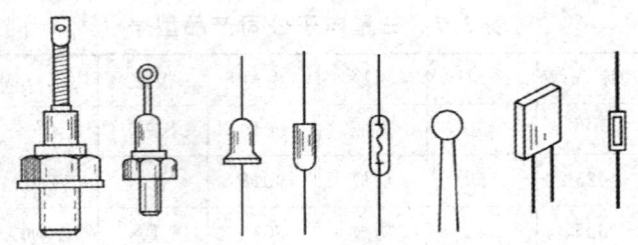

图 3.5　常见二极管的外形

3.2.2　二极管的主要参数

二极管的型号不同，参数也不一样，使用场合也不相同。二极管的参数可查阅晶体管手册。

1. 最大整流电流 I_F

I_F 也称直流电流，是指二极管长期工作时所允许的最大正向平均电流。该电流的大小与二极管的种类有关，电流差别较大，小的十几毫安培，大的几千安培。I_F 是由 PN 结的面积和散热条件决定的。

2. 反向电流 I_R

I_R 也称反向漏电流，是指二极管加反向电压、未被击穿时的反向电流值。该电流越小，二极管的单向导电性能越好。

3. 最大反向耐压 U_{RM}

U_{RM} 也称最高反向工作电压，是指二极管工作时所承受的最高反向电压。超过该值二极管可能被反向击穿。

4. 最高工作频率 f_M

f_M 指二极管工作频率的最大值，主要由 PN 结结电容的大小决定。

3.2.3　常用晶体二极管

1. 检波二极管

检波二极管是利用二极管的非线性将调制在高频信号上的低频信号检测出来的一种二极管，常用于检波、鉴频和限幅。几种常用国产检波二极管的主要参数如表 3.9 所示。

表 3.9　几种常用国产检波二极管的主要参数

型号	最大整流电流/mA	最高反向工作电压/V	反向击穿电压/V	正向电流/mA	反向电流/μA	截止频率/MHz	结电容/pF
2AP9	5	15	≥20	8	≤200	100	≤0.5
2AFg10	5	30	≥40	8	≤40	100	≤0.5
2AFg11	≤25	10	—	10	≤250	40	≤1

注：结电容测试条件的反向电压为 6 V，交流电压为 1.2 V，频率为 10 MHz。

2. 整流二极管

整流二极管的作用是利用二极管的单向导电性，将交流电变为直流电。整流管分为大功率、中功率及小功率。部分整流二极管的主要参数如表 3.10 所示。

表 3.10 部分整流二极管的主要参数

型号	最高反向 工作电压/V	额定正向 电流/mA	正向电压降 /V	反向漏电流 /μA	正向浪涌 电流/A
2CZ55(A～M)	25～1000	1000	≤1.0	10	10
2CZ56(A～M)	25～1000	3000	≤0.8	20	65
2CZ57(A～M)	25～1000	5000	≤0.8	20	105
2CZ58(A～M)	25～1000	10000	≤0.8	30	210
2CZ82(A～M)	25～1000	100	≤1.0	5	2
2CZ83(A～M)	25～1000	300	≤1.0	5	6
2CZ84(A～M)	25～1000	500	≤1.0	10	10
2CZ85(A～M)	25～1000	1000	≤1.0	10	20

注：整流二极管的耐压值与对应字母（A～M）的关系为：A—25 V；B—50 V；C—100 V；D—200 V；E—300 V；F—400 V；G—500 V；H—600 V；J—700 V；K—800 V；L—900 V；M—1000 V。

3. 稳压二极管

稳压二极管是一种齐纳二极管。当稳压二极管反向击穿时，其两端电压固定为某一数值，基本上不随流过二极管的电流大小变化。稳压二极管的正向特性与普通二极管相似。反向电压小于击穿电压时，反向电流很小；反向电压临近击穿电压时，反向电流急剧增大，发生电击穿。这时电流在很大范围内改变，管子两端电压基本保持不变，起到稳定电压的作用。

注意：稳压二极管在应用时一定要串联限流电阻，不能在二极管击穿后，电流还无限增长，否则二极管将立即被烧毁。

稳压二极管的最大工作电流受稳压管最大耗散功率所限制。最大耗散功率指电流增长到最大工作电流时，管子散发出的热量使管子损坏的功率。所以，最大工作电流就是稳压管工作时允许通过的最大电流。部分稳压二极管的主要参数如表 3.11 和表 3.12 所示。

表 3.11 2CW、2DW 型部分稳压二极管的主要参数

型号	稳定电压 /V	稳定电流 /mA	最大稳定 电流/mA	动态电阻 /Ω	电压温度系数 /(10⁻⁴/℃)	额定功率 /W	旧型号
2CW50	1.0～2.8	10	83	50	≥−9	0.25	2CW9
2CW54	5.5～6.5	10	38	30	−3～5	0.25	2CW13
2CW56	7.0～8.8	5	27	15	≤7	0.25	2CW15
2CW63	16～19	3	13	70	≤9.5	0.25	2CW20A
2CW120	32～36	10	25	60	12	1	2CW21N
2DW230	5.8～6.6	10	30	≤25	≤10.051	0.2	2DW7A
2DW231	5.8～6.6	10	10	≤10	≤10.051	0.2	2DW7B
2DW232	6.0～6.5	10	30	≤10	≤10.051	0.2	2DW7C

表 3.12　IN 系列部分稳压二极管的主要参数

型号	稳定电压/V	标称稳压电流/mA	稳定电流/mA	动态电阻/Ω	耗散功率/W
IN4614	1.7～1.9	1.8	120	1200	0.25
IN4627	5.9～6.3	6.1	45	1200	0.25
IN4106	11.4～12.6	12	20.4	200	0.25
IN4114	19～21	20	11.9	150	0.25
IN758	9～11	10	45	17	0.4
IN5942B	48～54	51	7.3	70	1.5
IN5956B	190～210	200	1.9	1200	1.5

4. 开关二极管

开关二极管利用二极管的单向导电性，在电路中充当电子开关。开关二极管应具有良好的高频特性，常用于高频电路和数字电路中。部分开关二极管的主要参数如表 3.13 和表 3.14 所示。

表 3.13　部分常用开关二极管的主要参数

型号	最高反向工作电压/V	正向重复峰值电流/mA	正向压降/V	额定功率/mW	反向恢复时间/ns
IN4148	60	450	≤1	500	4
IN4149					
2AK1	10		≤1		≤200
2AK2	20			正向电流(0.1～0.2)A	
2AK3	30	150			
2AK5	40		≤0.09		≤150
2AK6	50				
2CK74(A～E)	A≥30	100		100	≤5
2CK75(A～E)	B≥45	150		150	
2CK76(A～E)	C≥60	200	≤1	200	
2CK77(A～E)	D≥75 E≥90	250		250	≤10

注：2AK 系列为普通开关二极管，其零偏压电容小于等于 1 pF；2CK、IN 系列为高速开关二极管，其零偏压电容为 2 pF～8 pF。

表 3.14　两种常用硅电压开关二极管的主要参数

型号	转折电压/V	通态压降/V	通态电流/A	开启电流/mA	维持电流/mA	浪涌电流/A
K130（单向）	120～140	1.5	1	0.2	100	10
2CTK（双向）	80～300	1.5	1	0.2	100	20

5. 发光二极管

　　发光二极管采用磷化镓(GaP)或磷砷化镓(GaAsP)等半导体材料制成，是直接将电能转变为光能的发光器件。发光二极管与普通二极管一样，也由 PN 结构成，也具有单向导电性，但发光二极管不是用它的单向导电性，而是让它发光作指示(显示)器件。发光二极管可按制造材料、发光色别、封装形式和外形分成许多种类。现在常用的是圆形、方形及矩形有色透明型和散射型发光管，发光颜色以红、绿、黄、橙等单色型为主；也有些能发出三种色光的，这其实是将两种不同颜色的发光管封装于同一壳体内而制成的。波长与颜色的关系如表 3.15 所示。发光二极管的应用极为广泛，其中最常见的是在各种电子和电器装置中取代白炽灯等光源作为指示灯。

表 3.15　波长与颜色的关系

光的波长/nm	光的颜色	光的波长/nm	光的颜色
630～770	红色	470～490	青色
590～630	橙色	440～470	蓝色
570～590	黄色	330～440	紫色
490～570	绿色		

　　常用发光二极管的主要参数如表 3.16 和表 3.17 所示。

表 3.16　常用发光二极管的主要参数

型号	正向电压/V	最大工作电流/mA	反向电压/V	反向电流/μA	峰值波长/nm	发光颜色	最大耗散功率/W	外形尺寸/mm
BT102	≤2.5	20	≥5	≤50	700	红色	0.05	φ3
BT103	≤2.5	20	≥5	≤50	565	绿色	0.05	φ3
BT203	≤2.5	40	≥5	≤50	656	红色	0.09	φ4.4
BT204	≤2.5	40	≥5	≤50	585	黄色	0.09	φ4.4
BT213	≤2.5	40	≥5	≤50	650	红色	0.09	φ4.4
BT214	≤2.5	40	≥5	≤50	585	黄色	0.09	φ4.4
BT302	≤2.5	120	≥5	≤200	700	红色	0.09	φ7.8
BT303	≤2.5	120	≥5	≤200	565	绿色	0.09	φ7.8
BT304	≤2.5	120	≥5	≤200	585	黄色	0.09	φ7.8
FG31400	<2.5	50	>5		700	红色	0.125	φ5
FG31400	<2.5	50	>5		585	黄色	0.125	φ5
2EF205	2.5	40	—	≤50	656	红色	—	φ5
2EF405	2.5	40	—	≤50	585	黄色	—	φ5

表 3.17　常用高亮度、超高亮度发光二极管的主要参数

型号	正向电压/V	最大工作电流/mA	反向电压/V	反向电流/μA	峰值波长/nm	发光颜色	最大耗散功率/W	材料
BT116 - X	<2.5	20	≥5	<100	660	红色	0.1	CaAlAs
BT316 - X	<2.5	20	>5	<100	660	红色	0.1	
BT416 - X	<2.5	20	≥5	<100	660	红色	0.1	
BT616 - X	<2.5	20	>5	<100	660	红色	0.1	
BT716 - X	<2.5	20	≥5	<100	660	红色	0.1	
BT1143	<2.4	20	>5	<100	656	红色	0.1	GaAsInP
BT1144	<2.4	20	>5	<100	595	橙色	0.1	
BT1147	<2.4	20	>5	<100	620	橙色	0.1	
BT3142	<2.4	20	≥5	<100	645	红色	0.1	
BT3143	<2.4	20	>5	<100	565	绿色	0.1	
BT3144	<2.4	20	≥5	<100	595	橙色	0.1	
BT3147	<2.4	20	>5	<100	620	橙色	0.1	

6. 温敏二极管

温敏二极管是一种利用二极管 PN 结的正向电压随温度缓慢变化特性制成的敏感元件。部分温敏二极管的主要参数如表 3.18 所示。

表 3.18　几种国产温敏二极管的主要参数

型号	工作温度范围/℃	输出电压/V	灵敏度/(－mV/℃)	线性度/(%)	组内互换偏差/℃	时间常数/s	最大功耗/mW
2CWM11C	－50～+125	0.6	2～2.5	0.3	0.5	0.1～2	0.1
2CWM11C	－50～+200	0.6	2～2.5	0.3	0.5	0.1～2	0.1
HW14	－50～+150	—	4.5	±0.3	±0.2 ±0.5 ±1	5～10	—
HW15	－50～+150	10		±0.3	—	2～10	—
HW16	－50～+400	10		±0.3	—	2～10	—

7. 变容二极管

变容二极管是利用 PN 结的电容随外加反向电压的改变而变化的原理，采用特殊工艺制成的半导体器件，一般在高频调谐电路中用作可变电容器。部分变容二极管的主要参数如表 3.19 所示。表 3.20 为变容二极管结电容分挡表。

表 3.19 调谐变容二极管的主要参数

型号		反向电流/μA	最高反向工作电压/V	10 V 偏压下结电容/pF	优值	串联电阻/Ω	电容温度系数/(1/℃)
2CC122 2CC222 2CC322 2CC422	A	≤0.1	30	8～9.5	120	1.5	≤5×10^{-4}
	B			9.5～10.5			
	C			10.5～12			
	D			8～9.5			
	E			9.5～10.5			
	F			10.5～12			

注：结电容按 A、B、C、D、E、F 分挡；最高结温125℃；反向电流测试条件为25℃，反向电压 30 V。

表 3.20 变容二极管结电容分挡表

分挡标志	A	B	C	D	E	F
C_{j4} 容量范围/pF	10～20	20～30	30～40	40～50	50～60	60～70
	70～80	80～90	90～100	100～110	110～120	120～130

8. 双向触发二极管

双向触发二极管只有导通与截止两种状态，外加正、负电压均可，一旦导通后，只有外加电压降为零时，才会变为截止状态。在控制电路中，双向触发二极管常用于调光、调速、触发晶闸管(可控硅)以构成过压保护电路等。常用双向触发二极管的主要参数如表 3.21 所示。

表 3.21 常用双向触发二极管的主要参数

型号	峰值电流 I_P/A	转折电压 U_{BO}/V	转折电压偏差 ΔU_B/V	弹回电压 ΔU/V	转折电流 I_{BO}/μA
2CTS2	2	26～40	3	5	50
PDA30	2	28～36	3	5	10
PDA40	2	35～45	3	5	100
PDA60	1.6	50～70	4	10	100

3.2.4 晶体二极管的检测

1. 普通二极管

因 PN 结的单向导电性，普通二极管最简单的检测方法是用万用表测二极管的正、反向电阻。通常，用模拟万用表 R×1 k 挡或 R×100 挡测小功率锗管的正向电阻，一般在 100 Ω～3 kΩ之间，硅管一般在 3 kΩ 以上。反向电阻一般都在几百千欧姆以上，且硅管比锗管大。由于二极管伏安特性具有非线性，因此使用不同欧姆挡或不同灵敏度的万用表所测得的数据也不同。所以测量时，对于小功率二极管，一般选用 R×100 挡或 R×1 k 挡；对于中、大功率二极管，一般选用 R×1 挡或 R×10 挡。如果测得的正向电阻为无穷大，说明二极管内部开路；如果测得的反向电阻值近似为零，说明二极管内部短路；如果测得的正反向电阻相差不多，说明管子性能差或失效。

若用数字万用表的二极管挡测二极管，则将万用表置在二极管挡，然后将二极管的负极与数字万用表的黑表笔相接、正极与红表笔相接，此时显示屏上显示的是二极管正向电压降。硅二极管的正向电压降为 0.5 V～0.7 V，锗二极管的正向电压降为 0.1 V～0.3 V。若显示值过小，接近于"0"，则说明管子内部短路；若显示"OL"或"1"过载，则说明二极管内部开路或处于反向状态，此时可对调表笔再测。

二极管的管脚有正负之分。在电路符号中，三角底边侧为正极，短杠一侧为负极。实物中，有的将器件符号印在二极管的实体上；有的在二极管负极一端印一道色环作为负极标号；有的二极管两端形状不同，平头端为正极，圆头端为负极。当用万用表进行二极管管脚识别和检测时，将万用表置于 R×1k 挡，两表笔分别接到二极管的两端，如果测得的电阻值较小，则为二极管的正向电阻，这时与黑表笔（即表内电池正极）相连接的是二极管正极，与红表笔相连接的是二极管负极。当使用数字万用表进行识别时，则测得正向管压降值小的那一次，与红表笔（即表内电池正极）相连接的是二极管正极，与黑表笔相连接的是二极管负极。

2. 稳压二极管

当用万用表检测稳压二极管时，常用的是万用表的低电阻挡（×1 kΩ 以下表内电池为 1.5 V），因表内提供的电压不足以使稳压二极管击穿，所以使用低电阻挡测量稳压二极管正反向电阻时，其阻值应和普通二极管一样。测量稳压值时，必须使管子进入反向击穿状态，所以电源电压要大于被测管的稳压电压。

注意：稳压管的正极应接电源负极，稳压管的负极应接电源正极，因为稳压管是工作在反向电压状态的。

3. 发光二极管(LED)

检测发光二极管正、负极及性能的方法，与前述检测普通二极管的相同。对非低压型发光二极管，由于其正向导通电压大于 1.8 V，而指针式万用表大多用 1.5 V 电池（R×10 k 挡除外），所以无法使管子导通，因此测得其正反向电阻均很大，所以难以判断管子的好坏。一般可以使用以下几种方法判断发光二极管的正负极和性能好坏。

(1) 一般发光二极管的两管脚中，较长的是正极，较短的是负极。对于透明或半透明塑封的发光二极管，可以用肉眼观察到它的内部电极的形状，正极的内电极较小，负极的内电极较大。

(2) 用指针式万用表检测发光二极管时，必须使用 R×10k 挡。因为发光二极管的管压降为 1.8 V～2.5 V，而指针式万用表其他挡位的表内电池仅为 1.5 V，低于管压降，无论正向、反向接入，发光二极管都不可能导通，也就无法检测。R×10 k 挡表内接 9 V 或 15 V 高压电池，高于管压降，所以可以用来检测发光二极管。此时，判断发光二极管好坏与正负极的方法与使用万用表检测普通二极管相同。检测时，万用表黑表笔接 LED 的正极，红表笔接 LED 的负极，测其正向电阻。这时表针应偏转过半，同时 LED 中有微弱的发光亮点。反方向时，LED 无发光亮点。

（3）用数字式万用表检测发光二极管时，必须使用二极管检测挡。检测时，数字万用表的红表笔接 LED 的正极，黑表笔接 LED 的负极，这时显示值是发光二极管的正向管压降，同时 LED 中有一微弱的发光亮点。反方向检测时，显示为"1"过载，LED 无发光亮点。

3.3 晶 闸 管

晶闸管也称可控硅，其显著特点是不仅能在高电压、大电流的条件下工作，且工作过程可控，常用于可控整流、无触点开关变频调速等自动控制方面。

3.3.1 晶闸管的主要参数

1. 正向平均电流 I_T

I_T 指在规定条件下，晶闸管正常工作时，阳极 A 与阴极 K 之间所允许通过电流的平均值。

2. 正向转折电压 U_{BO}

U_{BO} 指在额定结温为 100℃、门极 G 开路的条件下，阳极 A 与阴极 K 之间加正弦波正向电压使其由关断状态转为导通状态所对应的峰值电压。

3. 正向阻断峰值电压 U_{FRM}

U_{FRM} 指晶闸管在控制极开路及正向阻断条件下，可以重复加在晶闸管上的正向电压的峰值，其值为正向转折电压减去 100 V 后的电压值。

4. 反向击穿电压 U_{VBR}

U_{VBR} 指在额定结温下，在晶闸管阳极与阴极之间施加正弦半波反向电压，当其反向漏电电流急剧增加时所对应的峰值电压。

5. 反向阻断峰值电压 U_{RRM}

U_{RRM} 指在控制极断路和额定结温下，可以重复加在主器件上的反向电压峰值，其值为反向击穿电压减去 100 V 后的电压值。

6. 维持电流 I_H

I_H 指维持晶闸管导通的最小电流。

7. 触发电压 U_{GT}

U_{GT} 指在一定条件下，使晶闸管导通所需要的最小门极电压。

8. 触发电流 I_{GT}

I_{GT} 指在一定条件下，使晶闸管导通所需要的最小门极电流。

3.3.2 晶闸管的类型

晶闸管有单向、双向及可关断之分。单向晶闸管也就是普通晶闸管，双向晶闸管又称为双向可控硅，其品种较多。

1. 单向晶闸管(SCR)

单向晶闸管广泛用于可控整流、交流调压、逆变器和开关电源电路中,其外形结构与等效电路如图 3.6 所示。

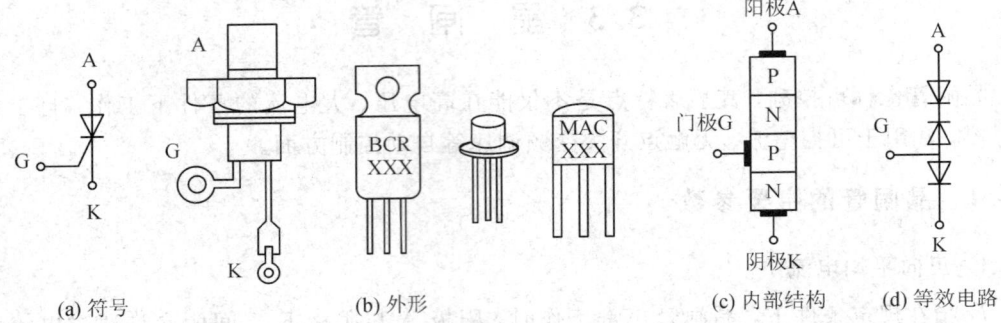

| (a) 符号 | (b) 外形 | (c) 内部结构 | (d) 等效电路 |

图 3.6　单向晶闸管的外形结构与等效电路

单向晶闸管有三个电极,分别为阳极(A)、阴极(K)和控制极(又称门极,G)。单向晶闸管是一种 PNPN 四层半导体器件,其中控制极从 P 型硅层上引出,供触发晶闸管用。单向晶闸管具有单向导电性,只有当晶闸管正接(阳极接正电源,阴极接负电源)、门极有正向触发电压时,晶闸管才导通,呈现低阻状态。晶闸管导通后,即使撤掉正向触发信号,只要阳极与阴极之间保持正向电压,晶闸管仍能继续维持导通状态。只有将电源撤掉或阳极与阴极之间电压极性发生变化,普通晶闸管才由低阻导通状态转为高阻阻断状态。它的导通与阻断相当于开关的闭合和断开,利用它可以制成无触点电子开关。普通晶闸管的工作频率一般在 400 Hz 以下,随着频率的升高,功耗将增大,器件会发热。快速晶闸管一般可工作在 5 kHz 以上,最高达 40 kHz。

2. 双向晶闸管(TRIAC)

双向晶闸管是由 NPNPN 五层半导体材料制成的,相当于两只普通晶闸管反向并联。它有 3 个电极,分别为主电极 T1、主电极 T2 和门极 G。双向晶闸管的外形和电路符号如图 3.7 所示。

双向晶闸管是双向导通的,导通的方向是由门极 G 和主电极 T1(或 T2)相对于另一主电极 T2(或 T1)的电压极性而定的。双向晶闸管的四种触发状态如图 3.8 所示。

当门极 G 和主电极 T1 相对于主电极 T2 的电压为正或门极 G 和主电极 T2 相对于主电极 T1 的电压为负时,双向晶闸管的导通方向为 T1→T2;当门极 G 和主电极 T2 相对于主电极 T1 的电压为正或门极 G 和主电极 T1 相对于主电极 T2 的电压为负时,双向晶闸管的导通方向为 T2→T1。无论触发电压的极性如何,必须满足触发电流的要求,才能使其导通。导通后,即使撤掉触发电压,也能继续维持导通状态。只有当主电极 T1、T2 电流减小到维持电流以下或 T1 与 T2 间电压极性改变,且无触发电压时,双向晶闸管才能阻断。

除普通晶闸管和双向晶闸管外,还有门极关断晶闸管、光控晶闸管、温控晶闸管等。

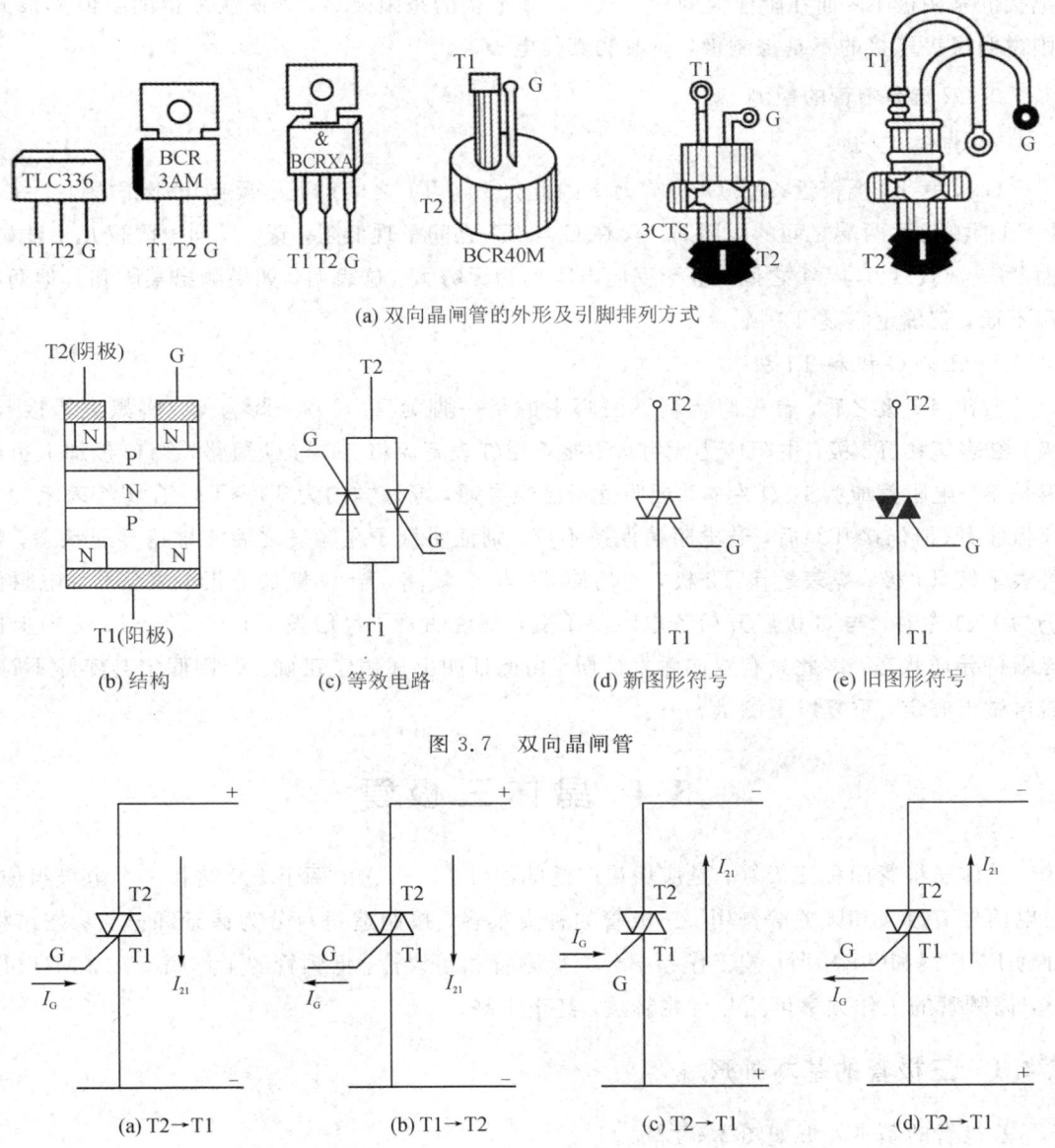

(a) 双向晶闸管的外形及引脚排列方式

(b) 结构　　(c) 等效电路　　(d) 新图形符号　　(e) 旧图形符号

图 3.7　双向晶闸管

(a) T2→T1　　(b) T1→T2　　(c) T2→T1　　(d) T2→T1

图 3.8　双向晶闸管的四种触发状态

3.3.3　晶闸管的检测

1. 单向晶闸管的检测

由图 3.6(c)可知，在控制极与阴极之间有一个 PN 结，而阳极与控制极之间有两个反极串联的 PN 结，因此，用万用表 R×100 挡可首先判定控制极 G。具体方法是：将黑表笔接某一电极，红表笔依次碰触另外两个电极，假如有一次阻值很小，约为几百欧姆，而另一次阻值很大，约为几千欧姆，就说明黑表笔接的是控制极 G。在阻值小的那次测量中，红表笔接的是阴极 K；而在阻值大的那一次，红表笔接的是阳极 A。若两次测得的阻值都很大，则说明黑表笔接的不是控制极，应改测其他电极。

2. 双向晶闸管的检测

1）判定 T2 极

G 极距 T1 极较近，距 T2 极较远。因此，G 与 T1 之间的正、反向电阻都很小。在用 R×1 挡测任意两端之间的电阻时，仅在 G 与 T1 之间呈现低阻，正、反向电阻仅几十欧姆，而 T2 与 G、T2 与 T1 之间的正、反向电阻均为无穷大。这表明，如果测出某脚和其他两脚都不通，就确定它是 T2 极。

2）区分 G 极和 T1 极

找出 T2 极之后，首先假定剩下两脚中的某一脚为 T1，另一脚为 G。将黑表笔接 T1 极，红表笔接 T2 极，电阻应为无穷大。接着用红表笔尖将 T2 与 G 短路，给 G 极加上负触发信号，电阻值应为 10 Ω 左右，证明管子已经导通，导通方向为 T1→T2。在将红表笔尖与 G 极脱开（但仍接 T2）后，若电阻值保持不变，则证明管子在触发之后能维持导通状态。将红表笔接 T1 极，黑表笔接 T2 极，然后使 T2 与 G 短路，给 G 极加上正触发信号，电阻值仍为 10Ω 左右，与 G 极脱开后若电阻值不变，则说明管子经触发后，在 T2→T1 方向上也能维持导通状态，因此具有双向触发性质。由此证明上述假定正确。否则假定与实际不符，需再做出假定，重复以上测量。

3.4　晶 体 三 极 管

晶体三极管简称三极管，是应用最广泛的器件之一，它由两个 PN 结和三个电极组成，对电信号有放大和开关等作用。三极管的种类很多，按制造材料分为锗管和硅管；按结构分为 PNP 型和 NPN 型；按工作频率分为低频管和高频管，低频管的工作频率在 3 MHz 以下，高频管的工作频率可达几百兆赫兹，甚至更高。

3.4.1　三极管的基本外形

三极管的基本外形如图 3.9 所示。

3.4.2　三极管的主要参数

1. 电流放大系数

电流放大系数用于表示三极管的电流放大能力，有直流放大系数和交流放大系数之分。

直流放大系数是指在共发射极电路无交流信号输入时，三极管集电极电流 I_C 与基极电流 I_B 之比值，一般用 h_{FE} 或 β 表示。直流放大系数经常用色点标注在晶体管的顶部。色点所代表的放大倍数如表 3.22 所示。

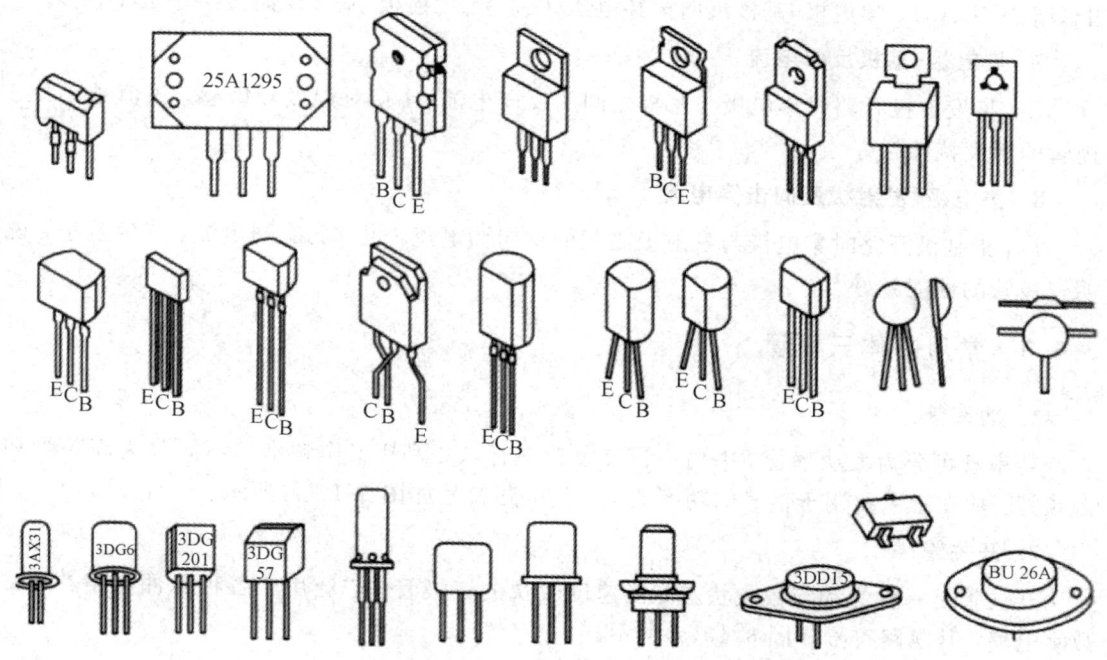

图 3.9　三极管的基本外形

表 3.22　色点代表的放大倍数

色点	棕	红	橙	黄	绿	蓝	紫	灰	白	黑
h_{FE}	0～15	15～25	25～40	40～55	55～80	80～120	120～180	180～270	270～400	400 以上

交流放大系数是指在交流状态下，集电极电流变化量 ΔI_C 与基极电流变化量 ΔI_B 的比值，一般用 h_{FE} 或 β 表示。

β 和 h_{FE} 两者关系密切，在低频时，两者较为接近，也可相等。但两者的含义是有区别的，在很多场合，β 并不等同于 h_{FE}，甚至相差很大，切莫将它们混淆。

2. 耗散功率 P_M

P_M 指三极管参数变化不超过规定允许值时的最大集电极耗散功率。

3. 特征频率 f_T

f_T 指 β 值降为 1 时三极管的工作频率。

4. 最高振荡频率 f_M

f_M 指功率增益降为 1 时三极管的工作频率。

5. 集电极最大电流 I_{CM}

I_{CM} 指集电极允许通过的最大电流。

6. 最大反向电压

最大反向电压指三极管工作时所允许施加的最高工作电压，分为集电极-发射极反向击穿电压(U_{CEO})、集电极-基极反向击穿电压(U_{CBO})、发射极-基极反向击穿电压(U_{EBO})。

7. 集电极-基极反向电流 I_{CBO}

I_{CBO}指发射极开路时集电极与基极之间的反向电流。I_{CBO}对温度较敏感,该值越小,三极管的温度特性越好。

8. 集电极-发射极反向击穿电流 I_{CEO}

I_{CEO}指基极开路时集电极与发射极之间的反向漏电流,也称为穿透电流,该值越小,说明三极管的性能越好。

3.4.3　常用晶体三极管

1. 功率管

功率管可分为大功率管、中功率管及小功率管,又因其工作频率的不同分为高频管和低频管。功率管主要用于信号的功率放大,其电路符号如图 3.10(a)所示。

2. 开关管

开关管是一种饱和与截止状态变换速度较快的三极管,广泛用于各种脉冲电路、开关数字电路,其电路符号如图 3.10(a)所示。

3. 光敏三极管

光敏三极管是具有放大能力的光电转换三极管,常用于各种光控电路,其电路符号如图 3.10(b)所示。

4. 达林顿管

达林顿管又称为复合晶体管,该管具有较大的电流放大系数及较高的输入阻抗。小功率达林顿管主要用于高增益放大电路或继电器驱动电路,大功率达林顿管主要用于音频功率放大、电源稳压、大电流驱动、开关控制等电路,其电路符号如图 3.10(c)所示。

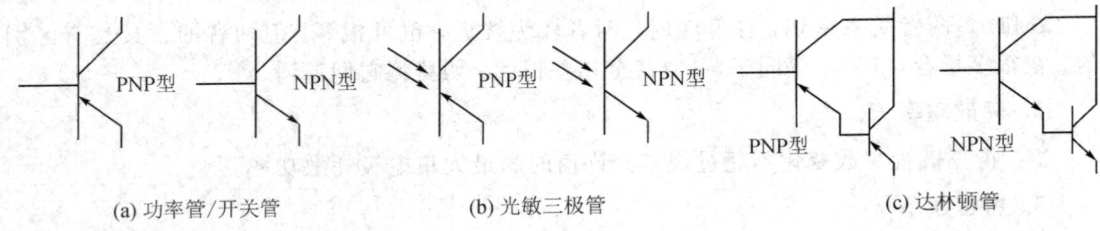

| (a) 功率管/开关管 | (b) 光敏三极管 | (c) 达林顿管 |

图 3.10　部分晶体三极管的电路符号

3.4.4　晶体三极管的检测与选用

1. 检测

这里主要介绍用万用表检测晶体三极管的方法,其操作比较简单、方便。

1) 判断材料

经验证明,用万用表的 R×1 k 挡测三极管的 PN 结正向电阻值,硅管为 5 kΩ 以上,锗

管为 $3\text{ k}\Omega$ 以下。用数字万用表测硅管的正向压降一般为 $0.5\text{ V}\sim0.8\text{ V}$，而锗管的正向压降为 $0.1\text{ V}\sim0.3\text{ V}$。

2) 判别三极管的管脚

将指针万用电表置于电阻 $R\times1\text{ k}$ 挡，用黑表笔接三极管的某一只管脚（假设作为基极），再用红表笔分别接另外两只管脚。如果表针指示值两次都很大，该管便是 PNP 管，其中黑表笔所接的那个管脚是基极。如果指示值两次均很小，则说明这是一只 NPN 管，黑表笔所接的那个管脚是基极。如果指示值一个很大、一个很小，那么黑表笔所接的管脚就不是三极管的基极，再另换一只管脚进行类似测试，直至找到基极为止。

判定基极后就可以进一步判断集电极和发射极。仍然使用万用表 $R\times1\text{ k}$ 挡，将两表笔分别接除基极之外的两电极，如果是 PNP 型管，用一个 $100\text{ k}\Omega$ 电阻接于基极与红表笔之间，可测得一电阻值；然后将两表笔交换，同样基极与红表笔间接 $100\text{ k}\Omega$ 电阻，又测得一电阻值，两次测量中阻值小的一次红表笔所接的是 PNP 管集电极，黑表笔所接的是发射极。如果是 NPN 型管，$100\text{ k}\Omega$ 电阻就要接在基极与黑表笔之间，同样电阻小的一次黑表笔接的是 NPN 管集电极，红表笔所接的是发射极。在测试中也可以用潮湿的手指代替 $100\text{ k}\Omega$ 电阻（捏住集电极与基极）。

3) 估测电流放大系数 β

用万用表 $R\times1\text{ k}$ 挡测量。如果测 PNP 管，红表笔接集电极，黑表笔接发射极，则指针会有一点摆动（或几乎不动）；然后，用一只电阻（$30\text{ k}\Omega\sim100\text{ k}\Omega$）跨接于基极与集电极之间，或用手代替电阻（捏住集电极与基极，但这两电极不可碰在一起），电表读数立即偏向低电阻一方。表针摆幅越大（电阻越小），表明管子的 β 值越高。两只相同型号的晶体管，跨接相同的电阻，电表中读得的阻值小的管子 β 值更高些。如果测 NPN 管，则黑、红表笔应对调，红表笔接发射极，黑表笔接集电极。测试时跨接于基极-集电极之间的电阻不可太小，亦不可使基极-集电极短路，以免损坏三极管。当集电极-基极间跨接电阻后，电表的指示值仍在不断变小，表明该管的 β 值不稳定。如果跨接电阻未接，万用表指针摆动较大（有一定电阻），就表明该管的穿透电流太大，不宜采用。

4) 估测穿透电流 I_{CEO}

穿透电流 I_{CEO} 大的三极管，其耗散功率大，热稳定性差，调整 I_{C} 很困难，噪声也大。电子电路中应选用 I_{CEO} 小的管子。一般情况下，可用万用表估测管子的 I_{CEO} 大小。

用万用表 $R\times1\text{ k}$ 挡测量 I_{CEO} 时，如果是 PNP 型管，黑表笔（万用表内电池正极）接发射极，红表笔接集电极。测量电路如图 3.11 所示。

对于小功率锗管，测出的阻值在几十千欧姆以上；对于小功率硅管，测出的阻值在几百千欧姆以上，这表明 I_{CEO} 不太大。如果测出的阻值小，且表针缓慢地向低阻值方向移动，就表明 I_{CEO} 大且管子稳定性差。阻值接近于零，表明三极管已经击穿损坏；阻值为无穷大，表明三极管内部已经开路。但要注意，有些小功率硅管由于 I_{CEO} 很小，测量时阻值很大，表针移动不明显，不要误认为是断路（如表 3.23 所示的塑封管 9013（NPN）、9012（PNP）等）。由于大功率管的 I_{CEO} 值比较大，测得的阻值大约只有几十欧姆，不要误认为是管子已经击穿。如果测量的是 NPN 管，红表笔应接发射极，黑表笔应接集电极。

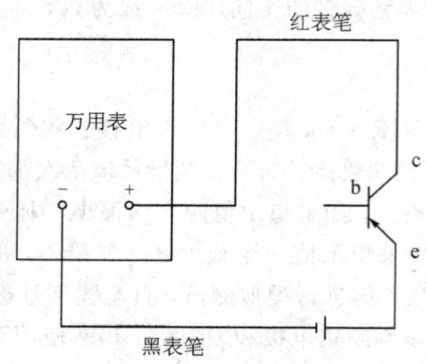

图 3.11　I_{CEO} 的测量电路

表 3.23　90 系列三极管的特性

型号	极性	功率/MHz	频率特性/MHz	用途	型号	极性	功率/MHz	频率特性/MHz	用途
9011	NPN	400	150	高放	9016	NPN	400	500	超高频
9012	PNP	625	150	功放	9018	NPN	400	500	超高频
9013	NPN	625	140	功放	8050	NPN	1000	100	功放
9014	NPN	450	80	低放	8550	PNP	1000	100	功放
9015	PNP	450	80	低放					

5）判断高频管和低频管

一般 NPN 型的硅管都是高频管，不需要再判断。

对于锗高频管和低频管，一般根据其发射结反向击穿电压 BU_{EBO} 相差甚大来判断，通常锗高频管的 BU_{EBO} 在 1 V 左右，很少超过 5 V，而锗低频管的 BU_{EBO} 在 10 V 以上。测量时，在基极上串接 20 kΩ 的限流电阻，采用 12 V 直流电源，正端接在 20 kΩ 上，负端接在锗管的发射极上，这时可测量锗管基极-发射极之间的电压。如果是高频管，这时三极管接近于击穿，电压表读数只在 1 V 左右或最多不超过 5 V；如果电压表读数在 5 V 以上，则表明被测管为低频管。但也有个别高频管，如 3AG38、3AG40、3AG66～3AG70 等的 BU_{EBO} 超过 10 V。

6）测量大功率三极管的极间电阻

用万用表测量大功率三极管极间电阻时，万用表应置于 R×1 Ω 挡或 R×10 Ω 挡，因为大功率三极管一般漏电流较大，测出的阻值较小，若用高阻挡测，显示似乎被短路，不易判断。

测量极间电阻共有两种不同的接法，如图 3.12 所示。当使用 R×1 Ω 挡测时，对于硅管，其低阻值约为 8 Ω～15 Ω，高阻值应为无穷大，即表针基本不动；对于锗管，低阻值约为 2 Ω～5 Ω，高阻值也很大，表针应动得很小，一般不应超过满刻度的 1/4，否则就是三极管质量不好或已损坏。

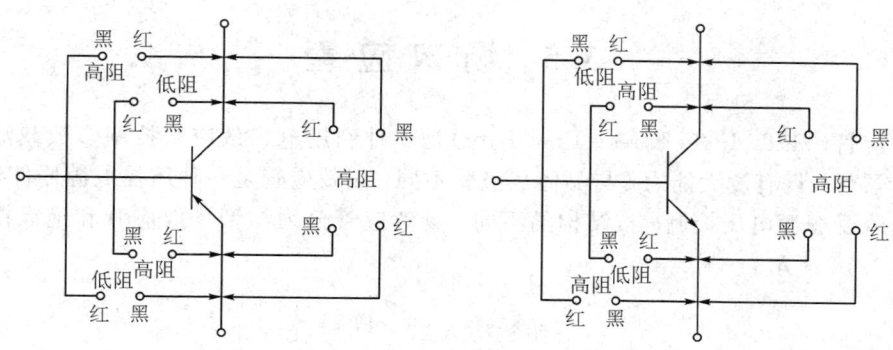

图 3.12 大功率三极管的极间电阻

7）测量大功率三极管的放大能力

放大能力的测量电路如图 3.13 所示。当万用表置于 R×1 Ω 挡时，R_b 可选 680 Ω。测量时，先不接入 R_b，即基极悬空，测量发射极和集电极之间的电阻，表头指针应偏转很小。如果表头指针偏转很大，仅几欧姆或十几欧姆，则说明该被测管穿透电流（I_{CEO}）较大；如果用万用表指示阻值已接近于零，则说明该管已坏。

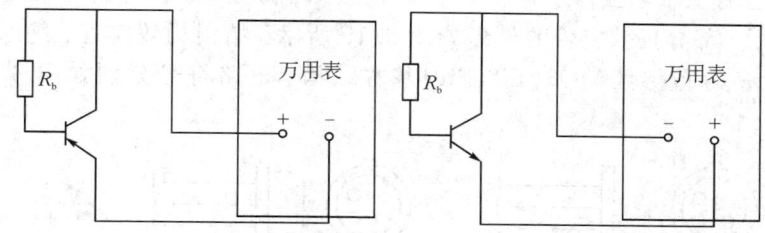

图 3.13 放大能力的测量电路

接入 R_b 后，万用表表头指针应向右偏转，阻值越小，说明管子的放大能力越强。如果万用表指示的阻值小于 R_b 的十分之几，则说明管子的放大能力较大；如果万用表指示的阻值比 R_b 低不了多少，则表示被测管子放大能力有限，甚至管子是坏的。

2. 选用

三极管的选用是一个很复杂的问题，它需要根据电路的特点、三极管在电路中的作用、工作环境与周围元器件的关系等多种因素进行选取，是个综合性问题。

（1）切勿使工作时的电压、电流功率超过手册中规定的极限值，应根据设计原则选取一定的余量，以免烧坏管子。

（2）对于大功率管，特别是外延型高频功率管，使用中的二次击穿会使功率管损坏。为了防止二次击穿，就必须大大降低管子的使用功率和电压，其安全工作区应由厂商提供，或由使用者进行一些必要的检测。

（3）所选择的三极管的频率应符合设计电路中的工作频率范围。

（4）应根据设计电路的特殊要求，如稳定性、可靠性、穿透电流、放大倍数等，合理选择三极管。

3.5　场效应管

场效应管(FET，Field Effect Transistor)是一种利用电场效应来控制多数载流子运动的半导体器件，具有放大能力。与晶体三极管不同，场效应管是一种压控电源器件，即流入的漏极电流受栅源电压控制。按结构的不同，场效应管分为结型场效应管和绝缘栅场效应管，如图 3.14 所示。

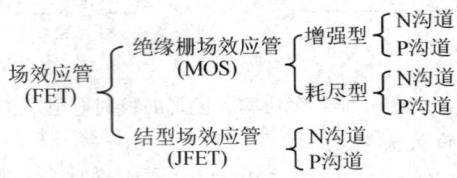

图 3.14　场效应管的分类

3.5.1　场效应管的外形

场效应管也有三个电极，分别为源极 S、栅极 G、漏极 D。在电路中用文字符号"V"或"VF""VT"表示。部分场效应管的外形如图 3.15 所示。结型场效应管、绝缘栅场效应管、双极栅场效应管及垂直型 MOSFET 管的基本结构、电路符号分别如图 3.16～图 3.20所示。

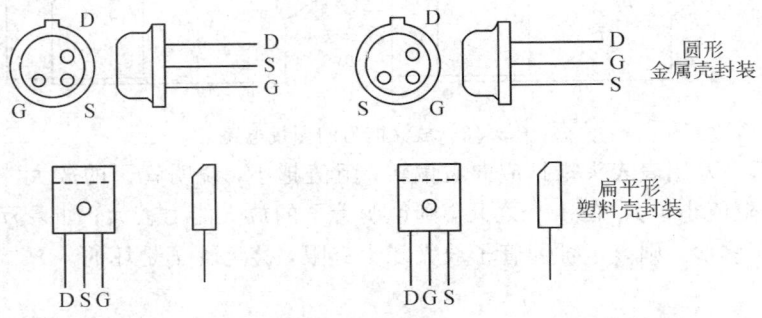

图 3.15　部分场效应管的外形

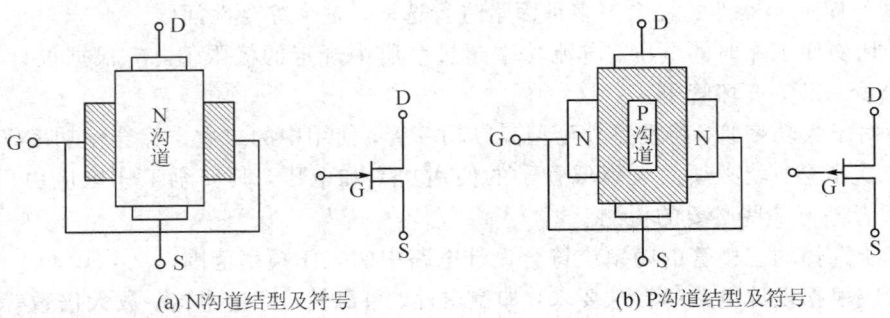

(a) N沟道结型及符号　　　　　　(b) P沟道结型及符号

图 3.16　结型场效应管

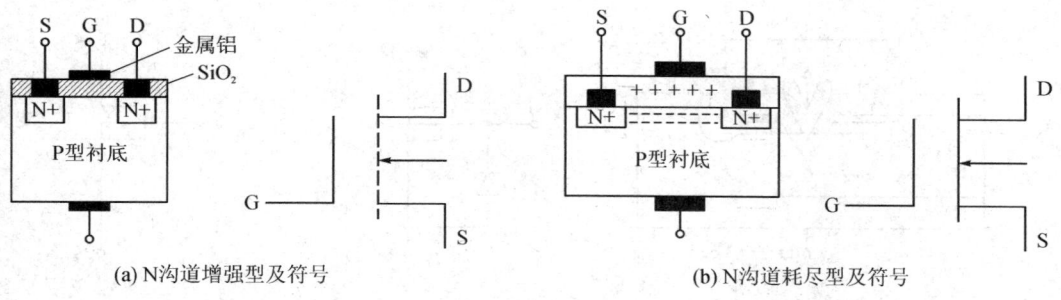

(a) N沟道增强型及符号   (b) N沟道耗尽型及符号

图 3.17 N 沟道绝缘栅场效应管

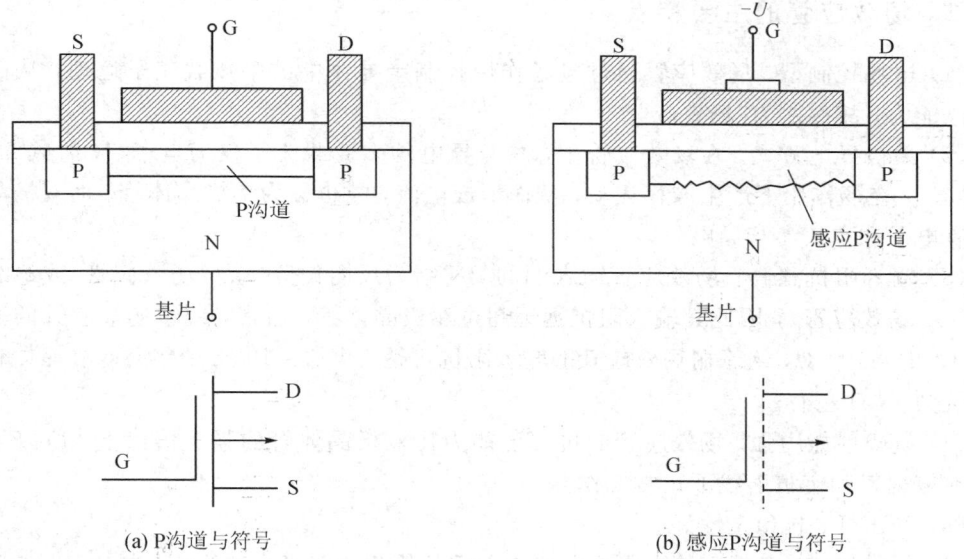

(a) P沟道与符号   (b) 感应P沟道与符号

图 3.18 P 沟道绝缘栅场效应管

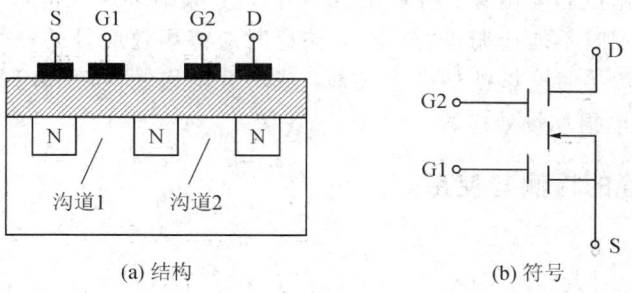

(a) 结构   (b) 符号

图 3.19 双极栅场效应管

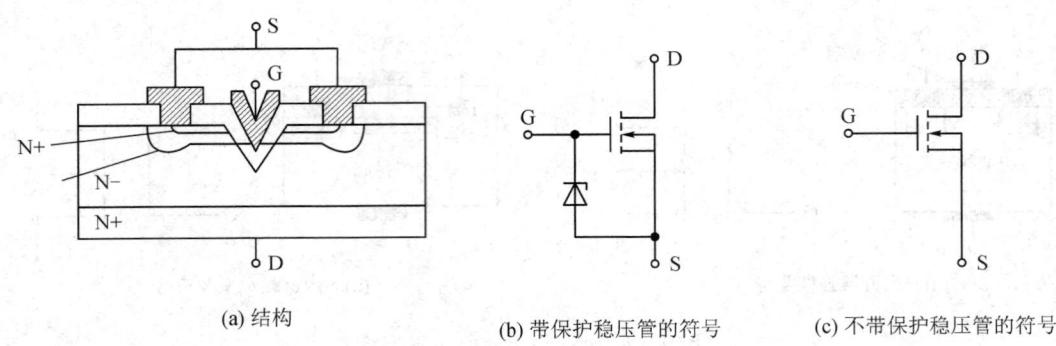

(a) 结构　　　　　　(b) 带保护稳压管的符号　　　(c) 不带保护稳压管的符号

图 3.20　垂直型 MOSFET

3.5.2　场效应管的主要特点

（1）电场控制型。场效应管通过电场作用控制半导体中的多数载流子运动，从而控制其导电能力，故称之为"场效应"。

（2）单极导电方式。在场效应管中，参与导电的多数载流子仅为电子（N 沟道）或空穴（P 沟道），在场作用下产生漂移运动，从而形成电流，故也称为单极晶体管。而双极晶体管同时有电子和空穴参与导电。

（3）输入阻抗很高。场效应管输入端的 PN 结为反向偏置（结型场效应管）或绝缘层隔离（MOS 场效应管），因此其输入阻抗远远超过双极晶体管。通常，结型场效应管的输入阻抗为 $10^7\ \Omega \sim 10^{10}\ \Omega$，绝缘栅场效应管的输入阻抗可达 $10^{12}\ \Omega \sim 10^{13}\ \Omega$；普通双极晶体管的输入阻抗为 $1\ \mathrm{k\Omega}$ 左右。

（4）抗辐射能力强。场效应管的抗辐射能力比双极晶体管的强千倍以上，所以场效应管能在核辐射和宇宙射线下正常工作。

（5）噪声低、热稳定性好。

（6）便于集成。场效应管在集成电路中占用的体积比双极晶体管小，制造简单，因此特别适用于大规模集成电路。

（7）容易产生静电击穿损坏。由于输入阻抗相当高，因此带电荷物体一旦靠近金属栅极，就很容易造成栅极静电击穿。特别是 MOSPET，其绝缘层很薄，更易击穿损坏。故要注意栅极保护，应用时不能让栅极"悬空"，储存时应将场效应管的三个电极短路，并放在屏蔽的金属盒内，焊接时电烙铁外壳应接地，或断开电烙铁电源利用其余热进行焊接，防止电烙铁的微小漏电损坏场效应管。

3.5.3　场效应管的检测与使用

1. 检测

1）结型场效应管栅极判别

根据 PN 结单向导电原理，采用万用表 R×1 k 挡，用黑表笔接触管子一个电极，红表笔分别接触另外两个电极，若测得电阻都很小，则黑表笔所接的是栅极，且管子为 N 沟道场效应管。对于 P 沟道场效应管，栅极的判断可自行分析。

2）结型场效应管好坏与性能判别

根据判别栅极的方法，能粗略判别管子的好坏。当栅源间、栅漏间反向且电阻很小时，说明管子已损坏。若要判别管子的放大性能，可将万用表的红、黑表笔分别接触源极和漏极，然后用手触碰栅极，表针应偏转较大，说明管子放大性能较好；若表针不动，则说明管子性能差或已损坏。

2. 使用注意事项

（1）从场效应管的结构看，其源极和漏极是对称的，因此源极和漏极可以互换。但有些场效应管在制造时已将衬底引线与源极连在一起，这种场效应管的源极和漏极就不能互换了。

（2）场效应管各极间电压的极性应正确接入，结型场效应管的栅-源电压 U_{GS} 的极性不能接反。

（3）当 MOS 管的衬底引线单独引出时，应将其接到电路中的电位最低点（对 N 沟道 MOS 管而言）或电位最高点（对 P 沟道 MOS 管而言），以保证沟道与衬底间的 PN 结处于反向偏置，使衬底与沟道及各电极隔离。

（4）MOS 管的栅极是绝缘的，感应电荷不易泄放，而且绝缘层很薄，极易击穿。所以栅极不能开路，存放时应将各电极短路。焊接时，电烙铁必须可靠接地，或者断电利用烙铁余热焊接，并注意对交流电场的屏蔽。

3.6　集　成　电　路

集成电路（IC，Integrated Circuit）是指采用半导体制作工艺在一小块单晶硅片上制成含有许多元器件（晶体管、电阻器、电容器等）的电子电路，然后再经封装而成的电路块，常称为集成电路块。

3.6.1　集成电路的类型

1. 分类

1）集成电路的分类

集成电路按制造工艺，可分为半导体集成电路、薄膜集成电路和由二者组合而成的混合集成电路；按功能，可分为模拟集成电路、数字集成电路和数模混合集成电路；按集成度，可分为小规模集成电路（集成度小于 10 个门电路）、中规模集成电路（集成度为 10～100 个门电路）、大规模集成电路（集成度为 100～1000 个门电路），以及超大规模集成电路（集成度大于 1000 个门电路）；按外形，可分为圆形（金属外壳晶体管封装型，适用于大功率）、扁平式（稳定性好、体积小）和双列直插式（有利于采用大规模生产技术进行焊接，因此获得广泛的应用）；按材料，可分为金属外壳封装、塑料外壳封装及陶瓷外壳封装；按用途，可分为多种不同数量引脚的。

2）集成逻辑技术的分类

目前，已经成熟的集成逻辑技术主要有三种：TTL 逻辑（晶体管-晶体管逻辑）、CMOS

逻辑(互补金属-氧化物-半导体逻辑)和 ECL 逻辑(发射极耦合逻辑)。

TTL 逻辑有两个常用的系列化新产品:74 系列(民用)和 54 系列(军用)。74 系列的工作温度为 0℃～75℃,电源电压为 4.75 V～5.25 V;54 系列的工作温度为－55℃～125℃,电源电压为 4.5 V～5.5 V。

CMOS 逻辑的特点是功耗低,工作环境温度范围和电源电压范围都较宽,陶瓷封装的环境温度范围为－55℃～125℃,塑料封装的环境温度范围为－40℃～85℃,工作电压为 3 V～18 V,另外工作速度较快,可达 7 MHz。

ECL 逻辑的最大特点是工作速度高。因为在 ECL 电路中数字逻辑电路形式采用非饱和型,避免了三极管因工作在饱和状态而产生的存储电荷问题,从而大大加快了工作速度。

以上几种逻辑电路的有关参数如表 3.24 所示。

表 3.24 几种逻辑电路的有关参数

电路种类	工作电压	每个门的功耗	门延时	扇出系数
TTL 标准	+5 V	10 mW	10 ns	10
TTL 标准肖特基	+5 V	20 mW	3 ns	10
TTL 低功耗肖特基	+5 V	2 mW	10 ns	10
ECL 标准	－5.2 V	25 mW	2 ns	10
ECL 高速	－5.2 V	40 mW	0.75 ns	10
CMOS	+3～18 V	μW 级	ns 级	50

2. 集成电路的外形和引脚排列规律

1) 外形

集成电路的外形是多种多样的,常见的有双列直插式、单列直插式、扁平式、圆形外壳式、三端式、黑膏软封装式等。一些常见集成电路的外形如图 3.21 所示。

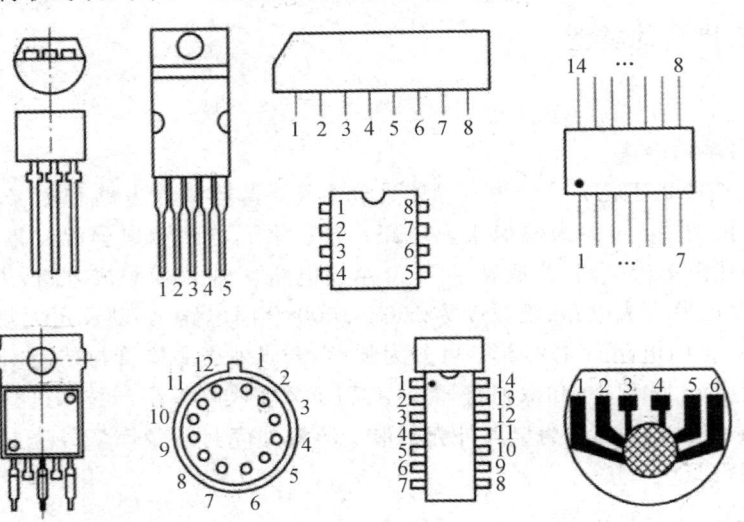

图 3.21 一些常见集成电路的外形

2）引脚排列规律

集成电路块的引脚排列有一定的规律。具体排列规律如下：

（1）圆形外壳式集成电路的封装方式主要有 12 脚、10 脚、8 脚三种，如图 3.22 所示。引脚排列规律是：以管键为识别标记，面对管底从管键开始按顺时针方向的引脚顺序为 1 脚、2 脚、3 脚……其引脚序号从顶视有突出头处开始逆时针方向数起。

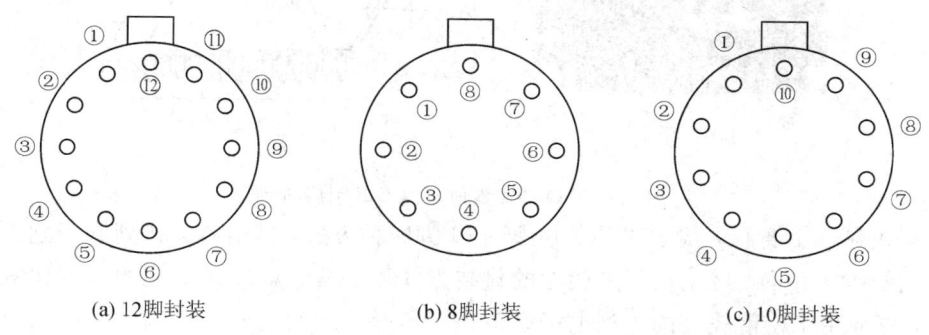

(a) 12脚封装   (b) 8脚封装   (c) 10脚封装

图 3.22   圆形外壳式集成电路封装的引脚排列

（2）单列直插式集成电路的引脚排列如图 3.23 所示。

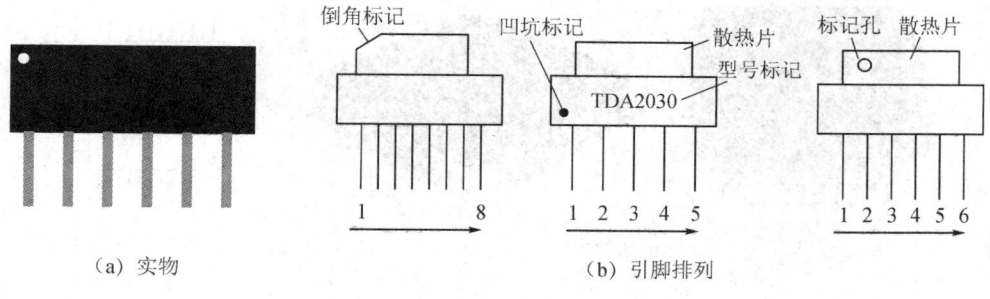

（a）实物   （b）引脚排列

图 3.23   单列直插式集成电路及其引脚排列

单列直插式集成电路以倒角或标记色点面向自己且引脚朝下时为准，从左至右的引脚为 1 脚、2 脚、3 脚……如果没有显示的标记，则可以将集成电路的引脚朝下，标有型号的一面对着自己，这时它左下方的第二个引脚即为该集成电路的 1 脚。

双列直插式封装方式主要有 8 脚、12 脚、14 脚、16 脚四种，如图 3.24 所示。其中"O"或"·"符号为引脚①，顶视，从此脚开始逆时针方向依次数起。

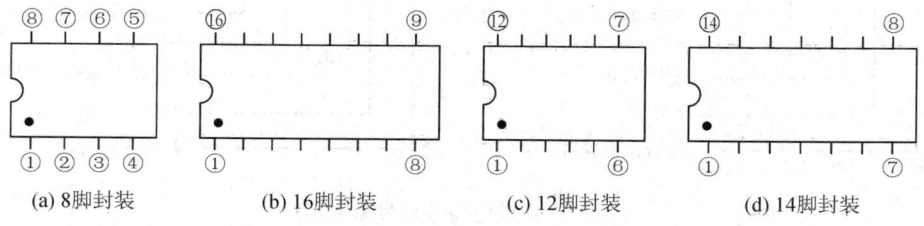

(a) 8脚封装   (b) 16脚封装   (c) 12脚封装   (d) 14脚封装

图 3.24   集成运算放大器双列直插式封装的引脚排列

（3）扁平式集成电路的引脚排列规律：面对集成电路印有型号的一面，从有标记端的左侧起为第 1 脚，然后按逆时针方向依次为 2 脚、3 脚、4 脚……直到最后一个引脚，如图 3.25 所示。

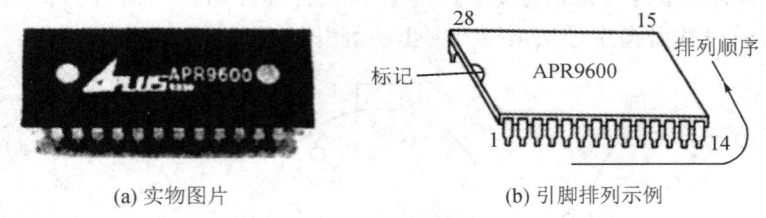

(a) 实物图片　　　　　　　　　　　　　(b) 引脚排列示例

图 3.25　扁平式集成电路及其引脚排列

扁平式封装主要有 8 脚、12 脚、14 脚、16 脚四种方式，其引脚的排列和识别方式与双列直插式的基本相同，区别仅仅是两者的封装方式不一样。扁平式封装的厚度比双列直插式要薄，更适用于密度较高的小型电子设备。

（4）四列贴片式集成电路的引脚排列规律如图 3.26 所示。四列贴片式集成电路的左下方有一标记凹坑，凹坑左下方为第 1 引脚，然后逆时针方向依次为 2 脚、3 脚、4 脚……

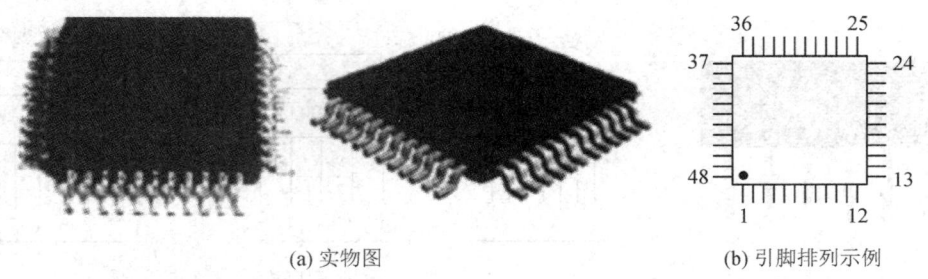

(a) 实物图　　　　　　　　　　　　　(b) 引脚排列示例

图 3.26　四列贴片式集成电路的引脚排列规律

3.6.2　集成电路的型号命名

集成电路的型号命名示例如图 3.27 所示。

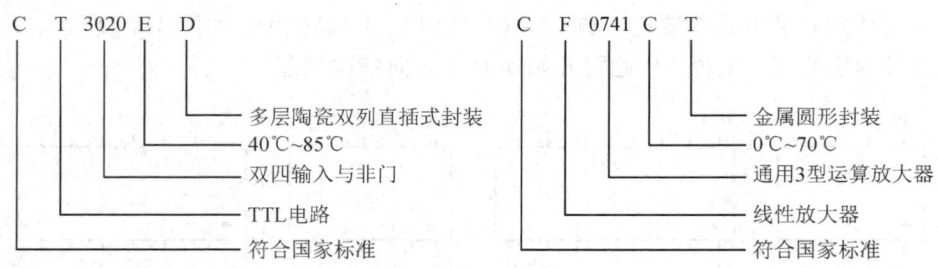

图 3.27　集成电路的型号命名示例

现行国标规定的集成电路命名法如表 3.25 所示。

表 3.25 集成电路的型号命名法

第零部分		第一部分		第二部分	第三部分		第四部分	
用字母表示器件符合国家标准		用字母表示器件的类型		用数字和字母表示器件的系列品种	用字母表示器件的工作温度范围		用字母表示器件的封装方式	
符号	意义	符号	意义		符号	意义	符号	意义
C	中国制造	T	TTL 电路					
		H	HTL 电路				F	多层陶瓷扁平式
		E	ECL 电路				B	塑料扁平式
		C	CMOS 电路	TTL 分为：			H	黑瓷扁平式
		M	存储器	54/74××××			D	多层陶瓷双列直插式
		μ	微型机电路	5474H×××			J	黑瓷双列直插式
		F	线性放大器	5474L×××			P	塑料双列直插式
		W	稳压器	54/74S×××	C	0℃~70℃	S	塑料单列直插式
		D	音响、电视电路	54/74LS×××	G	−25℃~70℃	T	金属圆形
		B	非线性电路	54/74AS×××	L	−25℃~85℃	K	金属菱形
		J	接口电路	54/74ALS×××	E	−40℃~85℃	C	陶瓷芯片载体
		AD	A/D 转换器	54/74F×××	R	−55℃~85℃	E	塑料芯片载体
		DA	D/A 转换器	CMOS 分为：	M	−55℃~125℃	G	网络针栅陈列
		SC	通信专用电路	4000 系列			⋮	
		SS	敏感电路	54/74HC×××			SOIC	小引线
		SW	钟表电路	54/74HCT×××			PCC	陶瓷芯片载体
		SJ	机电仪电路	⋮			LCC	陶瓷芯片载体
		SF	复印机电路					
		⋮						

注：74—国际通用 74 系列（民用）；54—国际通用 54 系列（军用）；H—高速；L—低功耗；S—肖特基；LS—低功耗肖特基；ALS—先进的低功耗肖特基。

3.6.3 集成电路的相关参数和故障表现

集成电路各项参数对于分析电路工作原理的作用不大，但对于电路的故障分析与检修却有不可忽视的作用。

1. 电参数

不同功能的集成电路其电参数的项目也各不相同，但多数集成电路均有最基本的几项电参数（通常在典型直流工作电压下测量）。

（1）静态工作电流。它是指在集成电路信号输入引脚不加输入信号的情况下，电源引脚回路中的直流电流，该参数对确认集成电路故障具有重要意义。

通常，集成电路的静态工作电流均给出典型值、最小值、最大值。如果集成电路的直流工作电压正常，且集成电路的接地引脚也已可靠接地，当测得集成电路静态电流大于最大值或小于最小值时，则说明集成电路发生故障。

（2）增益。它是指集成电路内部放大器的放大能力，通常标出开环增益和闭环增益两项，也分别给出典型值、最小值、最大值三项指标。

用常规检修手段(只有万用表一件检测仪表)无法测量集成电路的增益,只有使用专门仪器才能测量。

(3) 最大输出功率。它指输出信号的失真度为额定值时(通常为 10%),功放集成电路输出引脚所输出的电信号功率,一般也分别给出典型值、最小值、最大值三项指标,该参数主要针对功率放大集成电路。

当集成电路的输出功率不足时,某些引脚的直流工作电压也会变化,若经测量发现集成电路引脚直流电压异常,就能循迹找到故障部位。

2. 极限参数

集成电路的极限参数主要有:

(1) 最大电源电压。它是指可以加在集成电路电源引脚与接地引脚之间的直流工作电压的极限值,使用中不允许超过此值,否则将会永久性损坏集成电路。

(2) 允许功耗。它指集成电路所能承受的最大耗散功率,主要用于各类大功率集成电路。

(3) 工作环境温度。它指集成电路能维持正常工作的最低和最高环境温度。

(4) 储存温度。它指集成电路在储存状态下的最低和最高温度。

3. 故障表现

集成电路的故障表现有以下几种:

(1) 集成电路烧坏。这种故障通常由过电压或过电流引起。集成电路烧坏后,从外表一般看不出明显的痕迹。严重时,集成电路可能会有一个小洞或一条裂纹之类的痕迹。集成电路烧坏后,某些引脚的直流工作电压也会明显变化,用常规方法检查能发现故障部位。集成电路烧坏是一种硬性故障,对这种故障的检修很简单:只能更换。

(2) 引脚折断和虚焊。集成电路的引脚折断故障并不常见,造成集成电路引脚折断的原因往往是插拔集成电路不当所致。如果集成电路的引脚过细,维修中就很容易扯断。另外,因摔落、进水或人为拉扯造成断脚、虚焊也是常见现象。

(3) 增益严重下降。当集成电路增益下降较严重时,集成电路即已基本丧失放大能力,需要更换。对于增益略有下降的集成电路,大多是集成电路的一种软故障,一般检测仪器很难发现,可用减小负反馈量的方法进行补救,这种方法有效且操作简单。

当集成电路出现增益严重不足故障时,某些引脚的直流电压也会出现显著变化,所以采用常规检查方法就能发现。

(4) 噪声大。集成电路出现噪声大故障时,虽能放大信号,但噪声也会被放大,使信噪比下降,影响信号的正常放大和处理。噪声不明显,大多是集成电路的软故障,使用常规仪器检查相当困难。由于集成电路出现噪声大故障时,某些引脚的直流电压也会变化,所以采用常规检查方法即可发现故障部位。

(5) 性能变劣。这是一种软故障,故障现象多种多样。集成电路引脚直流电压的变化量一般很小,所以采用常规检查手段往往无法发现,只能采用替代检查法。

(6) 内部局部电路损坏。当集成电路内部局部电路损坏时,相关引脚的直流电压会发生很大变化,检修中很容易发现故障部位。对这种故障,通常应更换集成电路。但对某些具体情况而言，可以用分立元器件代替内部损坏的局部电路，但这样的操作往往相当复杂。

3.6.4　集成电路的图形符号

1. 逻辑门集成电路

逻辑门集成电路主要分为双极型（如 DTL、TTL、ECT、IIL、HTL）电路和单极型（如 NMOS、PMOS、CMOS）电路。其中，应用较多的是双极型 TTL 门电路和单极型 CMOS 门电路。

常用集成逻辑门的图形符号如表 3.26 所示。

表 3.26　常用逻辑门的图形符号

逻辑门	输出表达式	我国部颁符号	IEEE 推荐符号	标准符号
"与"门	$F = A \cdot B$			
"或"门	$F = A + B$			
"非"门	$F = \overline{A}$			
"与非"门	$F = \overline{A \cdot B}$			
"或非"门	$F = \overline{A + B}$			
"异或"门	$F = A \oplus B$ $= A\overline{B} + \overline{A}B$			
"与或非"门	$F = \overline{AB + CD}$			

2. 555 时基集成电路

555 时基集成电路的图形符号如图 3.28 所示。图中，输入端 $\bar{S}$、R 为反相关系。当 $U_o = 0$ 时，放电端导通，当复位端 $\overline{MR} = 0$ 时，$U_o = 0$。

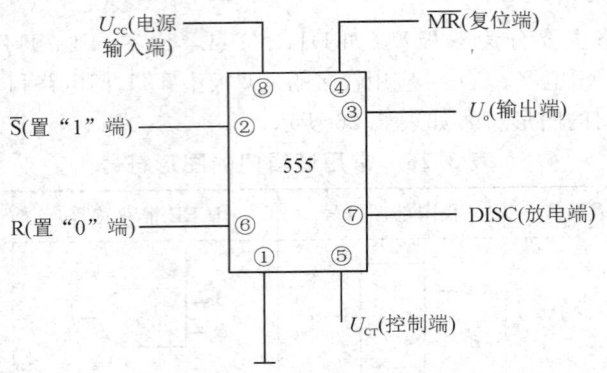

图 3.28 555 时基集成电路的图形符号

3. 三端集成稳压集成电路

三端集成稳压集成电路的图形符号如图 3.29 所示。其中，78×× 表示正输出电压稳压集成电路，如图 3.29(a)所示；79×× 表示负输出电压稳压集成电路，如图 3.29(b)所示。U_i 为稳压电路输入端，U_o 为稳压电路输出端。

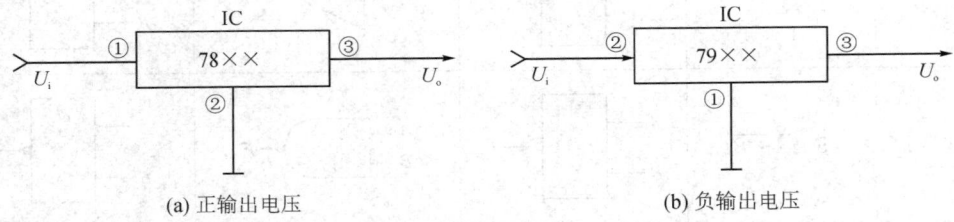

(a) 正输出电压   (b) 负输出电压

图 3.29 三端集成稳压集成电路的图形符号

4. 集成运算放大器的电路符号

1) 电路符号

集成运算放大器的电路符号如图 3.30(a)、(b)所示。它的五个主要引脚功能是：＋、－为两个信号输入端，$+U_{CC}$（或 $U+$）、$-U_{EE}$（或 $U-$）为正、负电源电压输入端，u_o 为输出端。$-U_{EE}$ 在使用单电源时通常接地线。两个信号输入端中，－为反相信号输入端，表示运算放大器输出端 u_o 的信号与该输入端信号的相位相反；＋为同相信号输入端，表示运算放大器输出端 u_o 的信号与该输入端信号的相位相同。

实际使用的运算放大器通常还具有"零入零出"和单、双电源供电等特点。

图 3.30(a)和(b)仅画出了一个运算放大器的电路符号，当一块集成电路中封装有多个单运算放大器时，它们的供电引脚是公用的，即同一块运算放大器仅有"＋""－"一对电源引出脚。

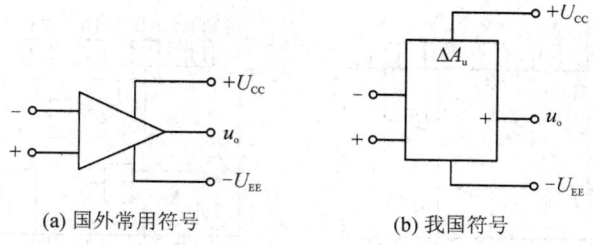

图 3.30　集成运算放大器的电路符号

　　根据封装个数的不同，集成运算放大器分为单集成运算放大器（如 μA741 等）、双集成运算放大器（如 LM358 等）、四集成运算放大器（如 LM324、TL084 等），可以根据实际需要选用。

　　2）集成运算放大器最常见的两种用法

　　集成运算放大器最常见的两种用法如图 3.31 所示。

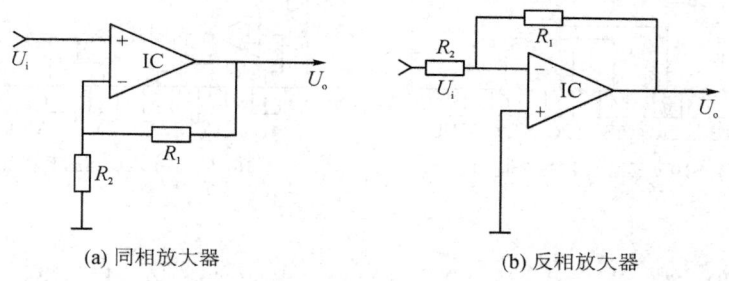

图 3.31　集成运算放大器最常见的两种用法

3.6.5　常用集成电路的外部引脚图

　　常用集成电路的外部引脚图如图 3.32 所示。

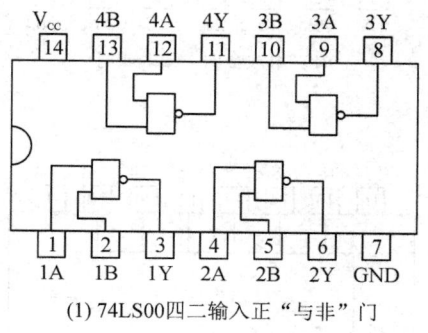

(1) 74LS00四二输入正"与非"门

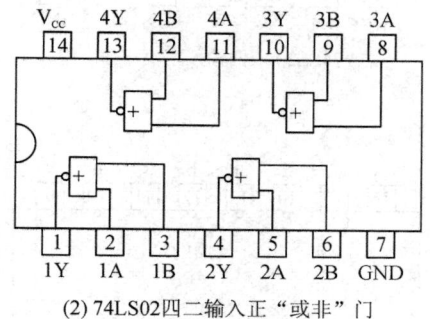

(2) 74LS02四二输入正"或非"门

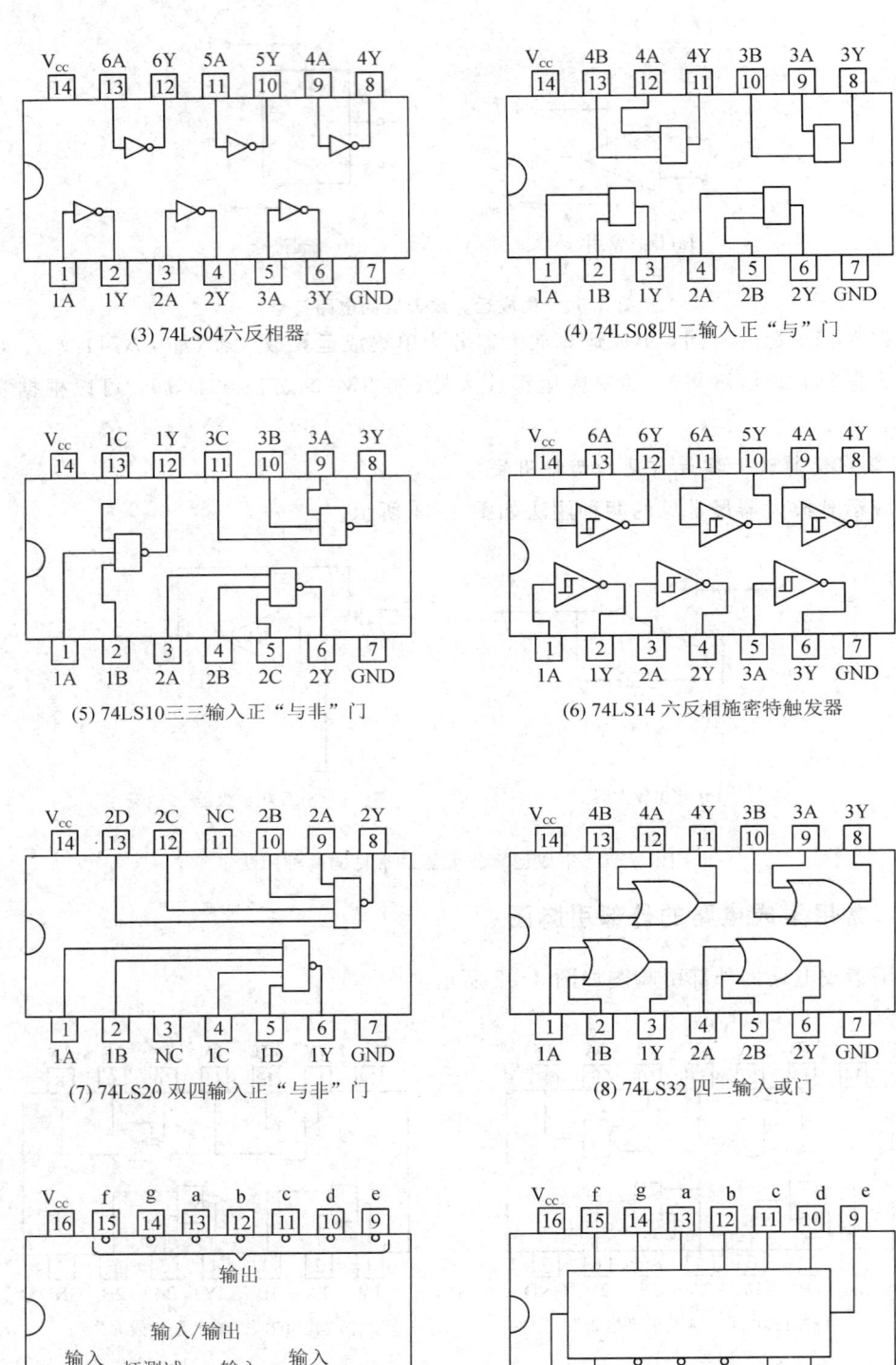

(3) 74LS04六反相器

(4) 74LS08四二输入正"与"门

(5) 74LS10三三输入正"与非"门

(6) 74LS14 六反相施密特触发器

(7) 74LS20 双四输入正"与非"门

(8) 74LS32 四二输入或门

(9) 74LS47 BCD到七段译码器/驱动器

(10) 74LS48 BCD到七段码译码/驱动器

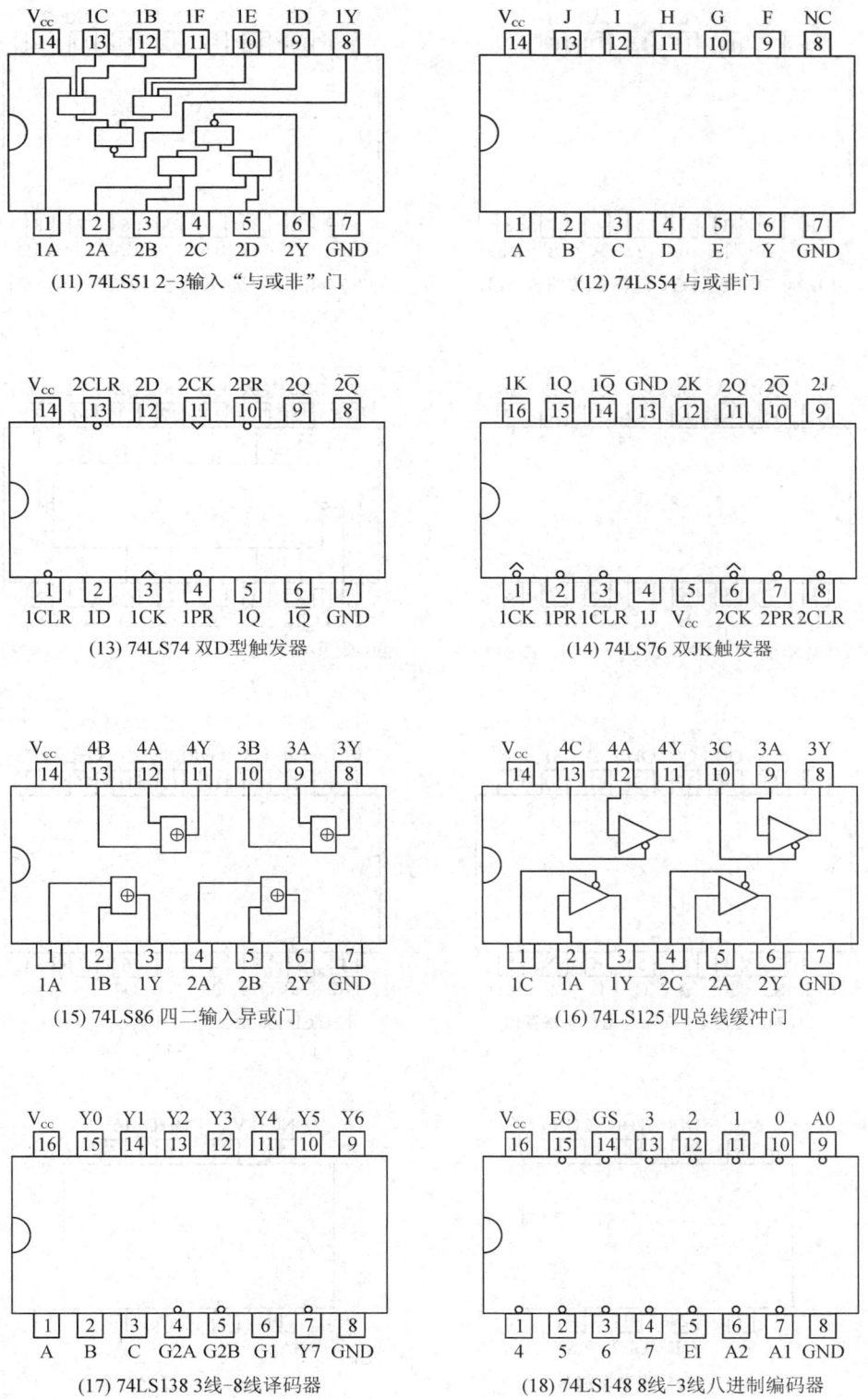

(11) 74LS51 2-3输入"与或非"门

(12) 74LS54 与或非门

(13) 74LS74 双D型触发器

(14) 74LS76 双JK触发器

(15) 74LS86 四二输入异或门

(16) 74LS125 四总线缓冲门

(17) 74LS138 3线-8线译码器

(18) 74LS148 8线-3线八进制编码器

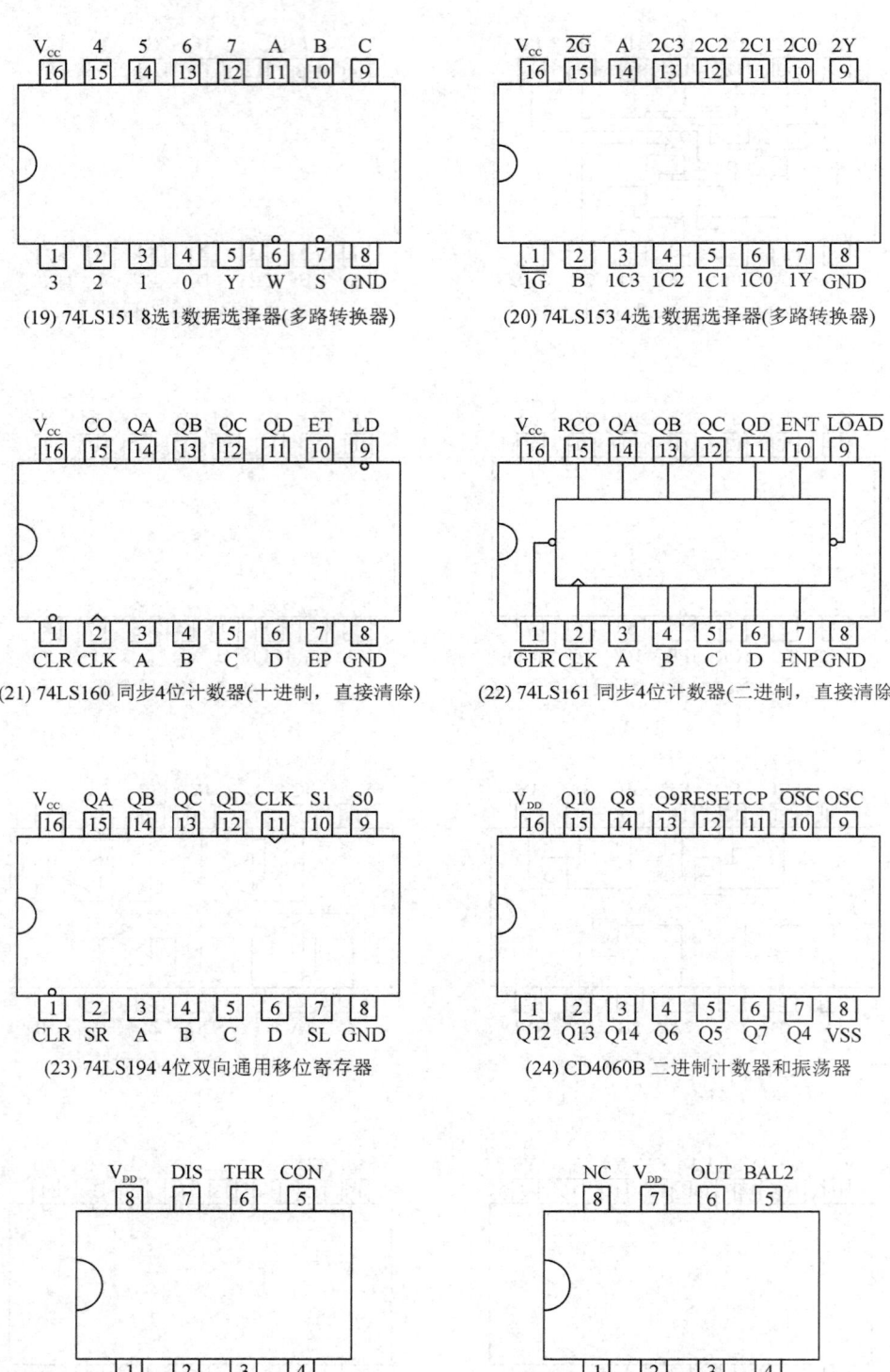

(19) 74LS151 8选1数据选择器(多路转换器)

(20) 74LS153 4选1数据选择器(多路转换器)

(21) 74LS160 同步4位计数器(十进制，直接清除)

(22) 74LS161 同步4位计数器(二进制，直接清除)

(23) 74LS194 4位双向通用移位寄存器

(24) CD4060B 二进制计数器和振荡器

(25) NE555 多谐振荡器

(26) μA741 运算放大器

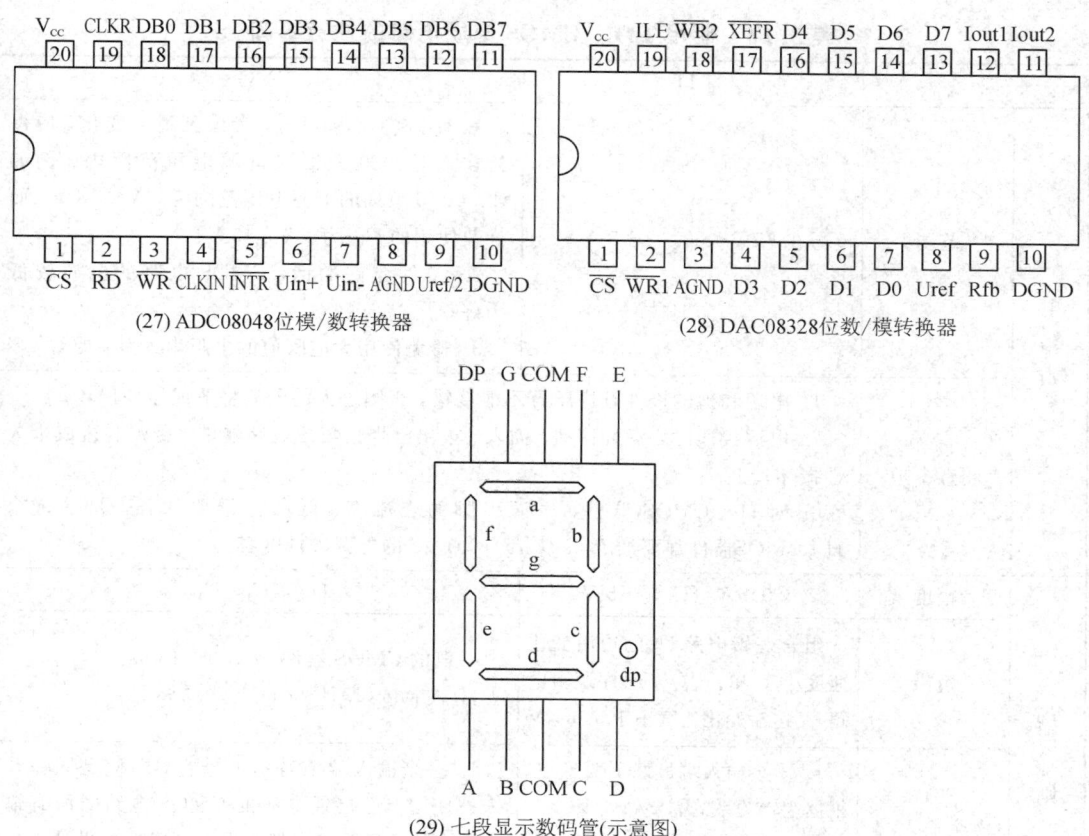

(27) ADC08048位模/数转换器

(28) DAC08328位数/模转换器

(29) 七段显示数码管(示意图)

图 3.32 常用集成电路的外部引脚图

3.6.6 集成电路的使用常识

集成电路是一种结构复杂、功能多、体积小、价格高、安装与拆卸麻烦的电子器件,在选购、检测和使用时应十分小心。

(1) 使用时不允许超过极限参数。

(2) 集成电路内部包括几千甚至上万个 PN 结。因此,它对工作温度很敏感,环境温度过高或过低,都不利于其正常工作。

(3) 在手工焊接集成电路时,不得使用功率大于 45 W 的电烙铁,连续焊接时间不应超过 10 s。

(4) MOS 集成电路要防止静电感应击穿。焊接时要保证电烙铁外壳可靠接地,若无接地线可将电烙铁拔下,利用余热进行焊接。

(5) 数字集成电路型号的互换。数字集成电路绝大部分有国际通用型,只要后面的阿拉伯数字对应相同即可互换。

(6) 数字集成电路注意事项。TTL 集成电路和 CMOS 集成电路的注意事项如表 3.27 所示。

表 3.27　使用 TTL、CMOS 集成电路的注意事项

		TTL	CMOS
电源规则	范围	$+4.75\ \text{V}<U_{cc}<+5.5\ \text{V}$	1. $U_{min}<U_{DD}<U_{max}$，考虑到瞬态变化，应保持在绝对的最大极限电源电压范围内。例如 CC4000B 系列的电源电压范围为 3 V～18 V，而推荐使用的 U_{cc} 为 4 V～15 V； 2. 条件允许的话，CMOS 电路的电源较低为好； 3. 避免使用大电阻值的电阻串入 U_{DD} 或 U_{SS} 端
	注意事项		1. 电源和地的极性顺序千万不能接错，否则过大的电流将造成器件损坏； 2. 电源接通时，不可移动、插入、拔出已焊接集成电路器件，否则会造成永久性损坏； 3. 对 H - CMOS 器件，电源引脚的交流高、低频去耦要加强，几乎每个 H - CMOS 器件都要加上 0.01 μF～0.1 μF 的电源去耦电容
输入规则	幅度	$-0.5\ \text{V}\leqslant U_i\leqslant+5\ \text{V}$	$U_{SS}\leqslant U_i\leqslant U_{DD}$
	边沿	组合逻辑电路 U_i 的边沿变化速度小于 100 ns/V；时序逻辑电路 U_i 边沿变化速度小于 50 ns/V	一般的 CMOS 器件：$t_r(t_f)\leqslant15$ ns； H - CMOS 器件：$t_r(t_f)\leqslant0.5$ ns
	多余输入端的处理	1. 多余输入端最好不要悬空，根据逻辑关系的需要做处理； 2. 触发器的不使用端不得悬空，应按逻辑功能接入相应的电平	1. 多余输入端绝对不可悬空，即使是同一片未被使用但已接通电源的 CMOS 电路的所有输入端亦均不可悬空，都应根据逻辑功能做处理； 2. 作振荡器或单稳态电路时，输入端必须串入电阻，用以限流
输出规则			1. 输出端不允许与电源或地短路； 2. 输出端不允许"线与"，即不允许输出端并联使用，只有 TTL 集成电路中三态或集成电极开路输出结构的电路才可以并联使用； 3. TTL 集电极开路的电路"线与"时，应在其公共输出端加接一个预先算好的上拉负载电阻到 U_{cc}
操作规则	电路存放		存放在温度 10℃～40℃ 干燥通风的容器中，不允许有腐蚀性气体进入。存放 CMOS 电路要屏蔽：一般存放在金属容器内，也可用金属箔将引脚短路
	电源和信号源的加入		开机时先接通电路板电源，后开信号源；关机时先关信号源，后关线路板电源。尤其是 CMOS 电路未接通电源时，不允许有输入信号接入

习　题　3

3.1　填空题。

（1）常用的二极管种类有 ＿＿＿＿＿、＿＿＿＿＿、＿＿＿＿＿、＿＿＿＿＿、＿＿＿＿＿、＿＿＿＿＿等。

(2) 二极管的主要特性是_____，即正偏时_____，反偏时_____，主要参数有_____和_____。

(3) 二极管按结构分有_____、_____和_____。

(4) 普通二极管的符号是_____，稳压二极管的符号是_____。

(5) 三极管有_____个区_____个结，按导电类型可分为_____型和_____型两种，其图形符号分别为_____和_____。

(6) 三极管的极限参数是_____、_____和_____。

(7) 晶闸管的种类有_____、_____、_____等。

(8) 晶闸管的管芯由_____层半导体和_____个 PN 结、三个电极组成。三个电极分别是_____、_____、_____，分别用字母_____、_____、_____表示。

(9) 晶闸管导通后，特性曲线与普通二极管相似，管压降为_____左右。

(10) 从晶闸管开始承受正向电压到被触发导通，期间所对应的电角度称为_____，用_____表示。

(11) 如果电感性负载单相桥式整流电路中，晶闸管的导通角为 θ，则续流二极管的导通角为_____，流过晶闸管和整流二极管的电流平均值为_____和_____。

(12) 单结晶闸管又称为_____，有_____个 PN 结，它的三个电极分别为_____、_____、_____极。

(13) 单结晶闸管的导通条件是_____，关断条件是_____。

(14) 单结晶闸管振荡电路的工作过程利用了单结晶闸管的_____特性和_____特性。

(15) 过电流的保护措施有_____和_____等。

(16) 过电压保护的措施有_____和_____等。

(17) 选用晶闸管时主要考虑的参数是_____、_____、_____、_____。

(18) 普通晶闸管的导通条件是_____，同时_____。关断方法一是_____，二是_____。

(19) 晶闸管常用的触发电路有_____触发电路和_____触发电路。

(20) 晶闸管和二极管一样具有_____能力，同时具有_____能力，晶闸管导通后_____极将失去控制作用。

(21) 三相半波可控整流电路的移相范围是_____，最大导通角是_____，晶闸管承受的最大正向电压是_____，最大反向电压是_____。

3.2 已知图 3.33 所示的稳压管的稳定电压 $U_Z = 6$ V，稳定电流的最小值 $I_{Zmin} = 5$ mA，最大功耗 $P_{Zm} = 150$ mW。试求稳压管正常工作时电阻 R 的取值范围。

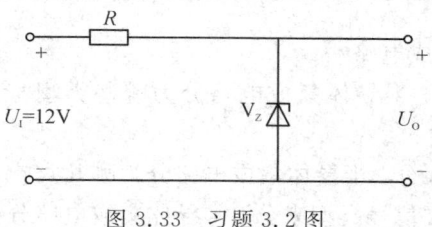

图 3.33 习题 3.2 图

3.3　如何用数字万用表判别三极管引脚极性和三极管的类型？

3.4　可控硅二极管导通的条件是什么？已经导通的可控硅二极管在什么条件下才能从导通转为截止？

3.5　可控硅二极管是否有放大作用？它与晶体三极管的放大有何不同？

3.6　填空完成下列各题。

（1）场效应管又称单极型晶体管，_____是控制型器件。

（2）场效应管有三个电极：_____极、_____极、_____极。

（3）结型场效应管有两种，即_____与_____。

（4）绝缘栅场效应管简称_____管，_____可分为增强型和_____型。

（5）焊接场效应管时，电烙铁必须_____或_____。焊接时，一般应先焊_____极，再焊_____极，最后焊_____极。

（6）存放绝缘栅场效应管时要将_____，以防感应电动势使栅极击穿。

3.7　已知图 3.39 所示各场效应管工作在恒流区，请将管子类型、电源 U_{DD} 的极性（＋、－）、u_{GS} 的极性（＞0，≥0，＜0，≤0，任意）分别填写在表 3.28 中。

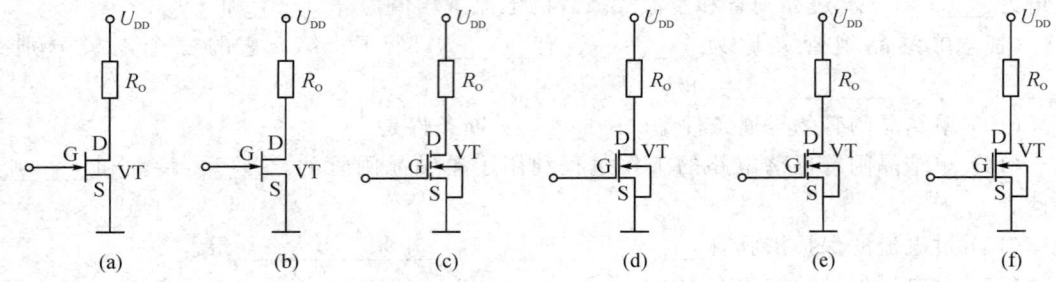

图 3.34　习题 3.7 图

表 3.28　分析结果表

项目＼图号	（a）	（b）	（c）	（d）	（e）	（f）
沟道类型						
增强型或耗尽型						
电源 U_{DD} 极性						
U_{GS} 极性						

3.8　什么叫半导体集成电路？

3.9　按照集成度来分，半导体集成电路分为哪些类型？请同时写出它们对应的英文缩写。

3.10　按照器件类型来分，半导体集成电路分为哪几类？

3.11　按照电路功能或信号类型来分，半导体集成电路分为哪几类？

第4章 数字万用表

【教学提示】 本章主要讲述 NDM3041 数字万用表的使用方法，包括数字万用表的安全信息（测量限值与测量类别）、界面信息（面板和用户界面）、测量功能（交直流电压与电流、电阻、连通性、二极管、电容、频率与周期、温度等）、数据处理运算（统计、限值、运算、条形图、趋势图、直方图等）、数据记录（手动记录、自动记录）、接口参数设置、测量误差等。

【教学要求】 通过本章的学习，学生应能够正确使用万用表，能用万用表进行数据处理，掌握减小测量误差的方法。

万用表是一种多功能、多量程的测量仪表，又称为复用表、多用表、三用表、繁用表等，是电力电子等部门不可缺少的测量仪表，以测量电压、电流和电阻为主要目的。一般万用表可测量直流电流、直流电压、交流电压、电阻和音频电平等，有的还可以测交流电流、电容量、电感量、温度及半导体（二极管、三极管）的一些参数。万用表按显示方式可分为指针万用表和数字万用表，目前数字万用表已成为主流。

4.1 安 全 信 息

4.1.1 测量限值

在不超过测量限值的情况下，万用表的保护电路可防止仪器损坏和电击危险。为确保安全操作仪器，输入量值切勿超过前面板上标示的测量限值（见图 4.1）。

1. 主输入端子（HI Input 和 LO Input）测量限值

HI 和 LO 输入端子用于电压、电阻、连通性、频率（周期）、电容、二极管和温度的测试测量。对于这两个端子，定义了两个测量限值。

1）HI Input 到 LO Input 的测量限值

HI Input 到 LO Input 的测量限值为 1000 V DC 或 750 V AC，这也是最大的电压测量值。此限值也可以表示为 1000 Vpk。

2）LO Input 到接地端的测量限值

相对于接地端，LO Input 可以安全"浮动"的最大限值为 500 Vpk，此处，接地端被定义为与仪器连接的 AC 电源

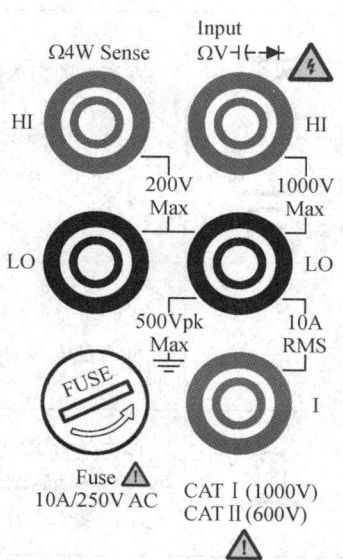

图 4.1 前面板上标示的测量限值

线中的保护接地导体。

由上述的限值可推出，当 LO Input 处于其相对于接地端的 500 Vpk 时，HI Input 的测量限值为相对于接地端的 1500 Vpk。

2. 电流输入端子(I) 测量限值

电流输入端子(I)到 LO Input 之间的测量限值为 10 A(DC 或 AC)。需要注意的是，电流输入端子始终处于与 LO Input 端子大约相同的电压，除非电流保护保险丝断开。

3. 取样端子(HI Sense 和 LO Sense)测量限值

HI 和 LO 取样端子用于四线电阻测量。

HI Sense 至 LO Input、HI Sense 至 LO Sense 的测量限值均为 200 Vpk。

LO Sense 至 LO Input 的测量限值为 2 Vpk。

注：取样端子上的 200 Vpk 限值为测量限值。电阻测量的工作电压非常低，在正常工作条件下最大为±12 V。

用户可更换前面板上的 10 A 电流保护保险丝。为维持保护水平，必须使用指定类型和额定值的保险丝进行替换。NDM3041 上可能出现的符号及意义如表 4.1 所示。

表 4.1　NDM3041 上可能出现的符号及意义

符号	意义说明	符号	意义说明
⎓	直流电(DC)	⚡	警告，电击危险
∼	交流电(AC)	⚠	注意，有危险
≂	直流电和交流电	CE	欧盟的注册商标
⏚	接地端		壳体接地端
CAT I(1000 V)	IEC 测量 I 类。HI 到 LO 端最大可测量电压为 1000 Vpk	CAT II(600 V)	IEC 测量 II 类。输入可连接到符合 II 类过电压条件的 AC 电源(最大 600 V)
♲	此产品符合 WEEE 指令(2002/96/EC)标记要求。不得将此电气/电子产品丢弃在家庭垃圾中		

4.1.2　测量类别

测量分为 4 类。

1）CAT I

此种测量指在没有直接连接到 AC 主电源的电路上执行的测量，例如，对不是从 AC 主电源导出的电路（特别是受保护（内部）的主电源导出的电路）进行的测量。

2）CAT II

此种测量适用于由固定装置提供电源的耗能设备。例如，电视机、电脑、便携工具及其他家用电器所产生的瞬变损害。

3）CAT III

此种测量能使设备承受固定安装设备（如配电盘、馈线和短分支电路及大型建筑中的防雷设施）产生的瞬态高压。

4）CAT IV

此种测量指在低压设备的电源上进行的测量，如在主要过电保护设备和脉冲控制单元上测量。

NDM3041 万用表有 CAT I 和 CAT II 两类测量。

4.2　面板与用户界面

4.2.1　面板

1. 前面板

NDM3041 的前面板如图 4.2 所示。

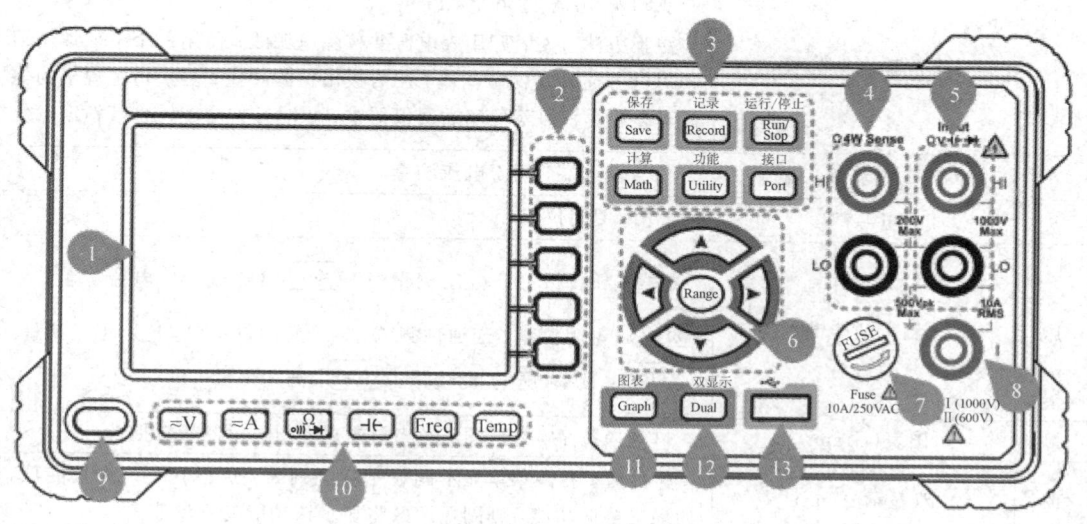

图 4.2　ND3041 的前面板

前面板说明如表 4.2 所示。

表 4.2　前面板说明

项目	名　称		说　　明
1	显示屏		显示用户界面
2	菜单选择键		激活对应的菜单
3	操作按键	保存（Save）	手动记录时收集数据。每按一次 Save 键，可按序号保存当前读数
		记录（Record）	进入手动记录功能菜单和自动记录功能菜单
		运行/停止（Run/Stop）	当触发源设为自动时，开始或停止自动触发；当触发源设为单次时，每次按此键时，仪器都会发出一个触发
		计算（Math）	对测量结果进行数学运算（统计、限值、dB/dBm、相对值）
		功能（Utility）	系统设置包括语言、背光、时钟、SCPI 设置、出厂值设置、系统信息、屏幕测试、按键测试等
		接口（Port）	包括串口设置、触发测量、输出设置、网络设置等
4	HI 和 LO 取样端子		信号输入端，用于四线电阻测量
5	HI 和 LO 输入端子		信号输入端，用于电压、电阻、连通性、频率（周期）、电容、二极管和温度的测试测量
6	量程/方向键		在显示屏右侧菜单中出现"量程"软键时，按 Range 键可切换自动量程和手动量程；按 ⊗ 方向键可设为手动量程，并增大/减小量程。 设置参数时，按 ⊗ 方向键可移动光标位置，按 ⊗ 方向键可增大或减小光标处的数值
7	电流输入保险丝		规格为 10 A、250 V AC 更换方法：关闭万用表电源并移除电源线；使用一个平口螺丝刀逆时针方向转动保险丝座，用力拔出保险丝座；更换指定规格的保险丝，然后将保险丝座插回仪器中，顺时针方向旋转将其锁定入位
8	AC/DC 电流输入端子		信号输入端，用于电流测量
9	电源键		打开/关闭仪器
10	测量功能键		≈V：DC 或 AC 电压测量；　≈A：DC 或 AC 电流测量； Ω·)))→｜：电阻测量、连通性测试、二极管测量；　┤├：电容测量； Freq：频率（周期）测量；　Temp：温度测量
11	图表（Graph）		可选择数字、条形图、趋势图或直方图显示测量数据
12	双显示（Dual）		按此键，右侧菜单显示副显示功能列表，选择其中一个功能项，如果支持该功能，则副显示区将显示该功能的测量值
13	USB 连接器		与外部 USB 设备连接，如插入 U 盘

2. 后面板

NDM3041 的后面板如图 4.3 所示。

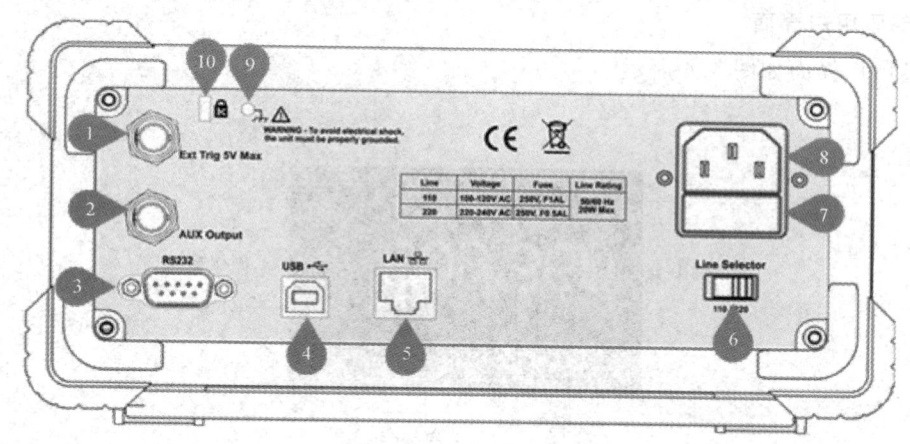

图 4.3 NDM3041 的后面板

后面板说明如表 4.3 所示。

表 4.3 后 面 板 说 明

项目	名 称	说 明
1	外部触发输入	使用外部触发脉冲来触发万用表。需要选择外部触发源（Port →触发测量 →触发源（外部））
2	辅助输出	默认为完成输出端子，每当万用表完成一次测量，此端子都会输出一个脉冲信号，以向其他设备发送测量完成信号。还可配置为：进行 Math 限值检查时，如读数超出范围可输出脉冲信号（Port →输出设置→输出设置（通过失败））
3	RS232 接口	可通过该串口连接计算机
4	USB（B 型）连接器	用于连接 USB 类型 B 控制器。可连接 PC，通过上位机软件对仪器进行控制
5	LAN 接口	可通过该接口将仪器连接至网络中，进行远程控制
6	电源电压选择器	根据所使用的交流电规格选择正确的电压挡位，可在 110 V 和 220 V 两个挡位切换
7	电源保险丝	根据电源挡位选择相应规格的保险丝：

电源	保险丝
100 V～120 V AC	250 V，F1AL
220 V～240 V AC	250 V，F0.5AL

项目	名 称	说 明
8	电源输入插座	交流电源输入接口
9	机箱接地螺钉	用于将机箱接地
10	安全锁孔	可使用安全锁（需用户自行购买），通过该锁孔将仪器锁定在固定位置，以确保仪器安全

4.2.2　用户界面

1. 单显用户界面

单显用户界面如图 4.4 所示。

图 4.4　单显用户界面

单显用户界面说明如表 4.4 所示。

表 4.4　单显用户界面说明

触发方式		状态图标	
显　示	说　明	图　标	说　明
Trigger	自动触发	⊞	已通过 LAN 接口连接到网络
Ext Trigger	外部触发	⇄	仪器作为从设备与计算机连接
		✎	自动记录功能正在运行
		▯	检测到 USB 存储器
		▮	手动记录时保存读数

2. 双显用户界面

双显用户界面如图 4.5 所示。

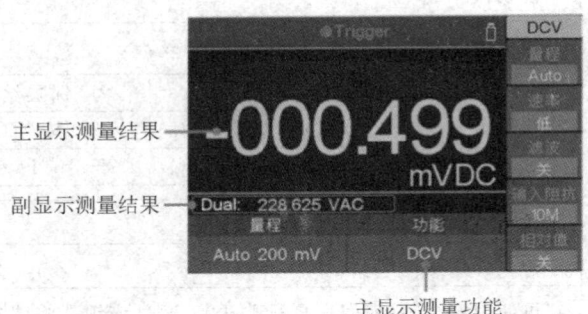

图 4.5　双显用户界面

4.2.3　输入电源设置

NDM3041 可接 100 V～120 V 或 220 V～240 V 两种交流电源，可根据所在国家的电源电压标准调节仪器后面板的电源电压选择器（见图 4.3），并更换相应的保险丝。

改变电源电压的步骤如下：

步骤 1：关闭仪器前面板的电源开关，拔掉电源线。

步骤 2：仪器出厂时内置的 250 V、F0.5AL 保险丝，若与电压不匹配，请更换为相应的保险丝。

步骤 3：调节电源电压选择器至所需电压值。

4.3　测　　量

4.3.1　测量连接

选择所需的测量功能后，请按图 4.6 所示的方法将被测信号（器件）接入万用表。测量过程中，请勿随意切换测量功能，否则可能损坏万用表。

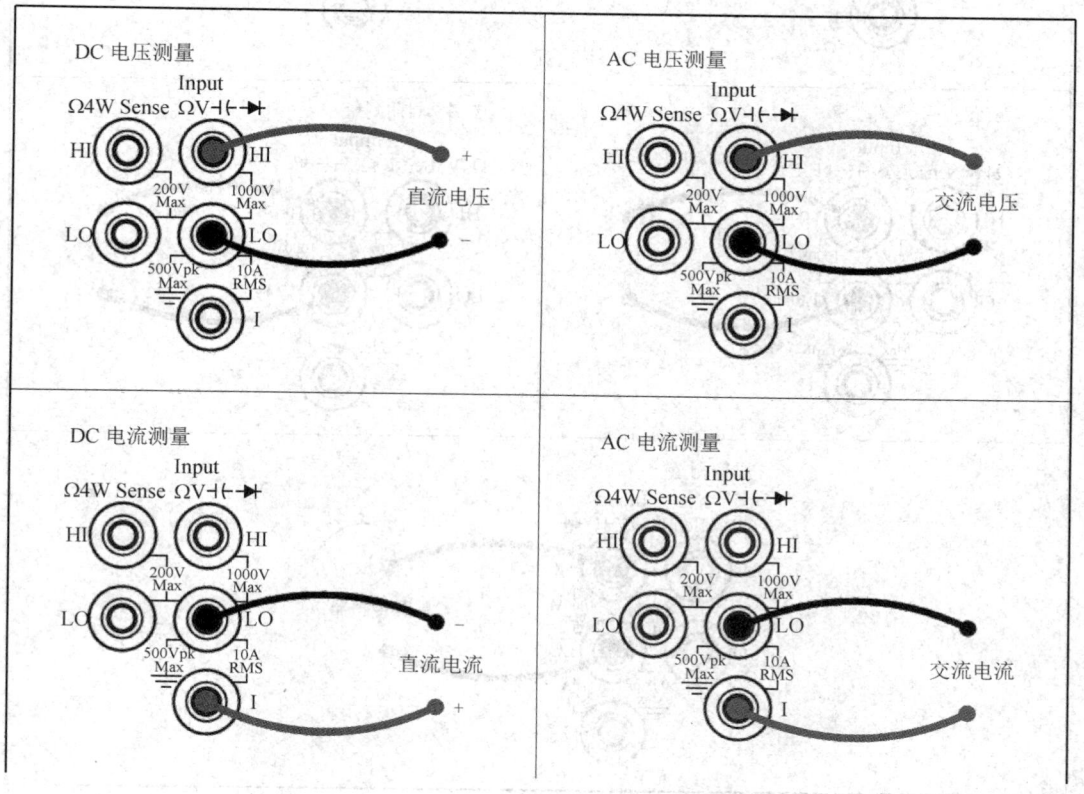

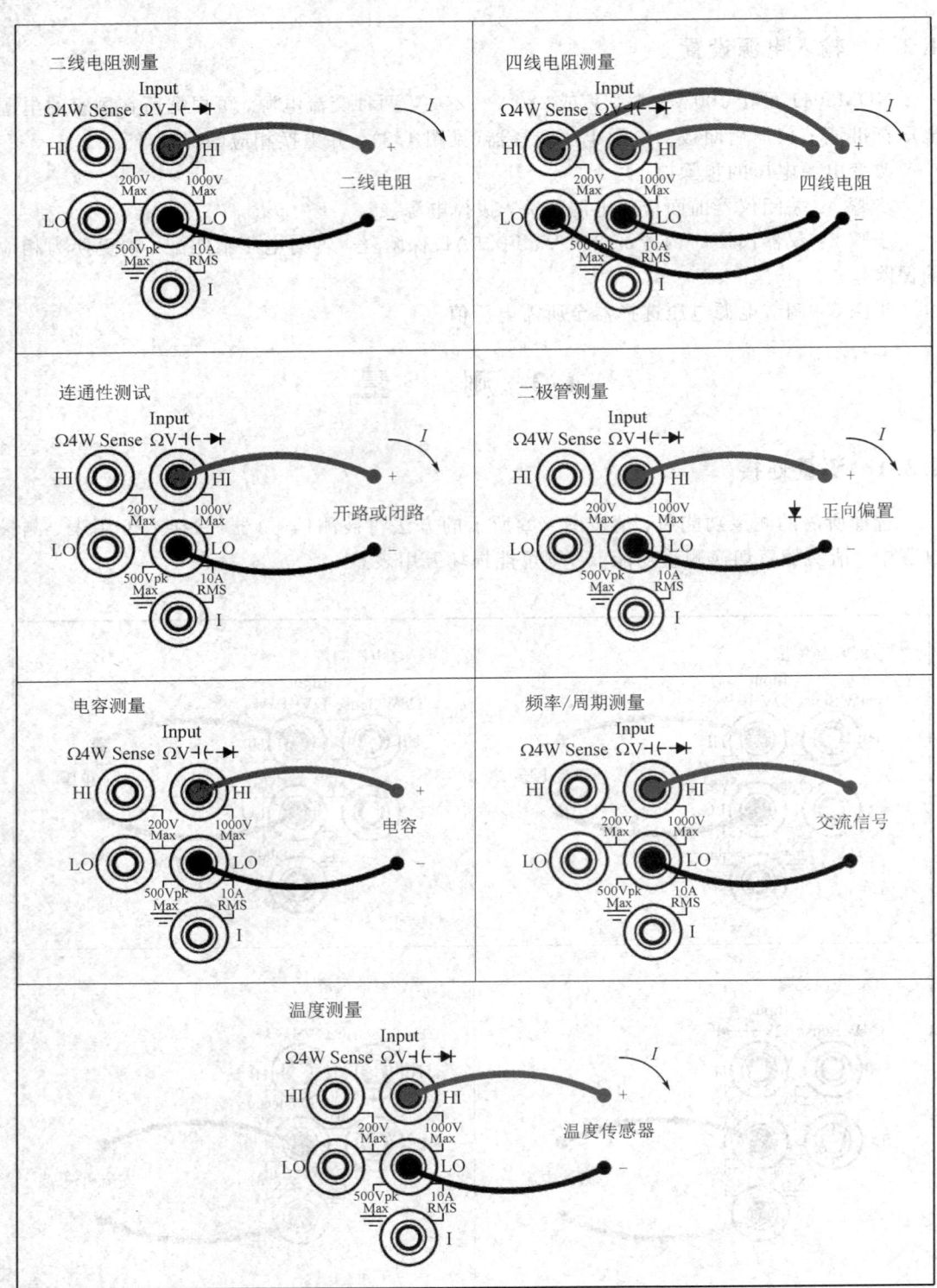

图 4.6　各种测量连接

4.3.2 设置量程

量程的设置有自动设置和手动设置两种方式。自动设置方式可根据输入信号自动选择量程，为用户提供方便；手动设置方式下，可使用前面板按键或菜单软键设置量程，以获得更高的读数精确度。

方法1：使用前面板按键设置量程。

具体操作方法见表4.2。

方法2：在测量功能菜单中选择量程。

自动设置量程：在显示屏右侧菜单中，按"量程"软键，再选择"Auto"软键，如图4.7所示。

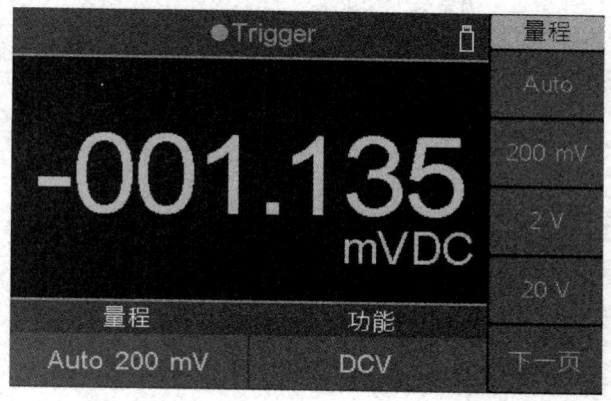

图4.7 自动设置量程

手动设置量程：在显示屏右侧菜单中，按"量程"软键，选择除"Auto"软键外的量程。

说明：

（1）当输入信号超出当前量程范围时，万用表将显示"overload"。

（2）万用表上电或设置为出厂设置后，量程默认为"自动"。

（3）建议用户在无法预知测量范围时，选择"自动"量程，以保护仪器并获得较为准确的读数。

（4）连通性测试的量程固定为2 kΩ；二极管测量的量程固定为2 V。

4.3.3 测量速率与分辨率

NDM系列万用表可设置三种测量速率："低"速率，5 readings/s；"中"速率，50 readings/s；"高"速率，150 readings/s。

DCV、ACV、DCI、ACI和二线/四线电阻测量功能下，可选择测量速率。

NDM3041的读数分辨率是4½。各测量功能下的测量速率与读数分辨率如表4.5所示。

表 4.5　各测量功能下的测量速率与读数分辨率

测量功能	测量速率	读数分辨率
DCV ACV DCI ACI 二线/四线电阻	"低"速率 "中"速率 "高"速率	4½ 位 4½ 位
连通性	固定为"高"速率	4½ 位
二极管	固定为"高"速率	4½ 位
电容	固定为"中"速率	4½ 位（屏幕只显示 4 位）
频率/周期	固定为"中"速率	4½ 位
温度	固定为"中"速率	4½ 位

4.3.4　基本测量功能

1. 测量 DC 电压/电流

测量 DC 电压/电流的步骤如下：

步骤 1：启用直流电压/电流测量功能。按前面板的 ⎡≂V⎤ / ⎡≂A⎤ 键，进入直流电压/电流测量模式，如图 4.8、图 4.9 所示。

步骤 2：连接测试引线。具体连接方式见图 4.6。

步骤 3：设置量程。按"量程"软键可设置所需量程，按"Auto"软键可根据输入为测量自动选择量程。

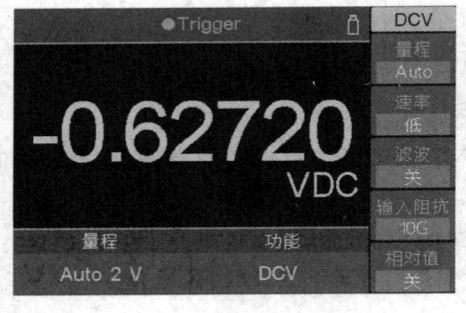

图 4.8　直流电压测量模式

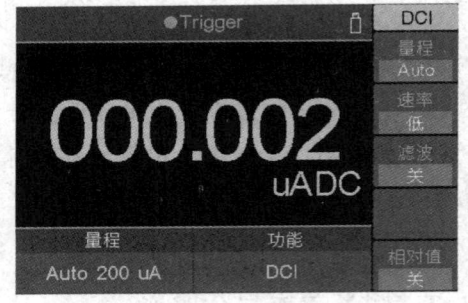

图 4.9　直流电流测量模式

说明 1（关于电压）：

(1) 任意量程下均有 1000 V 的输入保护。

(2) 对于 NDM3041，除 1000 V 量程外，所有量程均有 10% 的超量程。

(3) 在 1000 V 量程下，读数超过 1050 V 时，显示"overload"。

说明 2（关于电流）：

(1) 使用两种保险丝进行输入保护。后面板有 10 A 电流输入保险丝，仪器内置 12 A 电流输入保险丝。

(2) 对于 NDM3041，除 10 A 量程外，所有量程均有 10% 的超量程。

(3) 在 10 A 量程下，读数超过 10.5 A 时，显示"overload"。

步骤 4：设置测量速率。按"速率"软键可切换选择测量速率为"低""中"或"高"。

步骤 5：设置滤波（可选操作）。按"滤波"软键可打开或关闭交流滤波器。当被测直流信号含有交流分量时，通过交流滤波器可以将其中的交流分量滤掉，从而使测量数据更加精确。

步骤 6：设置输入阻抗（可选操作，仅限 200 mV 和 2 V 量程）。按"输入阻抗"软键可切换选择"10 M"或"10 G"，用以指定测试引线的输入阻抗。出厂默认值为"10 M"。

对于 200 mV 和 2 V 的量程，可选择"10 G"，以减小万用表给被测对象引入的负载误差。

说明：

(1) 选择"10 M"后，所有量程范围的输入阻抗值均为 10 MΩ。

(2) 选择"10 G"后，200 mV 和 2 V 量程的输入阻抗为 10 GΩ，20 V、200 V 和 1000 V 量程的输入阻抗仍为 10 MΩ。

步骤 7：设置相对值（高级操作）。按"相对值"软键可开启或关闭相对运算。开启时，万用表会将实际测量结果与"相对值"运算中的预设值相减后显示测量值。

2．测量 AC 电压/电流

测量 AC 电压/电流的步骤如下：

步骤 1：启用交流电压/电流测量功能。按前面板的 ⎣≈V⎦/⎣≈A⎦ 键，再按一次可进入交流电压/电流测量模式，如图 4.10、图 4.11 所示。

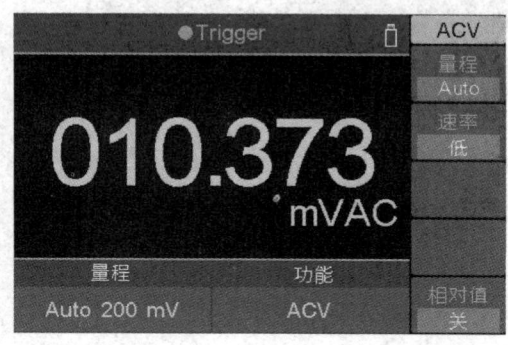　　　　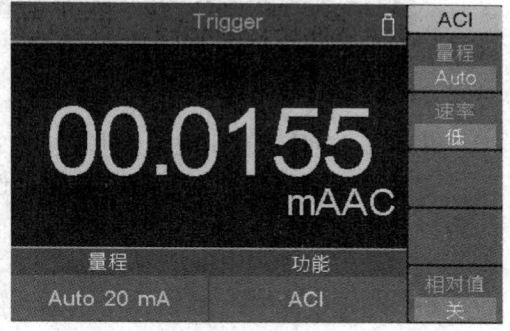

图 4.10　交流电压测量模式　　　　　　图 4.11　交流电流测量模式

步骤 2：连接测试引线。具体连线方式见图 4.6。

步骤 3：设置量程。按"量程"软键可设置所需量程，按"Auto"软键可根据输入为测量自动选择量程。

说明 1（关于电压）：

(1) 任意量程下均有 750 V 的输入保护。

(2) 对于 NDM3041，除 750 V 量程外，所有量程均有 10% 的超量程。

(3) 在 750 V 量程下，读数超过 787.5 V 时，显示"overload"。

说明 2（关于电流）：

（1）使用两种保险丝进行输入保护。后面板有 10 A 电流输入保险丝，仪器内置 12 A 电流输入保险丝。

（2）对于 NDM3041，除 10 A 量程外，所有量程均有 10% 的超量程。

（3）在 10 A 量程下，读数超过 10.5 A 时，显示"overload"。

3. 测量电阻

本万用表提供二线和四线两种电阻测量模式。当被测电阻阻值小于 100 kΩ，测试引线的电阻和探针与测试点的接触电阻与被测电阻相比已不能忽略不计时，此时使用四线电阻测量模式可减小测量误差。

测量二线和四线电阻的操作步骤如下：

步骤 1：启用二线/四线电阻测量功能。

按前面板的 $\boxed{\text{Ω}}$ 键，进入电阻测量模式，在右侧菜单中按"Ω 2W"/"Ω 4W"软键可切换二线/四线电阻测量方式，如图 4.12 所示。

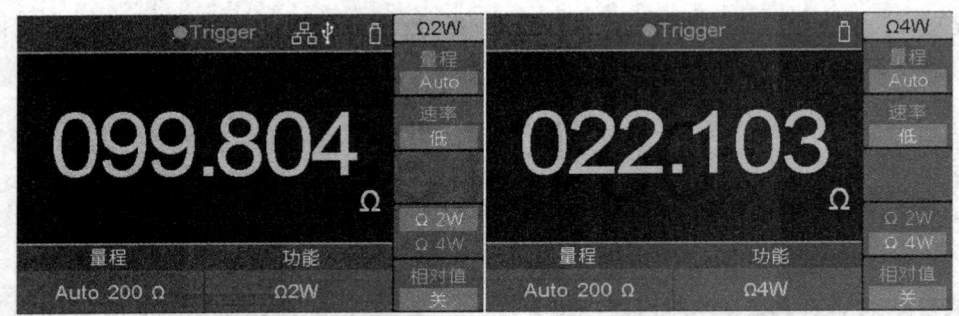

(a) 二线电阻测量　　　　　　　　　　　　(b) 四线电阻测量

图 4.12　电阻测量

步骤 2：连接测试引线。具体连接方式见图 4.6。

步骤 3：设置量程。按"量程"软键可设置所需量程，按"Auto"软键可根据输入为测量自动选择量程。

说明：

（1）任意量程下均有 1000 V 的输入保护。

（2）对于 NDM3041，除 100 MΩ 量程外，所有量程均有 10% 的超量程。

（3）在 100 MΩ 量程下，读数超过 105 MΩ 时，显示"overload"。

步骤 4：设置测量速率。按"速率"软键可切换选择测量速率为"低""中"或"高"。

步骤 5：设置相对值（高级操作）。按"相对值"软键可开启或关闭相对运算。开启时，万用表会将实际测量结果与"相对值"运算中的预设值相减后显示测量值。

提示：

（1）当测量较小阻值的电阻时，建议使用相对值运算，以消除测试引线产生的误差。

（2）测量电阻时，电阻两端不能放置在导电桌面上或与手接触，否则可能导致测量结果不准确。电阻阻值越大，这种影响就越大。

4. 测试连通性

连通性测试的操作步骤如下：

步骤 1：启用连通性测试功能。按前面板的 $\boxed{\Omega}$ 键，再按一次可进入连通性测试模式，如图 4.13 所示。

图 4.13　连通性测试模式

步骤 2：连接测试引线。具体连线见图 4.6。

步骤 3：设置蜂鸣器。按"蜂鸣器"软键打开或关闭蜂鸣功能。当蜂鸣功能打开时，如被测电路的电阻小于所设阈值，则蜂鸣器将发出连续响声。

步骤 4：设置短路电阻（阈值）。按"阈值"软键，设置短路电阻值。

按 $\lozenge\lozenge$ 方向键可移动光标位置，按 $\lozenge\lozenge$ 方向键可增大或减小光标处的数值。NDM3041 可设置范围为 1 Ω～1100 Ω。默认值为 50 Ω。

步骤 5：连通性测量方法。连通性测量的几种电路情况如表 4.6 所示。

表 4.6　连通性测量的几种电路情况

NDM3041 待测电路电阻值	显示及蜂鸣
≤短路电阻	显示测量的电阻，发出蜂鸣声（如果打开了蜂鸣器）
短路电阻值至 1.1 kΩ	显示测量的电阻，无蜂鸣
>1.1 kΩ	显示 Open（打开），无蜂鸣

5. 测试二极管

测试二极管的操作步骤如下：

步骤 1：启用二极管测试功能。按前面板的 $\boxed{\Omega}$ 键，再按两次可进入二极管测试模式，如图 4.14 所示。

步骤 2：连接测试引线。具体连线方式见图 4.6。

步骤 3：设置蜂鸣器。按"蜂鸣器"软键可打开或关闭蜂鸣功能。当蜂鸣功能打开时，如二极管导通，则蜂鸣器将发出连续响声。

步骤 4：测量二极管。二极管的正向压降如表 4.7 所示。

图 4.14　二极管测试模式

表 4.7　二极管的正向压降

NDM3041 二极管的正向压降	显示及蜂鸣
0 V～3 V	显示测量的电压，并且在电压小于 0.7 V 时，发出蜂鸣声（如果打开了蜂鸣器）
＞3 V	显示 Open（打开），无蜂鸣

6. 测量电容

测量电容的操作步骤如下：

步骤 1：启用电容测量功能。按前面板的 ⊣⊢ 键，进入电容测量模式，如图 4.15 所示。

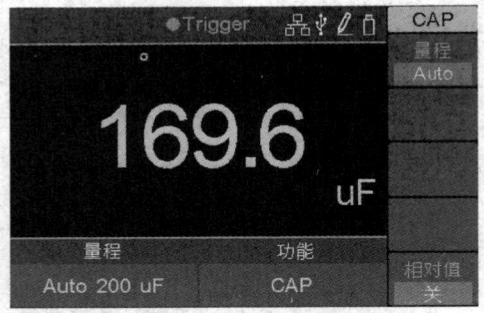

图 4.15　电容测量模式

步骤 2：连接测试引线。具体连线方式见图 4.6。

提示：测量电解电容前，请用测试引线将电解电容的两个脚短接片刻进行放电，然后再进行测量。

步骤 3：设置量程。按"量程"软键可设置所需量程，按"Auto"软键可根据输入为测量自动选择量程。

说明：

（1）任意量程下均有 1000 V 的输入保护。

（2）对于 NDM3041，除 10 000 μF 量程外，所有量程均有 10% 的超量程。

（3）在 10 000 μF 量程下，读数超过 10 500 μF 时，显示"overload"。

步骤 4：设置相对值（高级操作）。按"相对值"软键可开启或关闭相对运算。开启时，万用表会将实际测量结果与"相对值"运算中的预设值相减后显示测量值。

7. 测量频率和周期

在测量 AC 电压或 AC 电流时，可通过双显示功能得到被测信号的频率或周期，也可直接使用 Freq 测量功能键来测量信号的频率或周期。下面描述如何配置频率和周期测量。

具体操作步骤如下：

步骤 1：启用频率或周期测量功能。按前面板的 Freq 键，在右侧菜单中选择"频率"或"周期"软键，如图 4.16 所示。

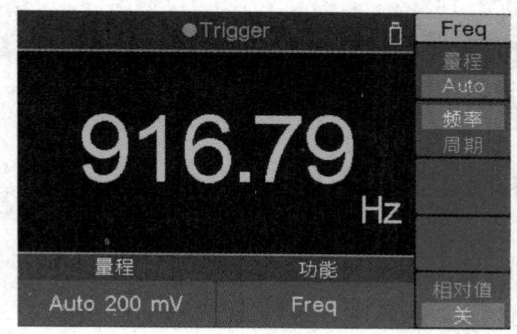

(a) 频率   (b) 周期

图 4.16 频率或周期测量

步骤 2：连接测试引线。具体连线见图 4.6。

步骤 3：设置量程。按"量程"软键可设置所需量程，按"Auto"软键可根据输入为测量自动选择量程。

说明：

（1）频率范围为 20 Hz～500 kHz。

（2）周期范围为 2 μs～0.05 s。

（3）任意量程下均有 750 Vrms 的输入保护。

步骤 4：设置相对值（高级操作）。按"相对值"软键可开启或关闭相对运算。开启时，万用表会将实际测量结果与"相对值"运算中的预设值相减后显示测量值。

8. 测量温度

测量温度需要一个温度传感器探头。NDM3041 万用表支持的探头有 B、E、J、K、N、R、S、T 型热电偶和 Pt100 铂热电阻、Pt385 铂金电阻等传感器。

具体操作步骤如下：

步骤 1：启用温度测量功能。按前面板的 Temp 键，进入温度测量模式，如图 4.17 所示。

步骤 2：连接测试引线。具体连线方式见图 4.6。

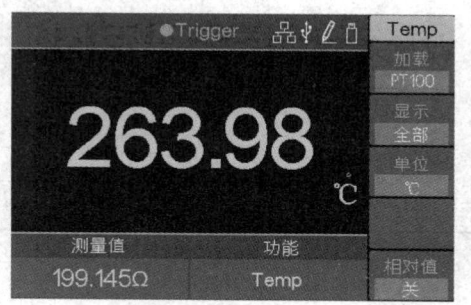

图 4.17 温度测量模式

步骤 3：设置传感器配置文件。按"加载"软键，再按 ⌖ 方向键选择热电偶或热电阻。按 ▷ 方向键进入下级列表，按 ⌖ 方向键选中需要的文件。按"定义"软键可查看当前文件的传感器配置；按"确定"软键可应用当前文件的传感器配置。

步骤 4：设置显示模式。按"显示"软键可切换选择"温度值"（只显示温度值）、"测量值"（只显示测量值）、"全部"（同时显示温度值和测量值）。

步骤 5：设置温度单位。按"单位"软键可切换选择"℃"（摄氏温度）、"℉"（华氏温度）、"K"（开式温度）。温度换算关系如下：

$$℉ = (9/5) \times ℃ + 32$$
$$K \approx ℃ + 273.15$$

步骤 6：设置相对值（高级操作）。按"相对值"软键可开启或关闭相对运算。开启时，万用表会将实际测量结果与"相对值"运算中的预设值相减后显示测量值。

9. 双显示功能

使用双显示功能，可在屏幕中同时显示两种测量功能的测量结果，如图 4.5 所示。

具体操作步骤如下：

步骤 1：按屏幕下方的测量功能键，开启用于主显示的测量功能。

步骤 2：按 Dual ，右侧菜单显示副显示功能列表，选择所需的副显示功能。

步骤 3：启用双显后，按 Dual 可切换主显示与副显示。要配置副显示功能，可将主显示切换为副显示后，在右侧菜单中设置，然后切换回副显示。

步骤 4：按任意测量功能键可关闭双显。

主显示与副显示的可用组合如表 4.8 所示（灰色框表示有效的测量选择）。

表 4.8　主显示与副显示的可用组合

		主显示功能								
		DCV	DCI	ACV	ACI	FREQ	PERIOD	2WR	4WR	CAP
副显示功能	DCV		■	■						
	DCI	■		■						
	ACV	■	■		■		■			
	ACI			■						
	FREQ			■	■					
	PERIOD			■	■					
	2WR									
	4WR									
	CAP									

备注：

(1) 两种功能交替进行测量，主、副显示各自更新测量数据。

（2）如果主显示使用了数学运算中的 dB/dBm，则无法开启双显。双显开启时，若打开数学运算中的 dB/dBm，则自动关闭双显。

（3）启用双显后，手动记录功能可保存主显示与副显示的测量结果，自动记录功能只保存主显示的测量结果。

10. 触发

NDM3041 万用表提供三种触发方式：自动、单次、外部。

1）自动触发

按 Port 面板键，再依次按"触发测量""触发源"软键，选择"自动"，进入自动触发方式，此时仪器持续进行测量，只要完成一个测量，就会自动发出新的触发。

在该方式下，按"延时"软键可选择"自动"或"手动"。

（1）自动延时。仪器会自动根据功能、量程和测量速率来确定该延时。

（2）手动延时。触发后，将在指定的触发延时时间后进行第一次采样。在第一次采样开始之后，在采样时间间隔后开始第二次采样，依此类推，如图 4.18 所示。

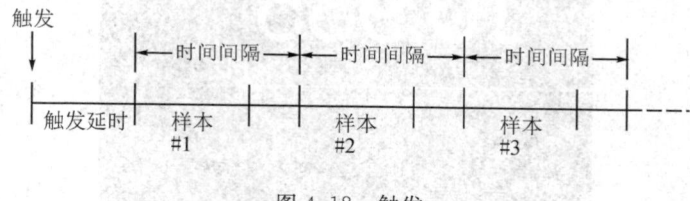

图 4.18　触发

（3）设置触发延时时间。按"延时"软键选择"手动"，再按 ⧗⧗ 方向键可移动光标位置，按 ⧎⧎ 方向键可增大或减小光标处的数值。可设置范围为 1 ms～999999 ms。

（4）设置采样数。万用表每次接收到触发信号时，将读取指定数目的读数。按"采样触发次数"软键，再按 ⧗⧗ 方向键可移动光标位置，按 ⧎⧎ 方向键可增大或减小光标处的数值。可设置范围为 1～999999。

2）单次触发

按 Port 面板键，再依次按"触发测量""触发源"软键，选择"单次"，进入单次触发方式，此时每次按前面板的 Run/Stop 键，万用表都会获取一个读数或指定数目的读数。

（1）单次触发使用自动延时，仪器会自动根据功能、量程和测量速率来确定该延时。

（2）单次触发时可设置采样数，万用表每次接收到触发信号时，将读取指定数目的读数。按"采样触发次数"软键，再按 ⧗⧗ 方向键可移动光标位置，按 ⧎⧎ 方向键可增大或减小光标处的数值。可设置范围为 1～999999。

3）外部触发

按 Port 面板键，再依次按"触发测量""触发源"软键，选择"外部"，进入外部触发方式，此时万用表接收从后面板［Ext Trig］连接器输入的触发脉冲，并在脉冲信号的指定边沿上触发和获取测量读数。

（1）外部触发使用自动延时，仪器会自动根据功能、量程和测量速率来确定该延时。

（2）使用外部触发时，可以为后面板［Ext Trig］连接器输入的脉冲指定边沿类型。万用表将在指定的边沿类型上触发。按"触发沿"软键，可选择上升沿或下降沿。

4.4　数　学　运　算

可对测量结果进行的数学运算包括统计运算、限值运算、dB/dBm 运算和相对值运算。

4.4.1　统计运算

统计运算用于统计测量期间读数的最小值、平均值、最大值、范围、标准差和样本数。按 [Math] 面板键，再按"统计"→"统计"软键，选择"显示"，即可进入统计运算模式，如图 4.19所示。

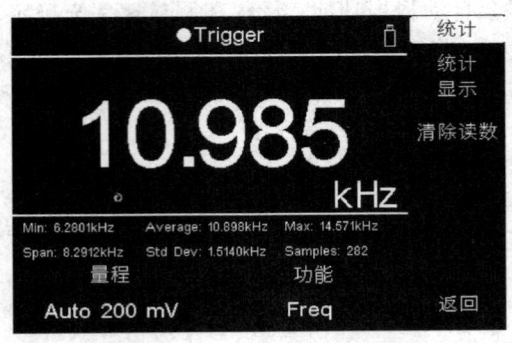

图 4.19　统计运算

备注：

(1) Span 值是 Max 减去 Min 的值。

(2) 按"清除读数"软键可清除读数存储器，重新开始统计。

4.4.2　限值运算

限值运算(检查)用于显示有多少次采样超过了指定限值，并且可对超过指定限值的信号进行提示，可配置仪器后面板[AUX Output]连接器在超过限制时输出脉冲。

按 [Math] 面板键，再按"限值"软键进入限值菜单。

(1) 按"限值"软键可打开或关闭限值。

(2) 使用"上限"或"下限"软键可将限制指定为高值或低值，再按一次可切换为"中心"或"范围"软键，可指定为在中间值两端的一个范围。例如，一个 -5 V 下限和 +10 V 上限的限值相当于中心 2.5 V，范围 15 V。设置参数时，按 ◁▷ 方向键可移动光标位置，按 ◇ 方向键可增大或减小光标处的数值。

(3) 按"清除状态"软键可清除当前状态，重新进行限值检查。

超限提示：界面显示如图 4.20 所示，此时测量值显示区的背景色为红色，表示所显示的测量值超出了限值，万用表会同时发出蜂鸣声(如果打开了蜂鸣器)。界面说明如表4.9所示。

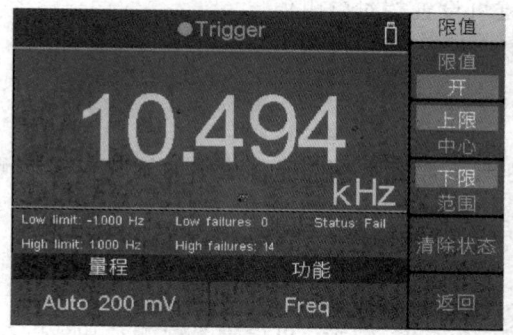

图 4.20　测量值显示区的背景色为红色

表 4.9　界 面 说 明

界面显示	说　　明
Low limit	设定的下限值
High limit	设定的上限值
Low failures	超出下限的次数
High failures	超出上限的次数
Status	限值运算的状态。Pass 表示当前读数未超限，Fail 表示超限

4.4.3　dB/dBm 运算

dB 和 dBm 运算仅适用于 ACV 和 DCV 测量，利用该运算可以进行相对于参考值的定标测量。

按 Math 面板键，再按"dB/dBm"软键即可进入 dB/dBm 菜单。

按"dB/dBm"软键可打开或关闭 dB/dBm 运算。

按"功能"软键可选择运算功能为 dB 或 dBm。

1. dBm 运算

dBm 运算用于表征功率值的绝对值，使用测量到的电压结果来计算出参考电阻的功率值，相对于 1 mW：

$$dBm = 10 \times \lg \frac{读数^2}{相对电阻值/1mW}$$

按"相对电阻值"软键可设置相对电阻值，设置范围为 50、75、93、110、124、125、135、150、250、300、500、600（默认值）、800、900、1000、1200 或 8000 Ω。

2. dB 运算

dB 运算用于表征相对值，它用于 dBm 值的相对运算。启用 dB 运算后，万用表会计算读数的 dBm 值，并将此 dBm 值与已设定的"dB 相对值"作差后显示 dB 运算结果：

$$dB = 10 \times \lg \frac{读数^2}{相对电阻值/1\,mW} - dB\,相对值$$

按"相对电阻值"软键可设置相对电阻值。

按"dB 相对值"软键可设置 dB 相对值，设置范围为－120 dBm～＋120 dBm（默认为 0）。

4.4.4　相对值运算

开启当前测量功能的相对值运算时，屏幕显示的读数为实际测量值与"相对值"之间的差。此相对值特定于当前测量功能，即使在退出此功能之后再返回使用此功能时，也是如此。

$$读数值＝实际测量值－相对值$$

按 Math 面板键，再按"相对值"软键，可设置当前测量功能的相对值。

在各测量功能菜单中，按"相对值"软键可开启或关闭相对值运算。

4.5　显　示

按 Graph 面板键进入菜单，再按"显示"软键可选择以数字、条形图、趋势图或直方图等形式显示测量数据。

在各显示方式中，按 Dual 面板键可选择副显示测量。例如，在测量 DC 电压时，可选择ACV 作为副显示。

4.5.1　数字显示

按 Graph 面板键进入菜单，按"显示"软键选择"数字"，可使万用表显示数字形式的读数。万用表上电时，默认启用数字显示模式，如图 4.21 所示。

4.5.2　条形图显示

按 Graph 面板键进入菜单，再按"显示"软键，选择"条形图"。条形图是在标准数字显示下边添加了一个移动条，如图 4.22 所示。

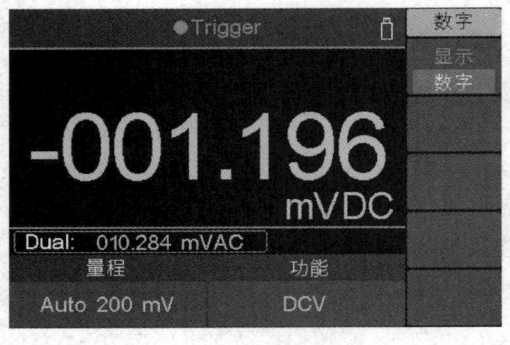

图 4.21　数字显示模式

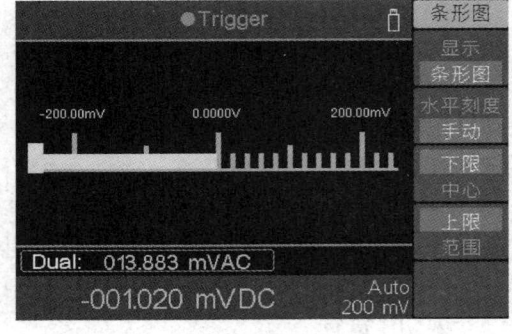

图 4.22　条形图显示模式

按"水平刻度"软键可选择"默认"或"手动"。

默认：万用表将水平刻度设置为当前的测量范围。例如，DCV 测量下，如当前量程为200 mV，则水平刻度自动设为－200 mV～200 mV。

手动：允许通过设置上限和下限或者中心和范围来配置水平刻度。例如，可以将一个−50 mV 下限和 100 mV 上限的刻度指定为中心 25 mV、范围 150 mV。

4.5.3　趋势图显示

（1）按 Graph 面板键进入菜单，再按"显示"软键，选择"趋势图"。趋势图会显示一段时间内的数据趋势，用户可观察测量数据的变化情况，如图 4.23 所示。

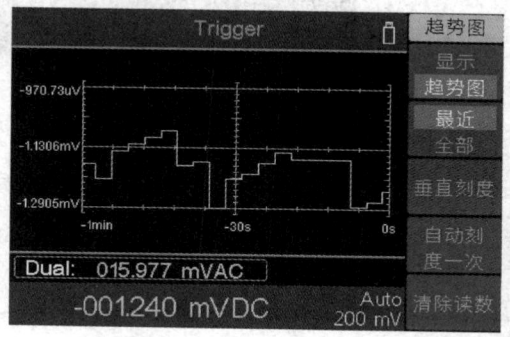

图 4.23　趋势图显示模式

（2）按"最近""全部"软键可选择显示趋势图中的所有数据（全部），也可以只显示最近的数据（最近）。

全部：趋势图将显示获取的所有读数，并从左到右排列。在填满显示屏后，将在显示屏右侧添加新数据，显示屏左侧的数据将进行压缩。

最近：趋势图将显示最近 1 分钟内获取的读数。

（3）按"垂直刻度"软键可指定如何确定当前的垂直缩放。

默认：将垂直刻度设置为当前的测量范围。例如，DCV 测量下，如当前量程为 200 mV，则垂直刻度为−200 mV～200 mV。

手动：允许通过设置上限和下限或者中心和范围的方式来配置垂直刻度。例如，可以将一个−50 mV 下限和 100 mV 上限的刻度指定为中心 25 mV、范围 150 mV。

自动：可自动调节缩放比例，以尽可能适应当前显示在屏幕上的直线。

（4）按"自动刻度一次"软键可自动设置一次垂直刻度。

（5）按"清除读数"软键可清除读数存储器，重新开始画图。

4.5.4　直方图显示

（1）按 Graph 面板键进入菜单，再按"显示"软键，选择"直方图"。在直方图显示模式中，数据按垂直条形所表示的柱形进行分组，可显示测量数据的分布情况，如图 4.24 所示。

（2）按"柱形处理"软键可选择自动柱形处理或手动柱形处理。

自动柱形处理：根据收到的读数，自动调整直方图的柱形范围，在新值超出当前范围时，对数据重新进行柱形处理。所显示的柱形数与收到的读数个数的关系如表 4.10 所示。

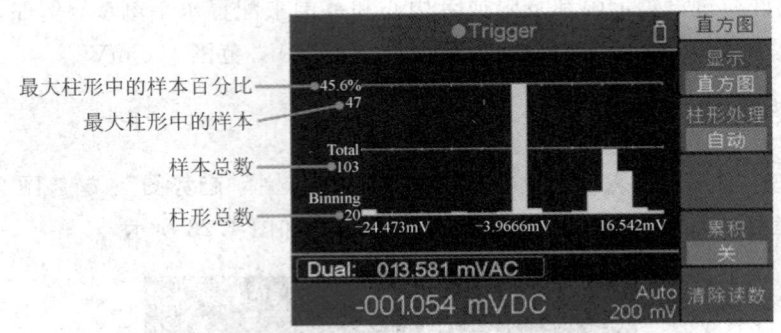

图 4.24　直方图显示模式

表 4.10　柱形数与收到的读数个数的关系

读数个数	<100	100~500	500~1000	1000~5000	>5000
柱形数	10	20	40	100	300

手动柱形处理：按"柱形设置"软键，进入柱形设置菜单。按"柱形数"软键，可将柱形数设置为 10、20、40、100 或 300。可将柱形范围指定为下限值和上限值，也可以指定为中心值和范围值。例如，一个−5 V下限和 10 V 上限的柱形范围相当于中心 2.5 V、范围 15 V。按"外部柱形"软键，可显示或关闭外部柱形。外部柱形是用来表示在柱形范围之上或之下的读数的两个附加柱形。

（3）按"累积"软键可隐藏或显示一条代表直方图数据累积分布的线。

（4）按"清除读数"软键可清除读数存储器，重新开始画图。

4.6　记　录　仪

记录仪功能包括手动记录功能与自动记录功能，可以使用任何一种或者同时使用两种功能来记录数据。

手动记录：每按一次 Save 面板键，可将当前读数按序号保存到内部存储器中。最大记录点数为 1000 点。收集完数据后，可以表格显示模式查看数据，也可将之导出保存到外部存储器。

自动记录：设置存储源、记录点数、间隔时间后，按"开始记录"软键可记录数据到内部或外部存储器中。可以表格或图形显示模式查看内部存储器中的记录。

4.6.1　手动记录

1. 收集数据

每按一次 Save 面板键，可将当前读数按序号保存到内部存储器中，仪器会发出一声蜂鸣声,同时屏幕上方显示🖫图标。

注:手动记录功能支持切换测量功能。开启双显时,可记录双显数据。

2. 查看手动记录

按 Record 面板键,再按"手动记录"软键,屏幕将显示数据表格。按 ⟨⟩ 方向键可翻页查看(显示数据表格时,仍然可按 Save 面板键继续添加记录),如图 4.25 所示。

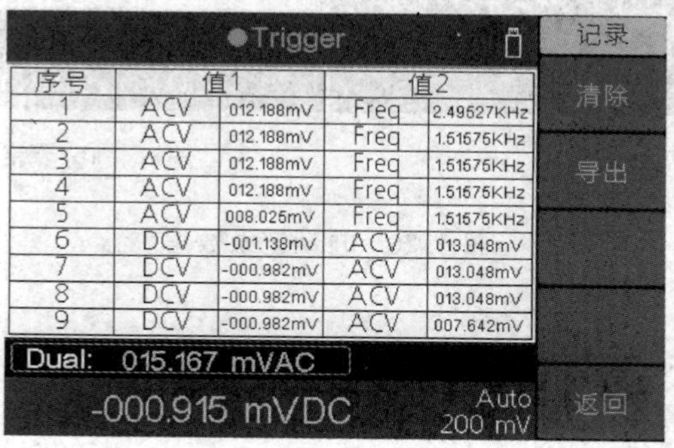

图 4.25　查看记录

3. 导出到外部 USB 存储器

若仪器当前已插入 USB 存储器,按"导出"软键可将内部存储器中的手动记录数据以 csv 格式文件保存至外部 USB 存储器。存储路径为 USB 存储器 Record 文件夹下的 Manual 子文件夹,文件名为 Data_YYYYMMDD_HHMMSS,其中 YYYYMMDD 是记录的开始日期,HHMMSS 是开始时间,如 Data_20160804_095622. csv。

4. 清除手动记录

按"清除"软键可清除当前记录。

4.6.2　自动记录

1. 配置参数

(1)按 Record 面板键,再按"自动记录"软键。

(2)按"存储源"软键,选择内部或外部存储器。

(3)按"点数"软键,设置要记录的读数总数。内部存储器的范围为 1 MB~1 MB;外部存储器的范围为 1 MB~100 MB。

(4)按"间隔时间"软键,设置读数之间的时间间隔,范围为 5 ms~1000 s。

2. 自动记录数据

按"开始记录"软键可自动记录读数,显示屏右上方会显示🖉图标。按"停止记录"软键可停止记录,数据以 csv 格式文件保存到存储源中。如存储到外部 USB 存储器,存储路径为 Record 文件夹下的 Auto 子文件夹,如图 4.26 所示。

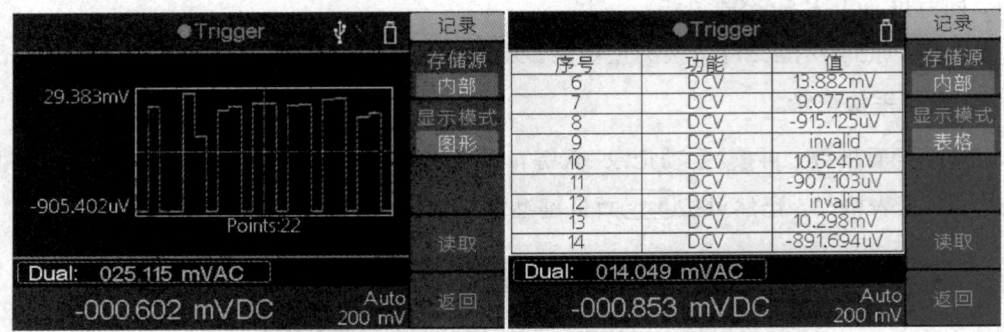

（a）图形显示模式   (b) 表格显示模式

图 4.26   自动记录数据

注：

（1）自动记录进行时，如按其他测量功能键，会提示"自动数据记录进行中，切换测量功能将结束记录，确认请重新按一次按键"。您可继续记录而不切换测量功能（无需操作，提示框会自动消失），或者停止记录而切换测量功能（在提示框显示时，再按一次测量功能键）。停止记录时，之前的记录数据会自动保存。

（2）自动量程下，继电器切换时会引起信号抖动，此时的数据是无效的。稳定时间为几百毫秒。在自动记录时，这段时间采集的数据会被标识为"Invalid"。

（3）开启双显时，只保存主显示读数。

3. 读取并查看自动记录

（1）按 Record 面板键，按"查看记录"面板键。

（2）"存储源"只可为内部。

（3）按"显示模式"软键选择以表格或图形显示记录数据。

（4）按"读取"软键可读取并查看内部存储器的自动记录文件（如选择表格模式，按 ⌇ 方向键可翻页查看）。

4.7 接 口 设 置

1. 串口设置

（1）按 Port 面板键，再按"串口设置"软键，进入串口设置菜单。

（2）按"波特率"软键，可设置波特率为 1200、2400、4800、9600、19200、38400、57600 或 115200。默认为 9600。需确保仪器的波特率设置匹配所用的计算机的波特率设置。

（3）按"数据位"软键，可设置数据位为 5、6、7、8 位。

（4）按"奇偶校验"软键，可设置校验位为 None（无校验）、Odd（偶校验）或 Even（奇校验）。默认为 None。

（5）按"停止位"软键，可设置停止位为 1、2。

2. 触发测量

请见 4.3.4 节的"触发"相关内容。

3. 输出设置

按 Port 面板键，再按"输出设置"软键进入输出设置菜单。

按"输出设置"软键，可配置仪器后面板 AUX Output（辅助输出）接口的输出。

1）完成输出

默认为完成输出端子，每当万用表完成一次测量，此端子都会输出一个脉冲信号，以让您向其他设备发送测量完成信号。

按"输出"软键可设置完成输出的边沿斜率。

2）通过或失败

可配置为使用 Math 限值功能时，通过或失败时可输出脉冲信号。

4. 网络

按 Port 面板键，再按"网络"软键可切换选择"关""LAN"等。

5. LAN

选择 LAN 时，按下方的"网络设置"软键，可分别设置 IP 地址、子网掩码、网关、端口。

按 ◁▷ 方向键可移动光标位置，按 ◇ 方向键可增大或减小光标处的数值。重启仪器以使网络设置更改生效。

4.8　辅助系统功能

在辅助系统功能设置中，可对万用表相关功能的参数进行设置。

1. 语言

按 Utility，再按"语言"软键，可切换显示语言。

2. 背光

按 Utility，再按"背光"软键，可调整背光亮度。

3. 时钟

按 Utility，再按"时钟"软键，可进入时钟菜单。菜单中显示当前日期及时间，时间总是使用 24 小时格式（00:00:00 至 23:59:59）。

按"设置时间"软键可编辑日期及时间。按 ◁▷ 方向键可移动光标位置，按 ◇ 方向键可增大或减小光标处的数值。按"完成"软键完成并退出编辑。

4. SCPI

按 Utility，再按"SCPI"软键可选择所需的 SCPI 设置。

5. 设为出厂值

按 Utility→"下一页"→"设为出厂值"，可将仪器恢复为出厂默认状态，仪器的测量功能自动设置为 DCV。出厂默认设置如表 4.11 所示。

表 4.11　出厂默认设置

参　数			出　厂　设　置	
基本功能	DCV	量程	Auto	
		速率	低	
		滤波	NDM3041	开
		输入阻抗	10 MΩ	
		相对值	关	
	ACV	量程	Auto	
		速率	低	
		相对值	关	
	DCI	量程	Auto	
		速率	低	
		滤波	NDM3041	开
		相对值	关	
	ACI	量程	Auto	
		速率	低	
		相对值	关	
	Ω2W/Ω4W	量程	Auto	
		速率	低	
		二线/四线	二线	
		相对值	关	
	Cont	蜂鸣器	开	
		阈值	50 Ω	
	Diode	蜂鸣器	开	
	CAP	量程	Auto	
		相对值	关	
	Freq	量程	Auto	
		频率/周期	频率	
		相对值	关	
	Temp	加载	KITS90	
		显示	全部	
		单位	K	
		相对值	关	

续表一

参　　数			出　厂　设　置
Math	统计	显示/隐藏	隐藏
	限值	限值	关
		上限	2 V/2A/2 kΩ/2 μF/2 Hz/2 s/2 ℃
		下限	0 V/0 A/0 kΩ/0 μF/0 Hz/0 s/0 k℃
		中心	1 V/1 A/1 kΩ/1 μF/1 Hz/1 s/1 k℃
		范围	2 V/2 A/2 kΩ/2 μF/2 Hz/2 s/2 k℃
		限值越界	通过
	dB/dBm	开/关	关
		功能	dBm
		相对电阻值	50 Ω
		dB 相对值	0 dBm
	相对值		0 V
	蜂鸣器		开
Utility	背光		50%
	SCPI		8845
Port	串口设置	波特率	115200
		数据位	8
		奇偶校验	None
		停止位	1
	触发设置	触发源	自动
		延时	自动
		延时时间	0 s
		触发次数	1 次
	输出设置	输出设置	完成输出
		输出	正极
	网络设置	IP	192.168.001.099
		子网掩码	255.255.255.000
		网关	192.168.001.001
		物理地址	000fea36ea46
		端口	3000
		网络	关

续表二

参　　数		出　厂　设　置
	显示	数字
Graph 条形图	水平刻度	默认
趋势图	最近/全部	最近
直方图	柱形处理	自动
	累计	关
Record 自动记录	存储源	内部
	点数	1000
	间隔时间	1 s
	开始/关闭	关闭
查看记录	显示模式	图形

6. 系统信息

按 Utility→"下一页"→"系统信息"，可查看仪器型号、固件版本、序列号。

7. 固件升级

可通过前面板的 USB 连接器用 USB 存储设备来更新仪器固件。

1) USB 存储设备要求

此仪器支持 FAT32 或 FAT16 文件系统的 USB 存储设备。如无法正常使用 USB 存储设备，请将 USB 存储设备格式化为 FAT32 或 FAT16 文件系统后再试，或者更换 USB 存储设备后再试。

注意：更新仪器固件是一个敏感的操作，为防止损坏仪器，请不要在更新过程中关闭仪器的电源或拔出 USB 存储设备。

2) 更新步骤

步骤 1：按 Utility→"下一页"→"系统信息"，查看仪器型号及固件版本号。

步骤 2：在 PC 上访问 www.owon.com.cn，检查是否提供了对应机型的更新固件版本。将固件文件下载到 PC 上。固件文件的文件名固定为 DMMFW.upp。拷贝此固件文件到 USB 存储设备的根目录下。

步骤 3：将 USB 存储设备插入仪器前面板的 USB 连接器。如屏幕右上角出现 图标，则表示 U 盘识别成功。

步骤 4：按 Utility→"下一页"→"系统信息"，再按"固件升级"软键。

步骤 5：仪器将显示消息，告诉您在更新过程完成之前不要拔掉 USB 设备或关闭仪器电源。进度条表示正在执行更新过程。

说明：固件更新通常大约需要一分钟。请勿在更新过程中拔出 USB 存储设备，如果在更新过程中无意拔出了 USB 存储设备，请勿关闭仪器电源，从步骤 3 开始重复安装过程。

步骤 6：等待直至仪器显示"升级成功"，然后仪器会自动重启。

步骤 7：将 USB 存储设备从前面板 USB 连接器中拔出。

步骤 8：按 Utility → "下一页" → "系统信息"，查看固件版本号，以确认固件已经更新。

8. 屏幕测试

本万用表提供屏幕自测试功能，可对万用表的 LCD 屏幕进行测试。

按 Utility → "下一页" → "屏幕测试"，进入屏幕测试界面。按"改变"软键可切换屏幕颜色（红、绿、蓝）。观察屏幕是否有严重色偏、污点或屏幕刮伤等问题。按最下方的软键可退出测试。

9. 按键测试

本万用表提供按键自测试功能，可对前面板所有按键进行测试。

按 Utility → "下一页" → "按键测试"，进入按键测试界面。测试界面上的每个图形代表一个前面板按键。按前面板的任一按键，测试界面的对应图形会变为绿色。按"返回"可退出测试。

4.9 测 量 误 差

本节主要介绍如何消除常见的潜在测量误差，以达到较高的测量精确度。

4.9.1 负载误差（DC 电压）

如果被测设备（Device-Under-Test，DUT）的电阻在万用表本身的输入电阻中所占的比例较大，则会产生测量负载误差，如图 4.27 所示。

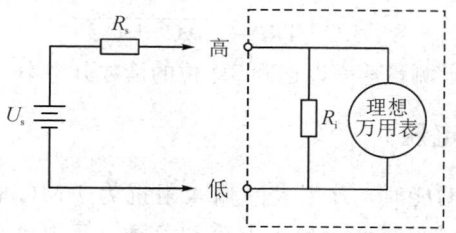

图 4.27 测量负载误差

图 4.27 中，U_s 为理想的 DUT 电压，R_s 为 DUT 源电阻，R_i 为万用表输入电阻（10 MΩ 或 >10 GΩ），则

$$误差（\%）=\frac{100 \times R_s}{R_s + R_i}$$

要降低负载误差的影响并且降低噪声干扰，对于 200 mV 和 2 V 量程，可将万用表的输入电阻设置为 10 GΩ；对于 20 V、200 V 和 1000 V 量程，输入电阻应维持在 10 MΩ。

4.9.2 真有效值 AC 测量

本万用表的交流测量具有真有效值响应。电阻耗散的功率与施加电压的平方成正比，与信号波形无关。如果波形在万用表有效带宽以外包含的能量可忽略不计，本万用表就可准确地测量真有效值电压或电流。

本万用表的有效 AC 电压带宽为 100 kHz，有效 AC 电流带宽为 10 kHz。表 4.12 给出了针对不同波形的波峰因数、AC 有效值和 AC+DC 有效值。

表 4.12　针对不同波形的波峰因数、AC 有效值和 AC+DC 有效值

波形	波峰因数(C.F.)	AC 有效值	AC+DC 有效值
	$\sqrt{2}$	$\dfrac{U}{\sqrt{2}}$	$\dfrac{U}{\sqrt{2}}$
	$\sqrt{3}$	$\dfrac{U}{\sqrt{3}}$	$\dfrac{U}{\sqrt{3}}$
 (50%占空比)	1	U	U

万用表的 AC 电压和 AC 电流功能可测量 AC 耦合真有效值，仅测量输入波形的 AC 分量的有效值(DC 分量被阻止)。如表 4.13 所示，对于正弦波、三角波和方波，由于这些波形均不会产生 DC 偏移，因此 AC 有效值与 AC+DC 有效值相等。然而，对于非对称波形(如脉冲序列)，本万用表的 AC 耦合真有效值测量会将含有的 DC 电压分量阻止。

AC 耦合真有效值测量非常适合测量含有大 DC 偏移的小 AC 信号，例如，测量 DC 电源输出中出现的 AC 波。不过，在某些情况下需要测量 AC+DC 真有效值，可以通过组合 DC 测量结果和 AC 测量结果来计算，即

$$AC+DC=\sqrt{AC^2+DC^2}$$

进行 DC 测量时，需选择"低"测量速率以达到 5½ 位的读数分辨率，获得最佳 AC 噪声抑制。

4.9.3　负载误差(AC 电压)

在使用 AC 电压测量功能时，万用表的输入阻抗为 1 MΩ 电阻与 100 pF 电容的并联。将信号连接到万用表的测试引线本身也有电容和负载。万用表在不同频率下输入电阻的大概值如表 4.13 所示。

表 4.13　在不同频率下输入电阻的大概值

输入频率	输入电阻
100 Hz	1 MΩ
1 kHz	850 kΩ
10 kHz	160 kΩ
100 kHz	16 kΩ

对于低频，负载误差为

$$误差(\%)=\frac{-100\times R_s}{R_s+1\ \mathrm{M}\Omega}$$

对于高频，额外负载误差为

$$误差(\%)=100\times\left[\frac{1}{\sqrt{1+(2\pi\times f\times R_s\times C_{in})^2}}-1\right]$$

式中：R_s 为信号源电阻；f 为输入频率；C_{in} 为输入电容(100 pF)加测试引线电容。

4.10　技 术 规 格

4.10.1　NDM3041 的基本技术指标

NDM3041 的基本技术指标如表 4.14 所示。

表 4.14　NDM3041 的基本技术指标

精度指标：±(％读数＋％量程)[1]

功能	量程[2]	频率范围或测试电流	精度(一年，23℃±5℃)
直流电压	600 mV	—	0.02±0.01
	6 V		
	60 V		
	600 V		
	1000 V[3]		
真有效值交流 电压[4]	600 mV, 6 V, 60 V, 600 V, 750 V	20 Hz～45 Hz	2+0.10
		45 Hz～20 kHz	0.2+0.06
		20 kHz～50 kHz	1.0+0.06
		50 kHz～100 kHz	3.0+0.08
直流电流	600.00 μA	—	0.06+0.02
	6.0000 mA		0.06+0.02
	60.000 mA		0.1+0.05
	600.00 mA		0.2+0.02
	6.0000 A		0.2+0.05
	10.000 A[5]		0.250+0.05
真有效值交流 电流[6]	60.000 mA, 600.00 mA, 6.0000 A, 10.000 A[5]	20 Hz～45 Hz	2+0.10
		45 Hz～2 kHz	0.50+0.10
		2 kHz～10 kHz	2.50+0.20

续表

功能	量程[2]	频率范围或测试电流	精度（一年，23℃±5℃）
电阻[7]	600.00 Ω	1 mA	0.040＋0.01
	6.0000 kΩ	1 mA	0.030＋0.01
	60.000 kΩ	100 μA	0.030＋0.01
	600.00 kΩ	10 μA	0.040＋0.01
	6.0000 MΩ	1 μA	0.120＋0.03
	60.000 MΩ	200 nA ‖ 10 MΩ	0.90＋0.03
	100.00 MΩ	200 nA ‖ 10 MΩ	1.75＋0.03
二极管	3.0000 V[8]	1 mA	0.05＋0.01
连续性	1000 Ω	1 mA	0.05＋0.01
频率/周期	600 mV～750 V[9]	20 Hz～2 kHz	0.01＋0.003
		2 kHz～20 kHz	0.01＋0.003
		20 kHz～200 kHz	0.01＋0.003
		200 kHz～1 MHz	0.01＋0.006
	60 mA～10 A	20 Hz～2 kHz	0.01＋0.003
		2 kHz～10 kHz	0.01＋0.003
电容[10]	2.000 nF	200 nA	3＋1.0
	20.00 nF	200 nA	1＋0.5
	200.0 nF	2 μA	1＋0.5
	2.000 μF	10 μA	1＋0.5
	200 μF	100 μA	1＋0.5
	10000 μF	1 mA	2＋0.5
温度	B、E、J、K、N、R、S、T型热电偶的 ITS-90 变换和 Pt100、Pt385 铂电阻温度传感器		

表中有关说明如下：

[1] 预热 30 分钟且"低"速测量，校准温度为 18℃～28℃时的指标。

[2] 除 DCV 1000 V、ACV 750 V、DCI 10A、ACI 10A、电阻 100 MΩ、电容 10 000 μF 量程外，所有量程为 10％超量程。

[3] 超过±500 V DC 时，每超出 1 V 增加 0.02 mV 误差。

[4] 幅值＞5％量程的正弦信号下的技术指标。当输入在 1％～5％量程内，且频率小于 50 kHz 时，增加 0.1％量程的附加误差；当频率为 50 kHz～100 kHz 时，增加 0.13％量程

的附加误差。

　　[5] 对于大于 DC 7A 或 AC RMS 7A 的连续电流，接通 30 s 后需要断开 30 s。

　　[6] 幅值>5%量程的正弦信号下的技术指标。当输入在 1%～5%量程内时，增加 0.1%量程的附加误差。

　　[7] 四线电阻测量或使用"相对"运算的二线电阻测量的指标。二线电阻测量在无"相对"运算时增加±0.20 Ω 的附加误差。

　　[8] 精度指标仅为输入端子处进行的电压测量。测试电流的典型值为 1 mA。电流源的变动将产生二极管结点的电压降的某些变动。

　　[9] 除标明外，频率≤100 kHz 时，指标适用于 15%～110%量程交流输入电压；频率大于 100 kHz 时，指标适用于 30%～110%量程，750 V 量程限制在 750 Vrms。对于 600 mV 量程，将读数误差%乘以 10。

　　[10] 使用"相对"运算。非薄膜电容器可能产生附加误差。指标适用于如下情况：2 nF 量程时，被测电容介于 1%～110%量程；其他量程下，被测电容介于 10%～110%量程。

4.10.2　NDM3041 的温度特性指标

　　NDM3041 的温度特性如表 4.15 所示。

表 4.15　NDM3041 的温度特性

精度指标：±(%读数＋%量程)[1]

功能	探头种类	探头型号	温度范围/℃	精度(一年，23℃±5℃)	温度系数 0℃～18℃ 28℃～50℃
温度	RTD[2]	$\alpha=0.003\,85$	−200～660	0.16 ℃	0.08＋0.002
	热电偶[3]	B	0～1820	0.76 ℃	0.14 ℃
		E	−270～1000	0.5 ℃	0.02 ℃
		J	−210～1200	0.5 ℃	0.02 ℃
		K	−270～1372	0.5 ℃	0.03 ℃
		N	−270～1300	0.5 ℃	0.04 ℃
		R	−270～1768	0.5 ℃	0.09 ℃
		S	−270～1768	0.6 ℃	0.11 ℃
		T	−270～400	0.5 ℃	0.03 ℃

　　表中有关说明如下：

　　[1] 预热 0.5 小时，不含探头误差。

　　[2] 指标适用于二线电阻相对测量。

　　[3] 表笔香蕉头附近内置冷端温度补偿，测量精度为±2℃。

4.10.3　记录仪功能

　　记录仪功能如表 4.16 所示。

表 4.16 记录仪功能

手动记录功能	
每按一次 Save 面板键，可按序号保存当前读数，最大记录点数为 1000 点	
自动记录功能	
最大记录点数	内部存储器为 1 M 个点；外部存储器为 100 M 个点
最大存储容量	内部存储器为 8 MB；外部存储器为 800 MB
记录间隔时间	5 ms～1000 s

4.10.4 触发

触发技术指标如表 4.17 所示。

表 4.17 触发技术指标

外部触发输入	输入电平	TTL 兼容（输入端悬空时为高）
	触发条件	上升沿、下降沿可选
	输入阻抗	$\geqslant 20$ kΩ 并联 400 pF，直流耦合
	最小脉宽	500 μs
VMC 输出	电平	TTL 兼容
	输出极性	正负极性可选
	输出阻抗	200 Ω，典型值

习 题 4

4.1 万用表的工作原理是什么？有几种类型？各有什么特点？

4.2 NDM3041 数字万用表的测量类别是如何定义的？

4.3 将 NDM3041 数字万用表的面板各按键和旋钮的功能填入表 4.18 中。

表 4.18 NDM3041 数字万用表的面板各按键和旋钮功能说明

名 称		功 能
操作按键	保存（Save）	
	记录（Record）	
	运行/停止（Run/Stop）	
	计算（Math）	
	功能（Utility）	
	接口（Port）	
HI 和 LO 取样端子		
HI 和 LO 输入端子		

名　　称	功　　能
量程/方向键	
电流输入保险丝	
AC/DC 电流输入端子	
电源键	
测量功能键	
图表(Graph)	
双显示(Dual)	
USB 连接器	
外部触发输入	
辅助输出	
RS232 接口	
USB(B 型)连接器	
LAN 接口	
电源电压选择器	
电源保险丝	
电源输入插座	
安全锁孔	

4.4　画出用万用表测量电压、电流、电容、周期/频率等参数时，将被测参数(器件)接入万用表的连接图。

4.5　什么是负载误差？有几种类型？如何计算？

4.6　用一内阻为 R_1 的万用表测量如图 4.28 所示电路 A、B 两点间的电压，设 $E=12\,\text{V}$，$R_1=5\,\text{k}\Omega$，$R_2=20\,\text{k}\Omega$。

（1）如果 E、R_1、R_2 都是标准的，不接万用表时 A、B 两点间的电压实际值 U 为多大？

（2）如果万用表内阻 $R_1=20\,\text{k}\Omega$，则电压 U 的示值相对误差和实际相对误差各为多大？

（3）如果万用表内阻 $R_1=1\,\text{M}\Omega$，则电压 U 的示值相对误差和实际相对误差各为多大？

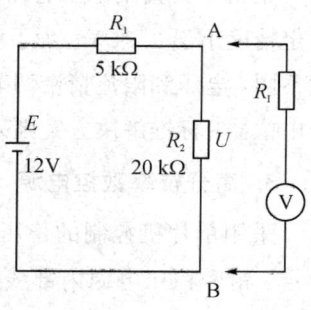

图 4.28　习题 4.6 图

第 5 章　三路输出线性可编程直流电源

【教学提示】　本章主要介绍 ODP3033 可编程直流稳压电源的功能与使用方法，包括界面信息（面板和用户界面）、功能（输出电压与电流设置、编程输出、输出模式、接口设置）等。

【教学要求】　通过本章的学习，学生应会用可编程直流稳压电源。

直流稳压电源是能为负载提供稳定直流电源的电子装置。根据电源的性能和特点，可划分为四大类：多路可调直流稳压电源、精密可调直流稳压电源、高分辨率数控电源和可编程电源。

1．多路可调直流稳压电源

多路可调直流稳压电源是可调稳压电源的一种，其特点是一台电源能提供两路甚至三四路可以独立设定电压的输出，基本上可以看成几台单路输出的电源合并使用，适用于需要多种电压供电的场合。有的多路电源还具有电压跟踪功能，使几路输出能联动调节。

2．精密可调直流稳压电源

精密可调直流稳压电源是可调稳压电源的一种，其特点是电压电流调节分辨率高，电压设定精度小于 0.01 V。为了精确显示电压，目前主流的精密电源都采用多位数字表指示。精度不同，电压和限流精密调节机构的解决方案也不同：低成本的解决方案采用粗调和细调两个电位器；标准解决方案则采用多圈电位器；高档电源则采用单片机控制的数字化设定。

3．高分辨率数控电源

采用单片机控制的稳压电源也被称为数控电源，通过数控方式更容易实现精密调节与设定。精密稳压电源内部线路比较先进，电压稳定性也比较好，自身电压漂移小，通常适用于精密实验场合。精密直流稳压电源是国内的称呼，国外进口电源基本没有标称精密电源，只有高分辨率电源和可编程电源。

4．可编程电源

可编程电源是用单片机以数字化形式控制的可调稳压电源，其设定的参数可以存储起来供日后调用。可编程电源设定的参数比较多，包括基本的电压设定、功率限制设定、过流设定以及扩展的过压设定等信息。通常可编程电源具有较高的设定分辨率，电压和电流参数的设定都可以通过数字键盘输入。中高档的可编程电源自身电压漂移也很小，多用于科研场合。

5.1 面板及用户界面

5.1.1 面板

1. 前面板

前面板如图 5.1 所示,其说明如表 5.1 所示。

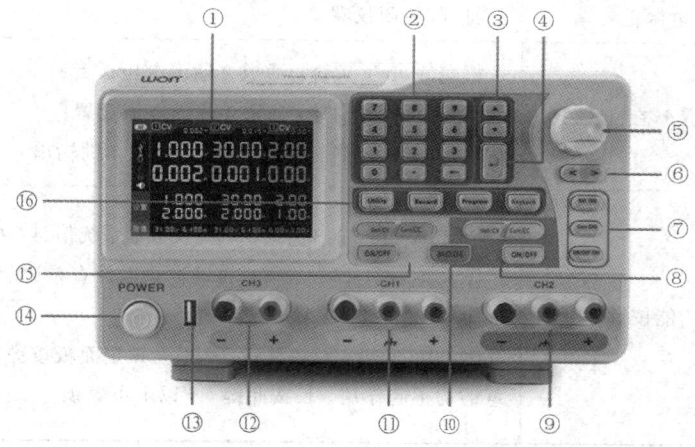

图 5.1 前面板

表 5.1 前面板说明

项目	名 称	说 明
①	显示屏	显示用户界面
②	数字键盘	参数输入,包括数字键、小数点和退格键
③	上下方向键	选择子菜单
④	确认键	进入菜单或确认输入的参数
⑤	旋钮	选择主菜单或改变数值,按下相当于确认键
⑥	左右方向键	子菜单的设定或移动光标
⑦	通道 3 控制区	Volt CH3 键:通道 3 输出电压设置; Curr CH3 键:通道 3 输出电流设置; ON/OFF CH3 键:打开/关闭通道 3 的输出
⑧	通道 2 控制区	蓝色 Volt/CV 键:通道 2 输出电压设置; 蓝色 Curr/CC 键:通道 2 输出电流设置; 蓝色 ON/OFF 键:打开/关闭通道 2 的输出
⑨	通道 2 输出端子	通道 2 的输出连接

项目	名　称	说　明
⑩	MODE 键	切换全显示、双通道显示(通道 1 与 2)
⑪	通道 1 输出端子	通道 1 的输出连接
⑫	通道 3 输出端子	通道 3 的输出连接
⑬	USB Host 接口	仪器作为"主设备"与外部 USB 设备连接,如插入 U 盘
⑭	电源键	打开/关闭仪器
⑮	通道 1 控制区	橙色 Volt/CV 键:通道 1 输出电压设置; 橙色 Curr/CC 键:通道 1 输出电流设置; 橙色 ON/OFF 键:打开/关闭通道 1 的输出
⑯	功能按键	Utility 键:输出模式、系统设置、系统信息、接口设置; Record 键:保存设置、自动记录以及查看记录; Program 键:编程输出设置; KeyLock 键:长按此键 5 s 以上锁定面板按键,锁定时按其他任意键均不起作用。长按此键 5 s 以上可解锁

按键指示灯说明:

ON/OFF 键:通道打开时,按键灯亮起。

Volt/CV 键:按键灯亮起代表通道正处于恒压状态。

Curr/CC 键:按键灯亮起代表通道正处于恒流状态。

2. 后面板

后面板如图 5.2 所示,其说明如表 5.2 所示。

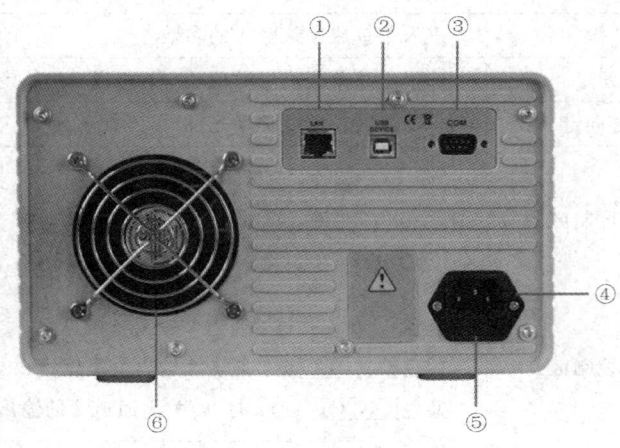

图 5.2　后面板

表 5.2　后面板说明

项目	名　称	说　明
①	LAN 接口	可通过该接口将仪器连接至网络中，进行远程控制
②	USB Device 接口	仪器作为"从设备"与外部 USB 设备连接，如将仪器与计算机连接
③	COM 接口	连接仪器与外部设备的串口
④	电源输入插座	交流电源输入接口
⑤	保险丝	电源保险丝
⑥	风扇口	风扇进风口

5.1.2　用户界面

ODP 系列电源在独立输出和通道跟踪模式下，提供两种显示模式：全显示和双通道显示（通道 1 与 2）。按 MODE 面板键可在两种显示模式间切换。

1. 全显示模式

全显示模式下的用户界面如图 5.3 所示。

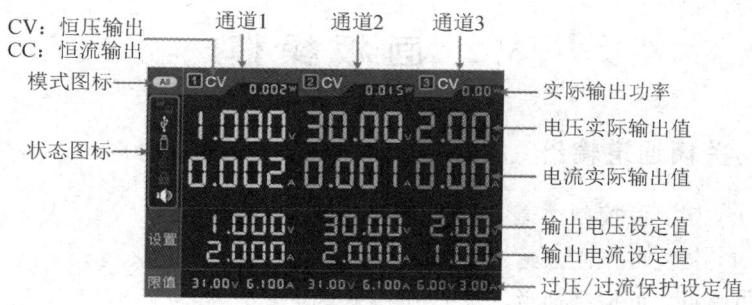

图 5.3　全显示模式下的用户界面

2. 双通道显示模式

双通道显示模式下的用户界面如图 5.4 所示。

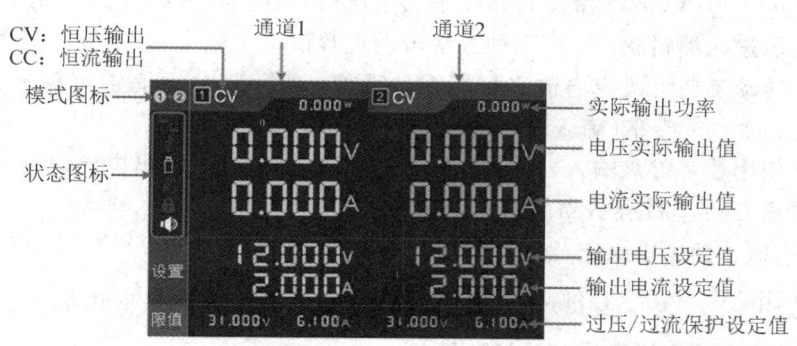

图 5.4　双通道显示模式下的用户界面（显示通道 1 与通道 2）

3. 模式图标

模式图标说明如表 5.3 所示。

4. 状态图标

状态图标说明如表 5.4 所示。

表 5.3　模式图标说明

图标	说　　明
All	全显示模式，显示全部三个通道
1+2	双通道显示模式，显示通道 1 与通道 2
1 − + 2 − +	输出模式为并联跟踪
1 − + 2 − +	输出模式为串联跟踪

表 5.4　状态图标说明

图标	说　　明
LAN	仪器已通过 LAN 接口连接至网络中
USB	仪器作为从设备与计算机连接
U盘	检测到 USB 设备
笔	正在录制当前输出
锁	面板按键处于锁定状态

5.2　面板操作

5.2.1　打开/关闭通道输出

橙色 ON/OFF 键：可控制通道 1 的打开和关闭。

蓝色 ON/OFF 键：可控制通道 2 的打开和关闭。

ON/OFF CH3 键：可控制通道 3 的打开和关闭。

5.2.2　输出电压/输出电流设置

1. 设置通道 1 的输出电压/输出电流

按橙色 Volt/CV / Curr/CC 键，通道 1 输出电压/输出电流设定值的第一位数字位置出现闪烁光标，表示进入编辑状态。有两种方法可设置数值：

第一种：转动旋钮可改变当前光标所在的数值，按 ◁ / ▷ 方向键可移动光标的位置，按下旋钮或按面板上的 ↵ 键确认当前输入。

第二种：使用数字键盘输入，界面弹出通道 1 的输出电压/输出电流设定框，输入所需数值后，按面板上的 ↵ 键确认当前输入。

2. 设置通道 2 的输出电压/输出电流

按蓝色 Volt/CV / Curr/CC 键进入编辑状态后，设置方法可参考通道 1。

3. 设置通道 3 的输出电压/输出电流

按 Volt CH3 / Corr CH3 键进入编辑状态后，设置方法可参考通道 1。

注：当输入值超出额定值范围时，将显示"ERROR"，需重新输入。

5.2.3 过压/过流保护

过压保护(O. V. P)或过流保护(O. C. P)开启后，一旦输出电压或电流达到 O. V. P 或 O. C. P 的设置值，仪器就断开输出，屏幕显示超限警告。

注：在系统由于保护而自动断开输出时，用户做好适当调整后，必须要关闭通道后重新打开，才可正常输出。

此功能可防止电源输出超过负载的额定值，从而保护负载。

1. 设置通道 1 的限值电压/限值电流

按橙色 Volt/CV / Curr/CC 键，再按 ▼ 方向键，通道 1 限值电压/限值电流的第一位数字出现闪烁光标，表示进入编辑状态。有两种方法可设置数值：

第一种：转动旋钮可改变当前光标所在的数值，按 ◁ / ▷ 方向键可移动光标的位置，按下旋钮或按面板上的 ↵ 键确认当前输入。

第二种：使用数字键盘输入，界面弹出通道 1 的限值电压/限值电流设定框，输入所需数值后，按面板上的 ↵ 键确认当前输入。

2. 设置通道 2 的限值电压/限值电流

按蓝色 Volt/CV / Curr/CC 键，再按 ▼ 方向键，进入编辑状态后，设置方法可参考通道 1。

3. 设置通道 3 的限值电压/限值电流

按 Volt CH3 / Curr CH3 键，再按 ▼ 方向键，进入编辑状态后，设置方法可参考通道 1。

5.2.4 编程输出

编程输出功能可对通道 1 和通道 2 预设最多 100 组的定时参数。编程输出启用后，仪器将按照预设的时间输出预设的电流/电压值。

1. 查看数据

按 Program 功能键，选中"查看数据"主菜单。

(1) 选中"存储源"子菜单，按 ◁ / ▷ 方向键可切换"内部"或"外部"。

(2) 按 ▼ 方向键进入"导入"子菜单，按 ↵ 键可导入数据。

(3) 按 ▼ 方向键进入"导出"子菜单，按 ↵ 键可导出数据。

注：当存储源为外部时，编程数据文件将以 csv 格式保存到 U 盘，存储路径为 USB 存储器 ODPXXXX(型号名称)文件夹下的 Program 子文件夹。

(4) 按 ▼ 方向键进入"清除数据"子菜单，按 ↵ 键可清除当前数据。

2. 输出设置

输出设置可设定编程输出的起点、终点以及输出方式。编程输出时，系统将按照设定，顺序或循环输出起点序号到终点序号这个序列之间的预设参数。

按 Program 功能键，转动旋钮，选中"输出设置"主菜单。

(1) 选中"循环方式"子菜单，按 ◁/▷ 方向键可切换"顺序"或"循环"。

(2) 按 ▼ 方向键选中"输出起点"子菜单，按数字键盘设置输出起点(1~100)，按 ↵ 键确认。

(3) 按 ▼ 方向键选中"输出终点"子菜单，按数字键盘设置输出终点(1~100)，按 ↵ 键确认。

(4) 按 ▼ 方向键选中"开始输出"子菜单，按 ◁/▷ 方向键选择要输出的通道(CH1、CH2 或 ALL)，按 ↵ 键进入数据编辑界面并开始输出所选择的通道。

3. 数据编辑

数据编辑可设置通道 1 和通道 2 编程输出的参数，包括电压、电流和输出时间。每个通道最多可设定 100 组定时参数。

按 Program 功能键，转动旋钮，选中"数据编辑"主菜单。

(1) 选中"进入编辑"子菜单，屏幕显示操作提示，按 ↵ 键进入编辑。

(2) 在数据编辑界面下，按 ◁/▷ 方向键可左右移动光标，按 ▲/▼ 方向键可上下移动光标，转动旋钮，可在两个通道间移动光标。选中参数项后，使用数字键盘输入设定值，按 ↵ 键确认。数据编辑界面如图 5.5 所示。

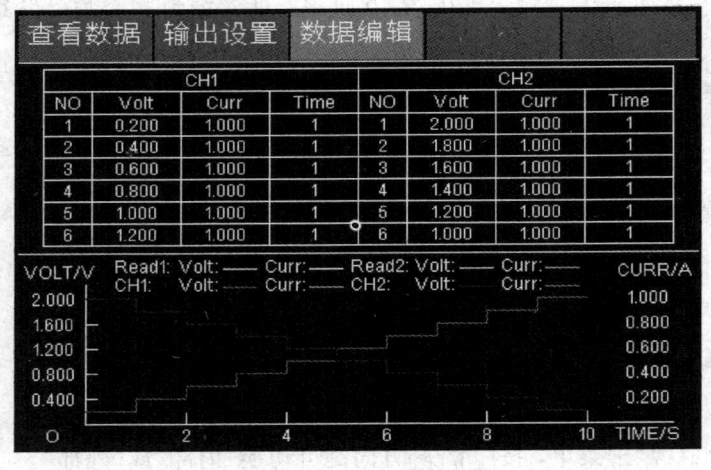

图 5.5　数据编辑界面

(3) 按 ← 键可退回到子菜单选择。

绘图编辑可对数据编辑界面的图形显示进行设置：

(1) 按 ▼ 方向键选中"绘图编辑"子菜单，屏幕显示操作提示，按 ↵ 键进入编辑。

(2) 在绘图编辑界面下，按 ◁/▷ 方向键可左右移动光标，按 ▲/▼ 方向键可上下移动光标。按 ↵ 键可勾选或取消勾选当前项。如勾选，在数据编辑界面中，就会显示此项的绘图；不勾选，则不显示。

(3) 按 ← 键可退回到子菜单选择。

4. 打开/关闭编程输出

在数据编辑界面下：

（1）独立输出模式。按橙色 ON/OFF 键，可打开/关闭通道 1 的编程输出；按蓝色 ON/OFF 键，可打开/关闭通道 2 的编程输出。

（2）并联/串联跟踪模式。按橙色 ON/OFF 键，可打开/关闭编程输出。

在输出设置界面下：按 ▼ 方向键选中"开始输出"子菜单，按 ◁/▷ 方向键可选择要输出的通道(CH1、CH2 或 ALL)，按 ↵ 键进入数据编辑界面并开始输出所选择的通道。

注：在通道编程输出过程中，若关闭通道输出，则计时器将被重置成初始状态；再次打开通道输出，将重新开始输出，计时器重新计时。

5.2.5 保存设置与自动记录

1. 保存设置

可对当前的设置参数进行保存、调出或清除，存储位置支持本地存储器或 U 盘，最多可存储 100 组设置。

按 Record 功能键，此时，"保存设置"主菜单被选中。

（1）选中"存储源"子菜单，按 ◁/▷ 方向键切换"内部"或"外部"。

（2）按 ▼ 方向键进入"保存"子菜单，按 ◁/▷ 方向键选择要保存设置的通道(CH1、CH2 或 CH3)，按 ↵ 键保存。

注：当存储源为外部时，设置文件将以 csv 格式保存到 U 盘，存储路径为 USB 存储器 ODPXXXX(型号名称)文件夹下的 Record_Option 子文件夹。

（3）按 ▼ 方向键进入"删除选中条"或"调出"子菜单，按 ↵ 键，在表格中会显示红色方框指示选中条，按 ▲/▼ 方向键选择，按 ◁/▷ 方向键翻页，按 ↵ 键可清除选中条或调出，按 ← 键可退回到子菜单选择。保存设置界面如图 5.6 所示。

图 5.6 保存设置界面

2. 自动记录

按 Record 功能键，转动旋钮，选中"自动记录"主菜单。

(1) 选中"存储源"子菜单，按 ◁/▷ 方向键可切换"内部"或"外部"。

(2) 按 ▼ 方向键选中"间隔时间"子菜单，按"数字键盘"设置记录间隔时间，按 ↵ 键确认。

(3) 按 ▼ 方向键选中"点数设置"子菜单，按"数字键盘"设置记录点数，按 ↵ 键确认。

(4) 按 ▼ 方向键选中"记录状态"子菜单，按 ◁/▷ 方向键选择要记录的通道(CH1、CH2 或 CH3)，按 ↵ 键开始记录，再按 ↵ 键可停止记录。记录时，主界面的状态栏 🖊 亮起。

注：当存储源为外部时，记录文件将以 csv 格式保存到 U 盘，存储路径为 USB 存储器 ODPXXXX(型号名称)文件夹下的 Record_Auto 子文件夹。

3. 查看记录

按 Record 功能键，转动旋钮，选中"查看记录"主菜单。该功能只支持查看内部存储源中的记录，可将内部存储源中的记录导出到外部存储源。

(1) 按 ▼ 方向键选中"存储源"子菜单，按 ◁/▷ 方向键切换"内部"或"外部"。

(2) 当存储源选择为"内部"时，按 ▲ 方向键选中"读取"，按 ◁/▷ 方向键选择要读取的通道(CH1、CH2 或 CH3)，按 ↵ 键读取记录。读取成功后，如显示模式为表格，表格中会显示红色方框，此时按 ◁/▷ 方向键可翻页查看，按 ← 键可退回到子菜单选择。

当存储源选择为"外部"时，按 ▲ 方向键选中"导出"，按 ◁/▷ 方向键选择要导出的通道(CH1、CH2 或 CH3)，按 ↵ 键可将通道记录导出并保存到 U 盘。存储路径为 USB 存储器 ODPXXXX(型号名称)文件夹下的 Record_Auto 子文件夹。

(3) 按 ▼ 方向键直至选中"显示模式"子菜单，按 ◁/▷ 方向键可切换"图形"或"表格"。查看记录显示模式如图 5.7 所示。

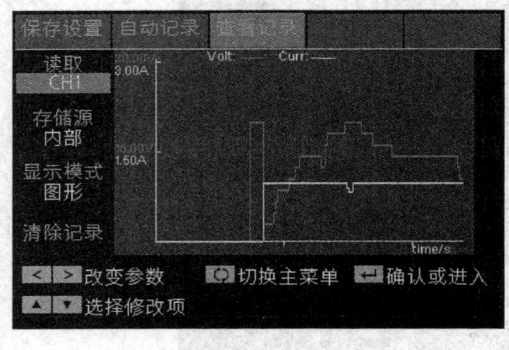

(a) 图形显示模式

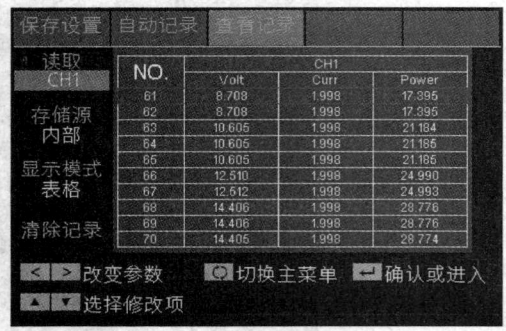

(b) 表格显示模式

图 5.7　查看记录显示模式

(4) 按 ▼ 方向键选中"清除记录"子菜单，按 ↵ 键可清除当前记录。

5.2.6　输出模式

选择输出模式可简化 CH1 与 CH2 的参数的输入。输出模式的选择只针对 CH1 与 CH2，对于 CH3 则不影响。CH1 与 CH2 的输出模式共有四种。

1. 独立模式

各通道的参数可独立设置。

2. 并联跟踪

当用户将 CH1 与 CH2 并联时，可选择此模式，以简化参数的输入。选择此模式后，只需设置并联后通道的参数，设置方法与独立模式下 CH1 的参数设置方法一样。输入电压的额定值与独立模式下单个通道的相同，输入电流的额定值为独立模式下两个通道之和。

橙色 ON/OFF 键可控制并联后通道的打开和关闭。并联模式如图 5.8 所示。

CH1 和 CH2 并联的接线方式如图 5.9 所示。

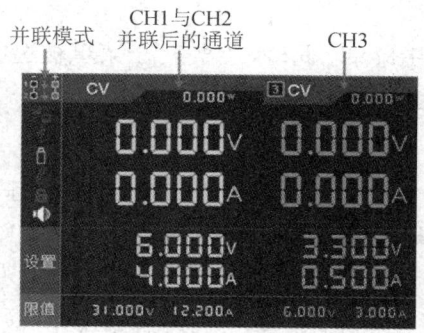

图 5.8　并联模式

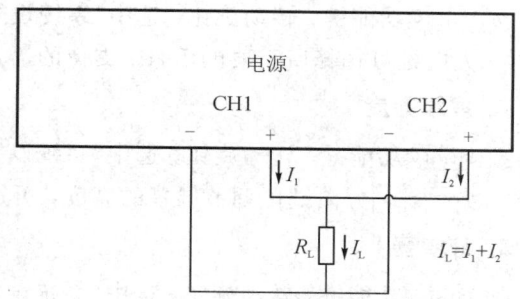

图 5.9　CH1 和 CH2 并联的接线方式

3. 串联跟踪

当用户将 CH1 与 CH2 串联时，可选择此模式，以简化参数的输入。此时只需设置串联后通道的参数，设置方法与独立模式下 CH1 的参数设置方法一样。输入电压的额定值为独立模式下两个通道之和，输入电流的额定值与独立模式下单个通道的相同。

橙色 ON/OFF 键可控制串联后通道的打开和关闭。串联模式如图 5.10 所示。

CH1 和 CH2 串联的接线方式如图 5.11 所示。

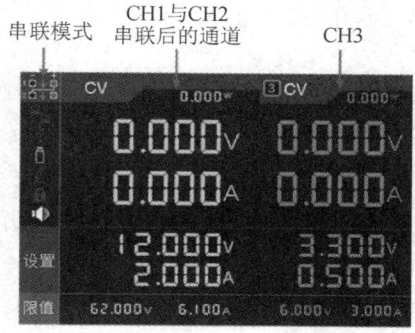

图 5.10　串联模式

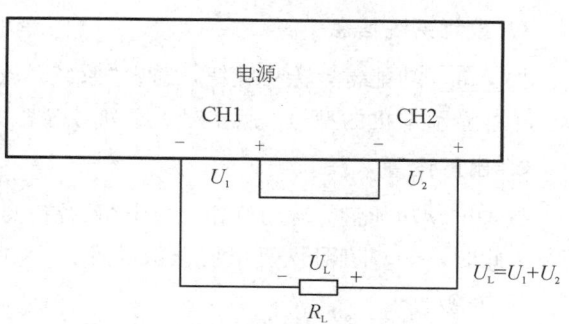

图 5.11　CH1 和 CH2 串联的接线方式

4. 通道跟踪

在独立模式下分别设置 CH1 和 CH2 的输出参数,进入通道跟踪模式后,若改变其中一个通道的参数,则另一个通道的对应参数也会自动按比例同步改变。

例如,先在独立模式下设置 CH1 的电压为 2 V,电流为 1 A;CH2 的电压为 4 V,电流为 2 A。进入通道跟踪模式后,若设置 CH1 的电压为 6 V,则 CH2 的电压会自动按比例同步到 12 V;若设置 CH1 的电流为 2 A,则 CH2 的电流会自动按比例同步到 4 A。

注:如果设置值超过最大输出值,则设置为最大值。

设置输出模式的步骤如下:

步骤 1:按 Utility 功能键,此时,"输出模式"主菜单被选中。

步骤 2:按 ▲/▼ 方向键选择输出模式,按 ↵ 键可勾选并直接进入当前模式。

5.2.7　系统设置

1. 语言设置

按 Utility 功能键,转动旋钮,选中"系统设置"主菜单。此时,"语言"子菜单被选中。按 ◁/▷ 方向键可选择所需要的语言。支持的语言包括中文、英文等。

2. 屏幕亮度

按 Utility 功能键,转动旋钮,选中"系统设置"主菜单。按 ▼ 方向键选中"背光"子菜单。此时,按 ◁/▷ 方向键可调节屏幕的亮度,可选择的值为 0%、25%、50%、75%、100%。

3. 蜂鸣器

按 Utility 功能键,转动旋钮,选中"系统设置"主菜单。按 ▼ 方向键直至选中"蜂鸣器"子菜单。此时,按 ◁/▷ 方向键可切换开启/关闭蜂鸣器。当蜂鸣器开启时,状态栏 🔊 图标亮起。当出现系统提示时(如由于过压/过流保护而切断输出时),仪器将发出蜂鸣声。

4. 时钟

按 Utility 功能键,转动旋钮,选中"系统设置"主菜单。按 ▼ 方向键直至选中"时钟"子菜单。使用数字键盘输入,按 ↵ 键确认,按 ◁/▷ 方向键移动光标。

5.2.8　系统信息

1. 查看系统信息

按 Utility 功能键,转动旋钮,选中"系统信息"主菜单。此时,"系统信息"子菜单被选中,屏幕显示本机的型号、版本号、序列号等。

2. 出厂设置

按 Utility 功能键,转动旋钮,选中"系统信息"主菜单。按 ▼ 方向键选中"出厂设置"子菜单。此时,按 ↵ 键可恢复出厂默认设置。

3. 升级

可通过前面板的 USB 连接器用 USB 存储设备来更新仪器固件。

1）USB 存储设备要求

此仪器仅支持 FAT32 文件系统的 USB 存储设备。如无法正常使用 USB 存储设备，请将 USB 存储设备格式化为 FAT32 文件系统后再试，或者更换 USB 存储设备后再试。

注意：更新仪器固件是一个敏感的操作，为防止损坏仪器，请不要在更新过程中关闭仪器的电源或拔出 USB 存储设备。

2）更新仪器固件操作步骤

步骤 1：按 Utility 功能键，转动旋钮，选中"系统信息"主菜单。此时，"系统信息"子菜单被选中，可查看仪器型号及固件版本号。

步骤 2：在 PC 上访问 www.owon.com.cn，检查是否提供了对应机型的更新固件版本。将固件文件下载到 PC 上。固件文件的文件名固定为 ODPFW.upp，拷贝此固件文件到 USB 存储设备的根目录下。

步骤 3：将 USB 存储设备插入仪器前面板的 USB 连接器。如屏幕左侧出现 状态图标，则表示 U 盘识别成功。

步骤 4：按 Utility 功能键，转动旋钮，选中"系统信息"主菜单。按 ▼ 方向键选中"升级"子菜单，并按 ↵ 键。

此时仪器将显示消息，提示在更新过程完成之前不要拔掉 USB 设备或关闭仪器电源。进度条表示正在执行更新过程。

说明：固件更新通常大约需要一分钟，请勿在更新过程中拔出 USB 存储设备。如果在更新过程中无意拔出了 USB 存储设备，请勿关闭仪器电源，从步骤 3 开始重复安装过程即可。

步骤 5：等待直至仪器显示"升级成功"，然后仪器会自动重启。

说明：如果没有显示操作完成消息，请勿关闭仪器电源，使用不同类型的 USB 存储设备从步骤 2 重复安装过程即可。

步骤 7：将 USB 存储设备从前面板的 USB 连接器中拔出。

步骤 8：按 Utility 功能键，转动旋钮，选中"系统信息"主菜单。此时，"系统信息"子菜单被选中，查看固件版本号，以确认固件已经更新。

5.2.9　接口设置

1. 串口设置

按 Utility 功能键，转动旋钮，选中"接口设置"主菜单。此时，"串口设置"子菜单被选中。

按 ↵ 键进入下级菜单，此时，"波特率"被选中，按 ◁/▷ 方向键可设置 RS232 串行接口的波特率。波特率的可选值为 1200、2400、4800、9600、19200、38400、57600、115200，出厂默认设置为 115200。必须确保仪器的波特率设置匹配所用的计算机的波特率设置。

按 ▼ 方向键选中"数据位"，按 ◁/▷ 方向键可切换 6、7 或 8。

按 ▼ 方向键选中"校验"，按 ◁/▷ 方向键可切换无、奇校验、偶校验。

按 ▼ 方向键选中"停止位"，按 ◁/▷ 方向键可切换 1 或 2。

按 ← 键可退回到子菜单选择。

2. 网络设置

按 Utility 功能键，转动旋钮，选中"接口设置"主菜单。按 ▼ 方向键选中"网络设置"子菜单。

按 ⏎ 键进入编辑状态，分别设置 IP 地址、子网掩码、网关、端口。使用数字键盘输入，按 ⏎ 键确认。

设置网络参数后，重启仪器以使更改生效。

3. 屏幕测试

本电源提供屏幕自测试功能，可对本机 LCD 屏幕进行测试。

按 Utility 功能键，转动旋钮，选中"接口设置"主菜单。按 ▼ 方向键直至选中"屏幕测试"子菜单。

按 ⏎ 键可进入屏幕测试界面。按 ▲ 方向键可切换屏幕颜色为红、绿、蓝。观察屏幕是否有严重色偏、污点或屏幕刮伤等问题。按 ⏎ 键可退出测试。

4. 按键测试

本电源提供按键自测试功能，可对前面板所有按键进行测试。

按 Utility 功能键，转动旋钮，选中"接口设置"主菜单。按 ▼ 方向键直至选中"按键测试"子菜单。

按 ⏎ 键可进入按键测试界面。测试界面上的每个图形代表一个前面板按键。按前面板的任一按键，则测试界面的对应图形会变为绿色。按 ⏎ 键可退出测试。

5.3　技术规格

仪器必须在规定的操作温度下连续运行 30 分钟以上，才能达到如表 5.5 所示的规格标准。

表 5.5　仪器规格标准

参　　数		CH1	CH2	CH3
额定输出 (0℃～40℃)	电压	0 V～30 V		0 V～6 V
	限压保护	31 V		7 V
	电流	0 A～3 A		0 A～3 A
	限流保护	3.1 A		3.1 A
	功率	90 W		18 W
负载调整率	电压	≤0.01%		
	电流	≤0.01%		

参　　数		CH1	CH2	CH3
电源调整率	电压	≤0.01%		
	电流	≤0.01%		
设置分辨率	电压	1 mV		
	电流	1 mA		
回读分辨率	电压	1 mV		
	电流	1 mA		
设定值精确度 （12 个月内） （25℃±5℃）	电压	≤0.03%		
	电流	≤0.1%		≤0.1%
回读值精确度 （25℃±5℃）	电压	≤0.03%		
	电流	≤0.1%		≤0.1%
纹波与噪声 （20 Hz～20 MHz）	电压（Vpp）	≤4 mVpp		≤3 mVpp
	电压（rms）	≤1 mVrms		
	电流（rms）	≤5 mArms		≤4 mArms
输出温度系数 （0℃～40℃）	电压	≤0.03%		
	电流	≤0.1%		
回读值温度系数	电压	≤0.03%		
	电流	≤0.1%		
并联设定值精确度	电压	≤0.02%		
	电流	≤0.1%		
可编程输出	存储	1 M 点		
	内部存储组数	100 组		
	时间设置	秒		
记录仪功能		可记录 10 k 组数据（电压，电流，功率）		
接口		USB Host、USB Device、RS232、LAN		

显示技术标准如表 5.6 所示；电源技术标准如表 5.7 所示；环境技术标准如表 5.8 所示。

表 5.6　显示技术标准

特　　性	说　　明
显示类型	4 英寸的彩色液晶显示
显示分辨率	480 水平×320 垂直像素
显示色彩	65536 色，TFT

表 5.7　电源技术标准

特　性	说　明		
电源电压	110 V AC±10％或 220 V AC±10％（请根据仪器后面板电源输入插座左方的标识进行供电）；交流输入 50/60 Hz		
保险丝	ODP3033	110 V	250 V，F5A
		220 V	250 V，F3A
	ODP3053 ODP3063 ODP6033	110 V	250 V，F10A
		220 V	250 V，F5A

表 5.8　环境技术标准

特　性	说　明
温度	工作温度：0 ℃～40 ℃ 存储温度：−20 ℃～60 ℃
相对湿度	≤90％
高度	操作 3000 m 非操作 15 000 m
冷却方法	风扇冷却

习　题　5

5.1　什么是直流稳压电源？可分为几类？各有什么特点？本章所介绍的稳压电源属于哪一类？

5.2　将 ODP3033 可编程直流稳压电源面板各按键和旋钮的功能填入表 5.9 中。

表 5.9　电源面板各按键和旋钮的功能说明

名　称	功　能
数字键盘	
上下方向键	
确认键	
旋钮	
左右方向键	
CH3 控制区	
CH2 控制区	
CH2 输出端子	
MODE 键	
CH1 输出端子	

名　　称	功　　能
CH3 输出端子	
USB Host 接口	
电源键	
CH1 控制区	
功能按键	
LAN 接口	
USB Device 接口	
COM 接口	
电源输入插座	
保险丝	
风扇口	

5.3　对 ODP3033 可编程直流稳压电源，如何进行输出电压/电流设置？写出设置方法或步骤。

5.4　对 ODP3033 可编程直流稳压电源，如何进行过压/过流保护设置？写出设置方法或步骤。

5.5　对 ODP3033 可编程直流稳压电源，如何进行输出设置？写出设置方法或步骤。

5.6　对 ODP3033 可编程直流稳压电源，如何进行保存设置？写出设置方法或步骤。

5.7　ODP3033 可编程直流稳压电源的输出模式有几种？每种模式如何进行设置？

5.8　对某直流稳压电源的输出电压 U_x 进行了 10 次测量，测量结果如表 5.10 所示，求输出电压 U_x 的算术平均值及其标准偏差估计值。

表 5.10　直流稳压电源的输出电压测量

次数	1	2	3	4	5	6	7	8	9	10
电压/V	5.003	5.011	5.006	4.998	5.015	4.996	5.009	5.010	4.999	5.007

第6章　双通道任意波形信号发生器

【教学提示】　本章主讲述 AG1022F 双通道任意波形信号发生器的功能与使用方法。该器件的界面包括面板和用户界面，功能包括设置通道、设置波形（正弦波、矩形波、锯齿波、脉冲波、噪声波、任意波及直流）、输出调制波形、输出脉冲波形、输出扫描频率、存储/读取等。

【教学要求】　通过本章的学习，学生应会用双通道任意波形信号发生器，会生成任意所需信号波形。

任意波形信号发生器是信号源的一种，具有信号源所有的特点。传统上认为信号源主要给被测电路提供所需要的已知信号（各种波形），然后用其他仪表测量感兴趣的参数。可见，信号源在电子技术实验和测试处理中，并不测量任何参数，而是根据使用者的要求，仿真各种测试信号，提供给被测电路，以达到测试的需要。

信号源有很多种，包括正弦波信号源、函数发生器、脉冲发生器、扫描发生器、任意波形发生器、合成信号源等。一般来说，任意波形发生器是一种特殊的信号源，综合具有其他信号源波形生成能力，因而适合各种仿真实验的需要。

6.1　面板及用户界面

6.1.1　面板

1. 前面板

双通道任意波形信号发生器的前面板如图 6.1 所示，其说明如表 6.1 所示。

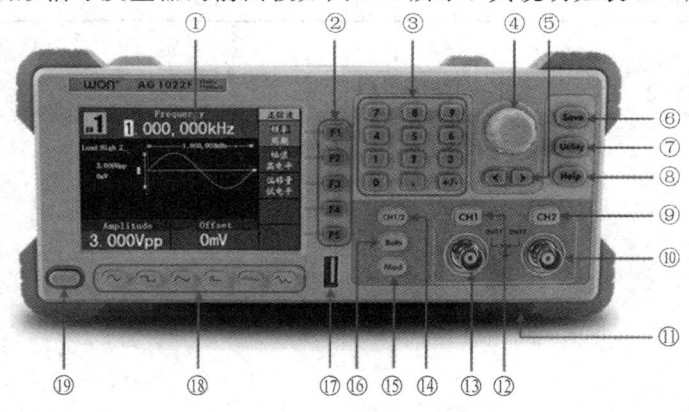

图 6.1　前面板（以 AG1022F 为例）

表 6.1　前面板说明

项目	名　　称	说　　　　明
①	显示屏	显示用户界面
②	菜单选择键	包括 5 个按键：F1～F5，用于激活对应的菜单
③	数字键盘	参数输入，包括数字、小数点和正负号
④	旋钮	改变当前选中数值，也用于选择文件位置或文件名输入时软键盘中的字符； 在扫描脉冲串中，信源选择为"手动"时，每次按此旋钮都会启动一个触发； 在输出波形界面下，按此旋钮可显示通道复制菜单
⑤	方向键	选择菜单或移动选中参数的光标
⑥	保存（Save）	存储/读取任意波形数据
⑦	功能（Utility）	设置辅助系统功能
⑧	帮助（Help）	查看内置帮助信息
⑨	CH2 输出控制	开启/关闭 CH2 通道的输出。打开输出时，按键灯亮起
⑩	CH2 输出端	输出 CH2 通道信号
⑪	脚架	使信号发生器倾斜，便于操作
⑫	CH1 输出控制	开启/关闭 CH1 通道的输出。打开输出时，按键灯亮起
⑬	CH1 输出端	输出 CH1 通道信号
⑭	屏幕通道选择（CH1/2）	使屏幕显示的通道在 CH1 和 CH2 间切换
⑮	调制（Mod）	输出调制波形、扫描频率、脉冲串波形；这三个功能只适用于 CH1
⑯	显示/修改两个通道（Both）	在屏幕上同时显示两个通道的参数，参数可修改。选中该功能时，按键灯亮起
⑰	USB 接口	与外部 USB 设备连接，如插入 U 盘
⑱	波形选择键	包括：正弦波 、矩形波 、锯齿波 、脉冲波 、噪声 、任意波 。选中某波形时，对应按键灯亮起
⑲	电源键	打开/关闭信号发生器

2. 后面板

双通道任意波形信号发生器的后面板如图 6.2 所示，其说明如表 6.2 所示。

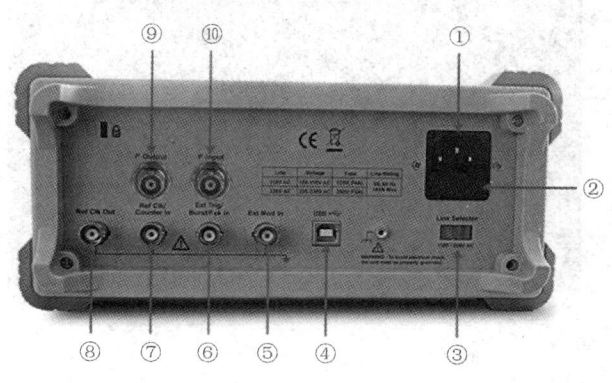

图 6.2　后面板

表 6.2 后面板说明

项目	名　称	说　　明
①	电源输入插座	交流电源输入接口
②	保险丝	规格： {表格见下}
③	电源转换开关	可在 110 V 和 220 V 两个挡位切换
④	（B 型）连接器（USB）	用于连接 USB 类型 B 控制器。可连接 PC，通过上位机软件对信号发生器进行控制
⑤	外部调制输入连接器（Ext Mod In）	调制波形时，在此接入的信号可作为外部信源
⑥	外部触发/突发脉冲/Fsk 输入连接器（Ext Trig/Burst/Fsk In）	输出扫描频率、输出脉冲串和频移键控时可使用此信号作为外部信源
⑦	参考时钟/频率计输入连接器（Ref Clk/Counter In）	用于接收一个来自外部的时钟信号，还用于接收频率计输入信号
⑧	参考时钟输出连接器（Ref Clk Out）	通常用于仪器的同步。可输出由仪器内部晶振产生的时钟信号
⑨	功率放大器输出连接器（P-Output）	功率放大器的信号输出
⑩	功率放大器输入连接器（P-Input）	功率放大器的信号输入

保险丝规格：

100 V～120 V	250 V，F1AL
220 V～240 V	250 V，F0.5AL

6.1.2　用户界面

双通道任意波形信号发生器的用户界面如图 6.3 所示，其说明如表 6.3 所示。

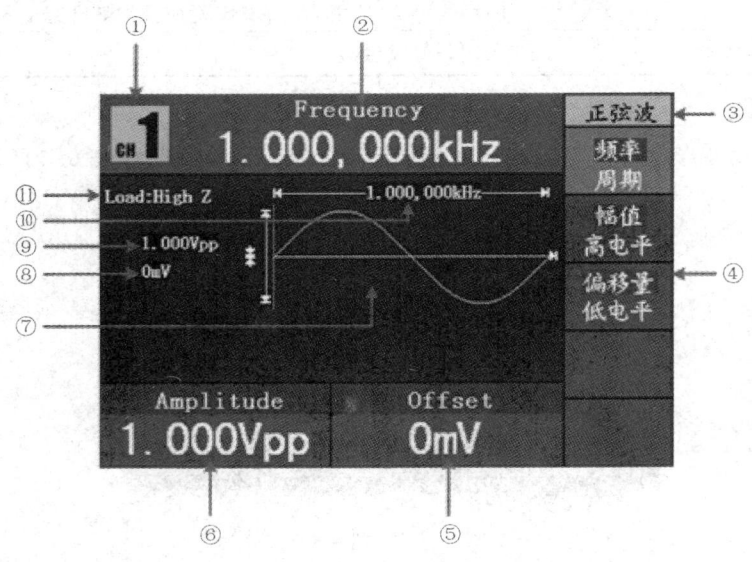

图 6.3　用户界面（以正弦波为例）

表 6.3　用户界面说明

序号	说　明	序号	说　明
①	显示通道名称	⑦	显示当前波形
②	参数1，显示参数及编辑选中参数	⑧	偏移量/低电平，取决于右侧高亮菜单项
③	当前信号类型或当前模式	⑨	幅值/高电平，取决于右侧高亮菜单项
④	当前信号或模式的设置菜单	⑩	频率/周期，取决于右侧高亮菜单项
⑤	参数3，显示参数及编辑选中参数	⑪	负载，High Z 表示高阻
⑥	参数2，显示参数及编辑选中参数		

6.2　面　板　操　作

6.2.1　设置通道

1. 选择屏幕显示的通道

按 CH1/2 键可使屏幕显示的通道在 CH1 和 CH2 间切换。

2. 同时显示/修改两个通道的参数

按 Both 键可同时显示两个通道的参数，如图 6.4 所示。

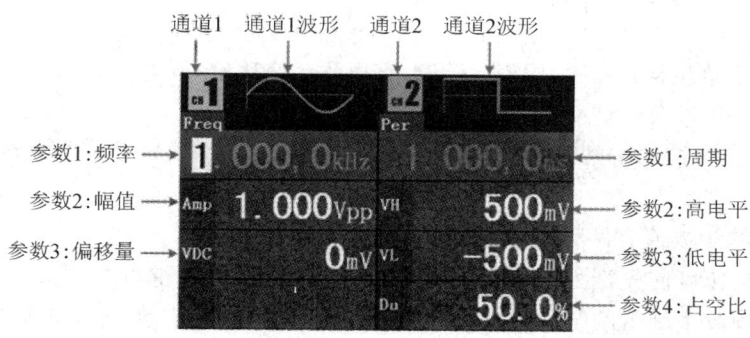

图 6.4　Both 键界面

切换通道：按 CH1/2 键切换可修改的通道。

选择波形：按波形选择键可选择当前通道的波形。

选择参数：按 F2～F5 键可选择参数 1～参数 4；再按一次可切换当前参数，如将频率切换为周期。

修改参数：转动旋钮可修改当前光标处的数值，按 ◀/▶ 方向键可左右移动光标（此时无法用数字键盘输入）。

3. 开启/关闭通道输出

按 CH1 或 CH2 键可开启/关闭相应通道的输出。开启输出时对应通道的按键灯亮起。

4. 通道复制

（1）在输出波形界面下，按下前面板的旋钮可显示通道复制菜单。

（2）按 F1 键选择从 CH2 复制到 CH1；或按 F2 键选择从 CH1 复制到 CH2。

6.2.2 设置波形

1. 输出正弦波

按 ∿ 键，屏幕显示正弦波的用户界面，如图 6.5 所示。通过操作屏幕右侧的正弦波菜单，可设置正弦波的输出波形参数。

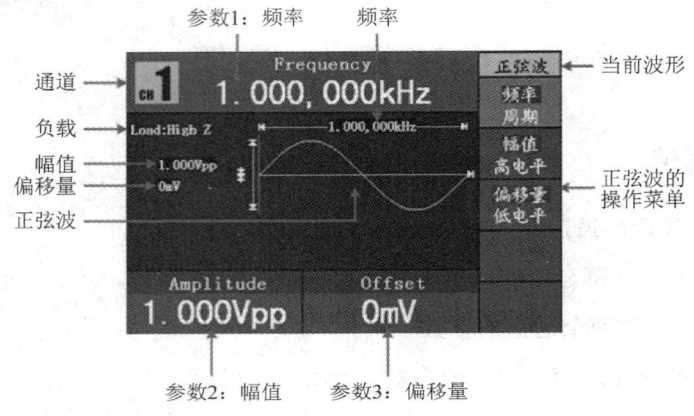

图 6.5 正弦波用户界面

正弦波的菜单包括：频率/周期、幅值/高电平、偏移量/低电平。

1）设置频率/周期

按 F1 键，当前被选中的菜单项以高亮显示，在参数 1 位置显示对应的参数项。再按 F1 键可切换频率/周期。

改变选中的参数值有两种方法：

（1）转动旋钮可使光标处的数值增大或减小。按 ◀/▶ 方向键可左右移动光标。

（2）直接按数字键盘的某一数字键，屏幕跳出数据输入框，如图 6.6 所示，输入所需数值即可。按 ◀ 方向键可删除最后一位。按 F1～F3 键可选择参数的单位。按 F4 键可进入下一页选择其他的单位。按 F5 键取消当前输入。

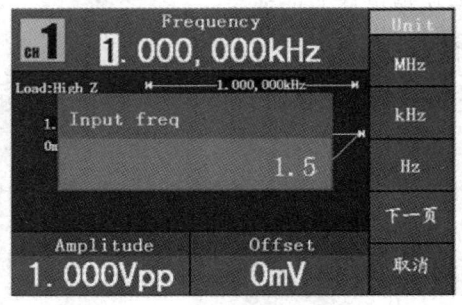

图 6.6 使用数字键盘设置频率

2）设置幅值

按$\boxed{F2}$键，确认"幅值"菜单项以高亮显示；如不是，再按$\boxed{F2}$键切换到"幅值"。在参数 2 位置，幅值的参数值出现闪烁光标，可使用旋钮或数字键盘设定所需值。

3）设置偏移量

按$\boxed{F3}$键，确认"偏移量"菜单项以高亮显示；如不是，再按$\boxed{F3}$键切换到"偏移量"。在参数 3 位置，偏移量的参数值出现闪烁光标，可使用旋钮或数字键盘设定所需值。

4）设置高电平

按$\boxed{F2}$键，确认"高电平"菜单项以高亮显示；如不是，再按$\boxed{F2}$键切换到"高电平"。在参数 2 位置，高电平的参数值出现闪烁光标，可使用旋钮或数字键盘设定所需值。

5）设置低电平

按$\boxed{F3}$键，确认"低电平"菜单项以高亮显示；如不是，再按$\boxed{F3}$键切换到"低电平"。在参数 3 位置，低电平的参数值出现闪烁光标，可使用旋钮或数字键盘设定所需值。

2. 输出矩形波

按$\boxed{\sqcap}$键，屏幕显示矩形波的用户界面，如图 6.7 所示。通过操作屏幕右侧的矩形波菜单，可设置矩形波的输出波形参数。

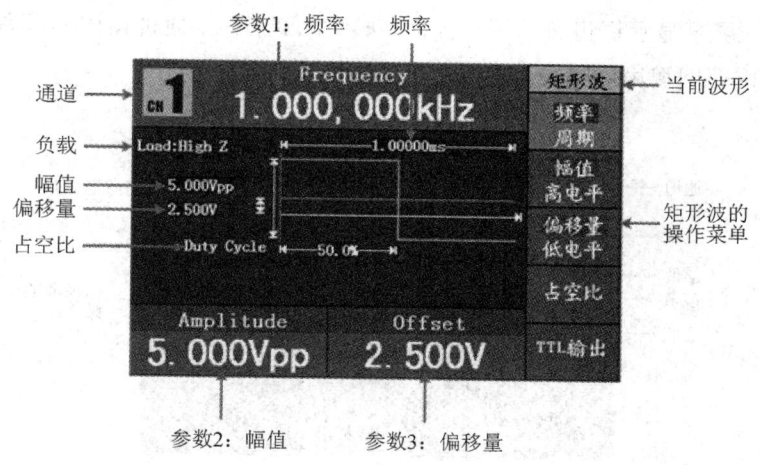

图 6.7　矩形波用户界面

矩形波的菜单包括：频率/周期、幅值/高电平、偏移量/低电平、占空比、TTL 输出。设置频率/周期、幅值/高电平、偏移量/低电平的方法与前一致。

1）设置 TTL 输出

按$\boxed{F5}$键选择 TTL 输出。当负载为高阻时，自动设置幅度为 5 Vpp，偏移量为 2.5 V；当负载为 50 Ω 时，自动设置幅度为 2.5 Vpp，偏移量为 1.25 V。

2）设置占空比

占空比是指在一串理想的脉冲序列中（如方波），正脉冲的持续时间与脉冲总周期的比值。设置占空比的步骤如下：

步骤 1：按 F4 键选中"占空比"菜单项，如图 6.8 所示。参数 1 位置显示的是占空比的当前值。

步骤 2：使用旋钮直接改变参数 1 的数值；或者使用数字键盘输入数值，按 F4 键选择"%"。

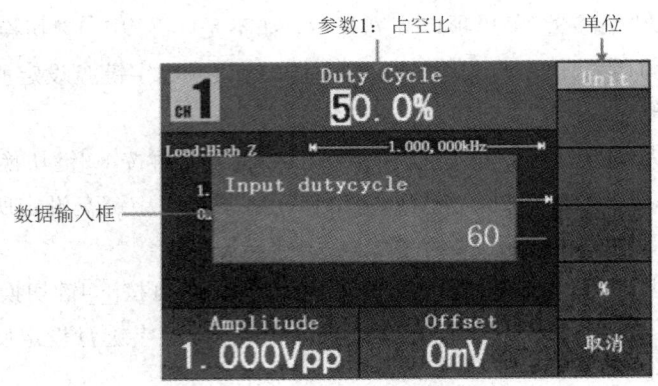

图 6.8　设置矩形波的占空比

3. 输出锯齿波

按 键，屏幕显示锯齿波的用户界面，如图 6.9 所示。通过操作屏幕右侧的锯齿波菜单，可设置锯齿波的输出波形参数。

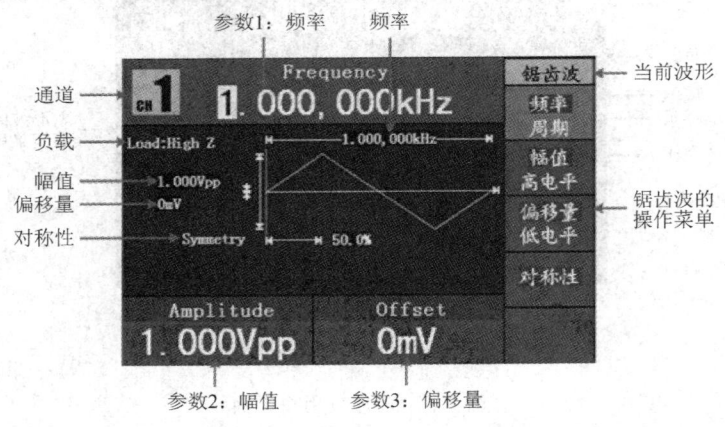

图 6.9　锯齿波用户界面

锯齿波的菜单包括：频率/周期、幅值/高电平、偏移量/低电平、对称性。

设置频率/周期、幅值/高电平、偏移量/低电平的方法与前一致，下面只介绍对称性的位置。

设置对称性即设置锯齿波形处于上升期间所占周期的百分比。设置对称性的步骤如下：

步骤 1：按 F4 键，选中"对称性"菜单项，如图 6.10 所示，参数 1 为对称性的当前值。

步骤 2：使用旋钮直接改变参数 1 的数值；或者使用数字键盘输入数值，按 F4 键选择"%"。

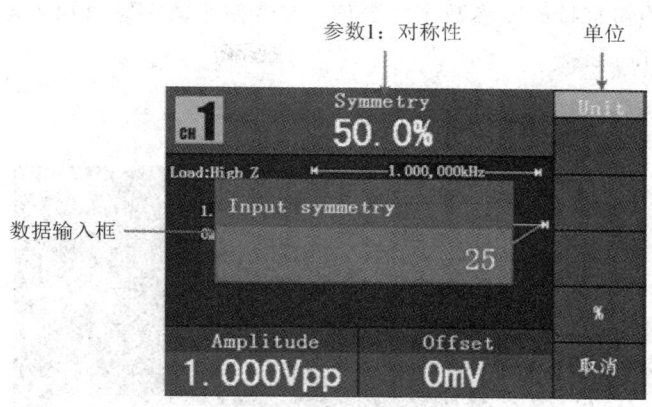

图 6.10　设置锯齿波的对称性

4. 输出脉冲波

按⟨∏⟩键，屏幕显示脉冲波的用户界面，如图 6.11 所示。通过操作屏幕右侧的脉冲波菜单，可设置脉冲波的输出波形参数。

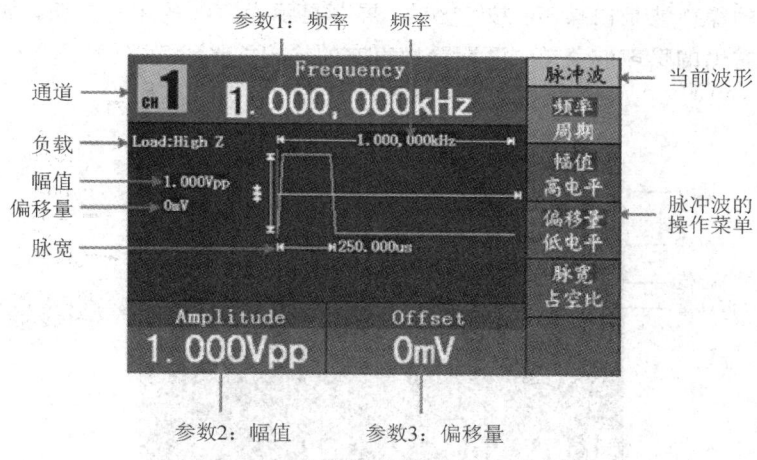

图 6.11　脉冲波用户界面

脉冲波的菜单包括：频率/周期、幅值/高电平、偏移量/低电平、脉宽/占空比。

设置频率/周期、幅值/高电平、偏移量/低电平的方法与前一致，下面只介绍脉宽/占空比的设置。

脉宽是脉冲宽度的缩写，分为正脉宽和负脉宽。正脉宽是指上升沿的 50% 到相邻下降沿的 50% 的时间间隔。负脉宽是指下降沿的 50% 到相邻上升沿的 50% 的时间间隔。脉宽由信号的周期和占空比确定，其计算公式为

$$脉宽＝周期×占空比$$

设置脉宽/占空比的步骤如下：

步骤 1：按 F4 键，选中"脉宽"菜单项，如图 6.12 所示，参数 1 为脉宽的当前值；再按 F4 键则显示占空比。

步骤2：使用旋钮直接改变参数1的数值；或者使用数字键盘输入数值，然后从右侧菜单中选择所需的单位。

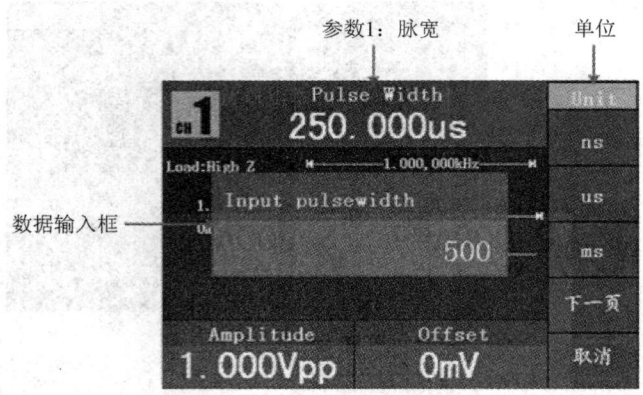

图 6.12　设置脉冲波的脉宽

5. 输出噪声波

系统输出的噪声波是白噪声。按 <svg>〰</svg> 键，屏幕显示噪声波的用户界面，如图 6.13 所示。通过操作屏幕右侧的噪声波菜单，可设置噪声波的输出波形参数。

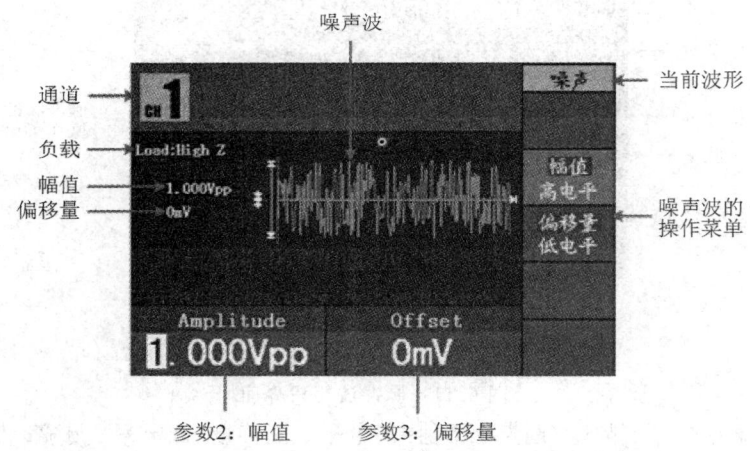

图 6.13　噪声波用户界面

噪声为无规则信号，没有频率和周期参数。

噪声波的菜单包括：幅值/高电平、偏移量/低电平。具体设置方法与前一致。

6. 输出任意波

按 <svg>〰</svg> 键，屏幕显示任意波的用户界面，如图 6.14 所示。通过操作屏幕右侧的任意波菜单，可设置任意波的输出波形参数。

任意波的菜单包括：频率/周期、幅值/高电平、偏移量/低电平、内建波形、可编辑波形。

任意波包括两种任意波形：系统内建波形和用户自编辑波形。

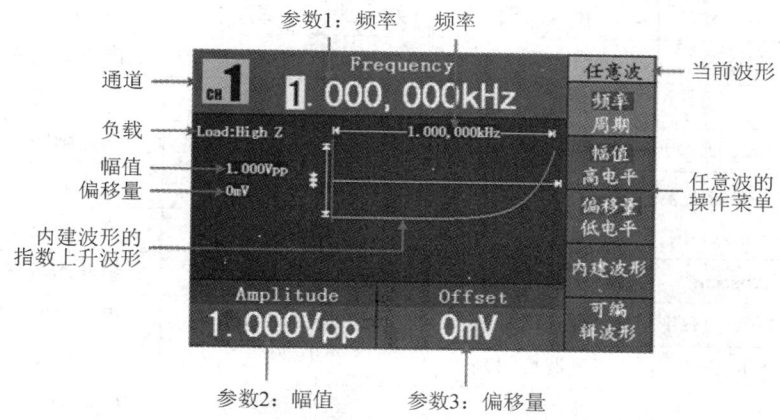

图 6.14 任意波用户界面

1）设置系统内建波形

系统内置有多种波形。选择内建波形的步骤如下：

步骤 1：按 ⟨∿⟩ 键，再按 F4 键，进入内建波形选择菜单。

步骤 2：按 F1～F4 键，选择内建波形的分类：常用、数学、窗函数、其他。例如，选择"数学"将进入如图 6.15 所示的界面。

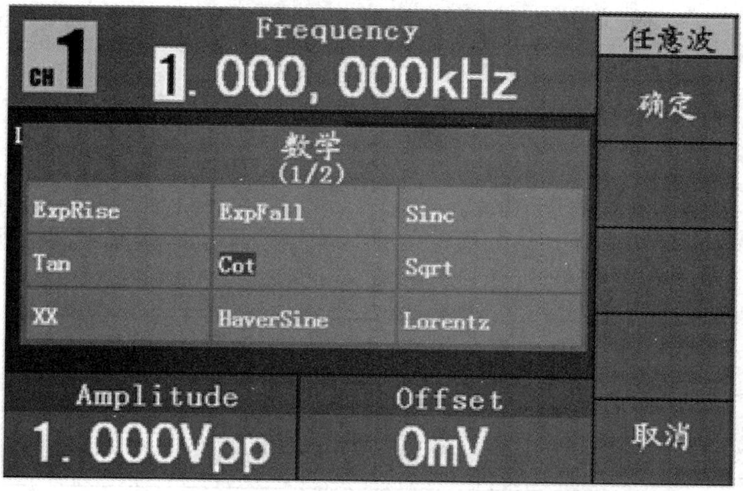

图 6.15 选择内建波形

步骤 3：转动旋钮或按 ◀/▶ 方向键选中所需波形，如选择 ExpRise，然后按 F1 键并选择"确定"，可输出指数上升波形。

内建波形表如表 6.4 所示。

表 6.4　内建波形表

类型	名称	说明	类型	名称	说明
常用	StairD	阶梯下降	数学	Lorentz	洛伦兹函数
	StairU	阶梯上升		ln	自然对数函数
	StairUD	阶梯上升/下降		Cubic	立方函数
	Trapezia	梯形		Cauchy	柯西分布
	RoundHalf	半球波		Besselj	第Ⅰ类贝塞尔函数
	AbsSine	正弦绝对值		Bessely	第Ⅱ类贝塞尔函数
	AbsSineHalf	半正弦绝对值		Erf	误差函数
	SineTra	正弦波横切割		Airy	Airy 函数
	SineVer	正弦波纵切割	窗函数	Rectangle	矩形窗
	NegRamp	倒三角		Gauss	高斯分布，或称正态分布
	AttALT	增益振荡曲线		Hamming	汉明窗
	AmpALT	衰减振荡曲线		Hann	汉宁窗
	CPulse	编码脉冲		Bartlett	巴特利特窗
	PPulse	正脉冲		Blackman	布莱克曼窗
	NPulse	负脉冲		Laylight	平顶窗
数学	ExpRise	指数上升函数		Triang	三角窗，也称 Fejer 窗
	ExpFall	指数下降函数	其他	DC	直流电压
	Sinc	Sinc 函数		Heart	心形信号
	Tan	正切函数		Round	圆形信号
	Cot	余切函数		LFMPulse	线性调频脉冲信号
	Sqrt	平方根函数		Rhombus	菱形信号
	XX	平方函数		Cardiac	心电信号
	HaverSine	半正矢函数			

2）用户自编辑波形

按 〰 键，再按 F5 键，选择"可编辑波形"，进入操作菜单。菜单项说明如表 6.5 所示。

表 6.5　可编辑波形菜单项

菜单项	说明
波形创建	用户创建新的任意波形
波形选择	选择已存储在内部存储器（FLASH）和可移动存储器（USBDEVICE）中的任意波形
波形编辑	编辑已存储的任意波形

创建一个新的任意波形的方法如下：

（1）进入设置菜单：按 ⓦ→"可编辑波形"→"波形创建"。

（2）设置波形点数：按 F1 键，选择"波形点数"菜单项，用旋钮直接改变数值或用数字键盘输入后选择单位。X1、XK、XM 分别代表 1、1000、1000000。点数范围为 2～1000000。

（3）设置插值：按 F2 键，选择"打开"，各波形点之间用直线连接；选择"关闭"，各波形点之间的电压电平保持不变，创建一个类似步进的波形。

（4）编辑波形点：按 F3 键，进入编辑波形点界面。

■ 选择"点数"，输入需要设置的点的序号。

■ 选择"电压"，输入这个点要设置的电压值。

■ 重复上面步骤，将所有要设置的点设置完毕。

■ 按"存储"，进入文件系统界面。如已插入 U 盘，按 ◀/▶ 方向键选择存储器。USB-DEVICE 是指 U 盘，FLASH 是指本机。选择"进入下一级"，进入所需的存储路径后，选择"保存"，弹出键盘，输入文件名后，选择"完成"。

选择一个已存储的任意波形的方法如下：

（1）进入菜单：按 ⓦ→"可编辑波形"→"波形选择"。

（2）选择波形：进入波形文件所在的存储路径，转动旋钮或按 ◀/▶ 方向键选择所需的波形，之后选择"读取输出"。

编辑一个已存储的任意波形的方法如下：

（1）进入菜单：按 ⓦ→"可编辑波形"→"波形编辑"。

（2）编辑波形：进入波形文件所在的存储路径，转动旋钮或按 ◀/▶ 方向键选择所需的波形，之后选择"读取"。

删除一个已存储的任意波形的方法如下：

（1）按 Save 功能键进入文件系统。

（2）进入波形文件所在的存储路径，转动旋钮或按 ◀/▶ 方向键选择要删除的波形，之后选择"删除"。

7. 输出直流

（1）按 CH1/2 键，选择要输出直流的通道。

（2）按 ⓦ 键，再按 F4 键，进入内建波形选择菜单。

（3）按 F4 键，选择"其他"，选中 DC。按 F1 键，选择"确定"，输出直流。

（4）按 F3 键，确认"偏移量"菜单项是否以高亮显示；如不是，按 F3 键切换到"偏移量"。在参数 3 位置，偏移量的参数值出现闪烁光标。使用旋钮或数字键盘设定所需电压值，然后从右侧菜单中选择所需的单位。

输出直流的界面如图 6.16 所示。

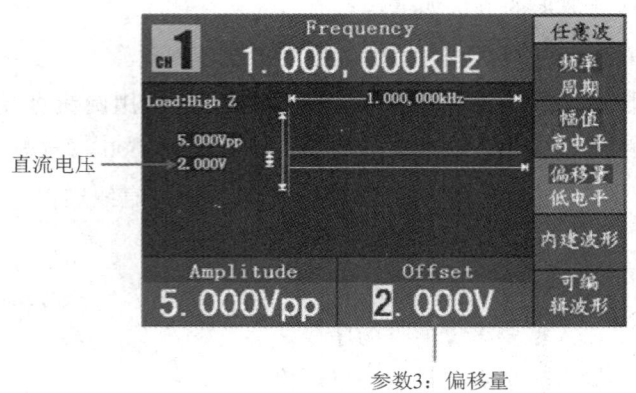

直流电压

参数3：偏移量

图 6.16　输出直流

8. 还原波形文件

还原波形文件功能用于读取从 SDS 系列示波器（由 OWON）截取并保存到 U 盘的波形数据文件（后缀为 .ota），或者用示波器上位机软件截取的波形文件（后缀为 .ota），并输出与截取波形相同的信号。

1）用 SDS 系列示波器截取波形

步骤 1：连接 U 盘到 SDS 系列示波器。

步骤 2：按 Save 键，调出保存菜单。

步骤 3：按 H1，屏幕左边显示保存类型菜单，旋转 M 旋钮至"截取波形"作为保存类型。

步骤 4：移动光标 1 和光标 2，选择截取波形范围。

步骤 5：按 H2，弹出输入框，默认文件名为当前系统时间。通过 M 旋钮选择按键，按下 M 即可输入选中的按键。选择并按下输入框上的确定键结束输入并以当前文件名保存到 U 盘。

截取波形界面如图 6.17 所示。

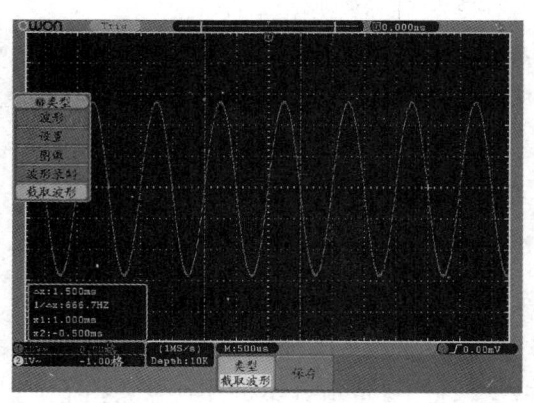

图 6.17　截取波形

2）信号发生器还原波形

步骤 1：进入菜单，按〰→"可编辑波形"→"波形选择"，进入如图 6.18 所示的界面。

步骤 2：选择"USBDEVICE"，单击"进入下一级"，转动旋钮或按◀/▶方向键选择已保存的 example.ota 波形文件，如图 6.19 所示。

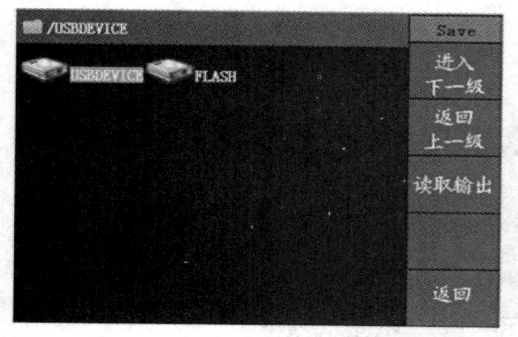

图 6.18 选择存储设备

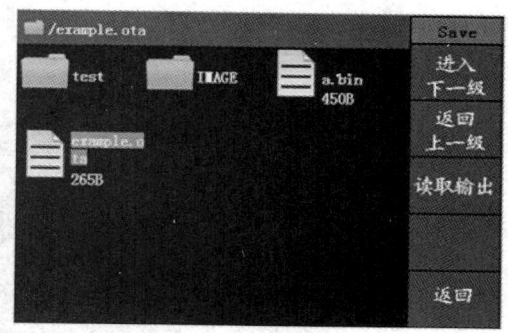

图 6.19 选择.ota 文件

步骤 3：选择"读取输出"。信号发生器显示读取的波形，如图 6.20 所示。

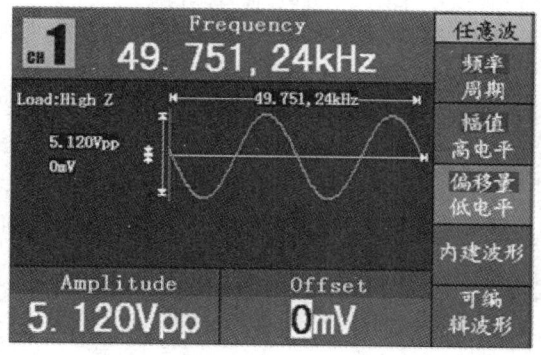

图 6.20 读取的波形

备注：

（1）正常情况下，还原出来的波形频率、幅度、偏移量与截取时是一致的，当截取波形的频率、幅度、偏移量超出信号发生器的频率、幅度、偏移量范围时，此参数采用当前值，输出波形将无法与截取的波形完全一致。

（2）AG1022F ARB 数据点数最大为 8192，当示波器截取数据点数大于 8192 时进行压缩，小于 8192 时进行线性插值。

6.2.3 输出调制波形

调制功能只适用于通道 1。按 Mod 功能键后，按 F1 键，选择"调制"，可输出经过调制的波形。可调制的类型包括：AM（振幅调制）、FM（频率调制）、PM（相位调制）、FSK（频移键控）、PWM（脉宽调制）、ASK（幅移键控）和 PSK（相移键控）。要关闭调制，按下 Mod 功能键即可。

1. 振幅调制(AM)

输出的调制波形由载波和调制波组成。载波只能为正弦波。在振幅调制中，载波的振幅随调制波形的瞬时电压而变化。振幅调制的用户界面如图 6.21 所示。

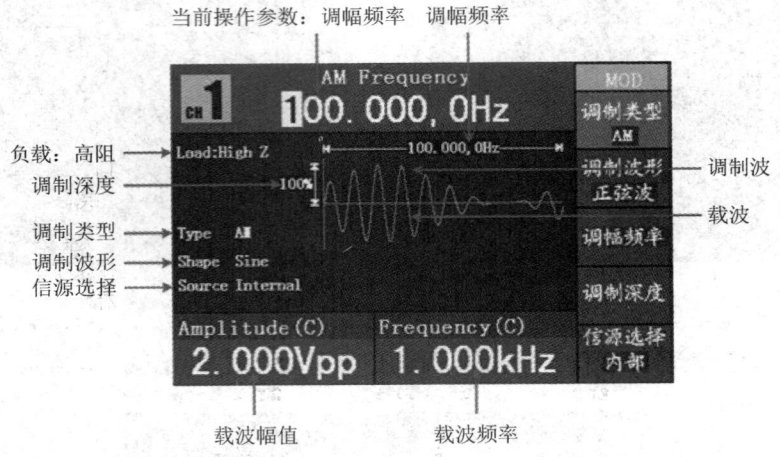

图 6.21　振幅调制的用户界面

设置振幅调制参数的步骤如下：

步骤 1：按 Mod 功能键后，按 F1 键，选择"调制"。

步骤 2：按 F1 键，切换调制类型为 AM。如载波不是正弦波，则自动切换为正弦波。

步骤 3：按 ∿ 键，显示当前载波的波形和参数。再按 ∿ 键可回到调制模式界面。

步骤 4：按 F5 键，选择信源。如选择"外部"，则将外部信号源接入后面板的 Ext Mod In 接口后，设置完成；如选择"内部"，则继续以下步骤。

步骤 5：按 F2 键，选择调制波形，可选择"Sine"(正弦波)、"Square"(矩形波)、"Ramp"(锯齿波)、"Noise"(噪声波)或"Arb"(任意波)。

步骤 6：按 F3 键，设置调幅频率。调幅频率范围为 2 mHz～20 kHz(仅适用于内部信源)。

步骤 7：按 F4 键，设置调制深度。调制深度范围为 0%～100%。

调幅频率指调制波形的频率。调制深度指输出的调制波形的幅度变化的范围。在 0%调制时，输出幅度是设定幅值的一半。在 100%调制时，输出幅度等于指定值。对于外部源，AM 深度由 Ext Mod In 连接器上的信号电平控制，+1 V 对应于当前所选的深度为 100%。

2. 频率调制(FM)

输出的调制波形由载波和调制波组成。载波只能为正弦波。在频率调制中，载波的频率随调制波形的瞬时电压而变化。频率调制的用户界面如图 6.22 所示。

当前操作参数：调制频率　调制频率

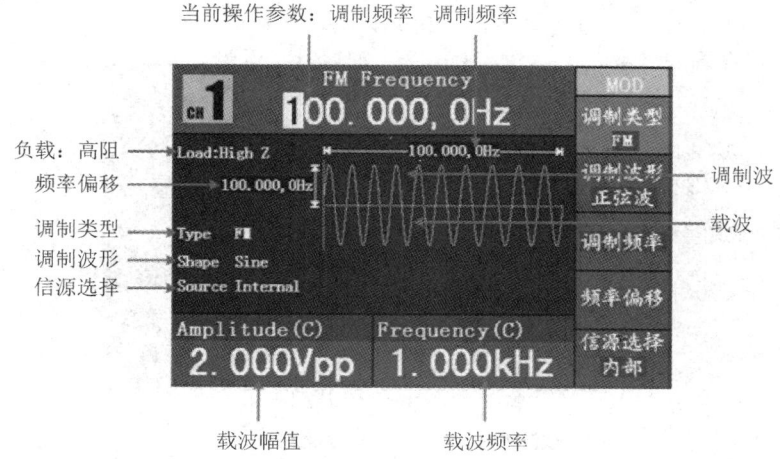

负载：高阻

频率偏移

调制类型

调制波形

信源选择

调制波

载波

载波幅值　　　　　载波频率

图 6.22　频率调制的用户界面

设置频率调制参数的步骤如下：

步骤 1：按 Mod 功能键后，按 F1 键，选择"调制"。

步骤 2：按 F1 键，切换调制类型为 FM。如载波不是正弦波，则自动切换为正弦波。

步骤 3：按 $\bigcirc$ 键，显示当前载波的波形和参数。再按 $\bigcirc$ 键可回到调制模式界面。

步骤 4：按 F5 键，选择信源。如选择"外部"，则将外部信号源接入后面板的 Ext Mod In 接口，然后跳到步骤 6；如选择"内部"，则继续以下步骤。

步骤 5：按 F2 键，选择调制波形。

步骤 6：按 F3 键，设置调制频率。调制频率范围为 2 mHz～20 kHz(仅适用于内部信源)。

步骤 7：按 F4 键，设置频率偏移。频率偏移必须小于载波频率。

注：偏移量和载波频率的和必须小于或等于当前载波频率上限加。

对于外部信源，偏移量由 Ext Mod In 接口上的电平控制。＋1 V 则加上所选偏差，－1 V则减去所选偏差。

3. 相位调制(PM)

输出的调制波形由载波和调制波组成。载波只能为正弦波。在相位调制中，载波的相位随调制波形的瞬时电压而变化。相位调制的用户界面如图 6.23 所示。

设置相位调制参数的步骤如下：

步骤 1：按 Mod 功能键后，按 F1 键，选择"调制"。

步骤 2：按 F1 键，切换调制类型为 PM。如载波不是正弦波，则自动切换为正弦波。

步骤 3：按 $\bigcirc$ 键，显示当前载波的波形和参数。再按 $\bigcirc$ 键可回到调制模式界面。

步骤 4：按 F5 键，选择信源。如选择"外部"，则将外部信号源接入后面板的 Ext Mod In 接口，然后跳到步骤 6；如选择"内部"，则继续以下步骤。

步骤 5：按 F2 键，选择调制波形。

步骤 6：按 F3 键，设置调相频率。调相频率范围为 2 mHz～20 kHz(仅适用于内部信源)。

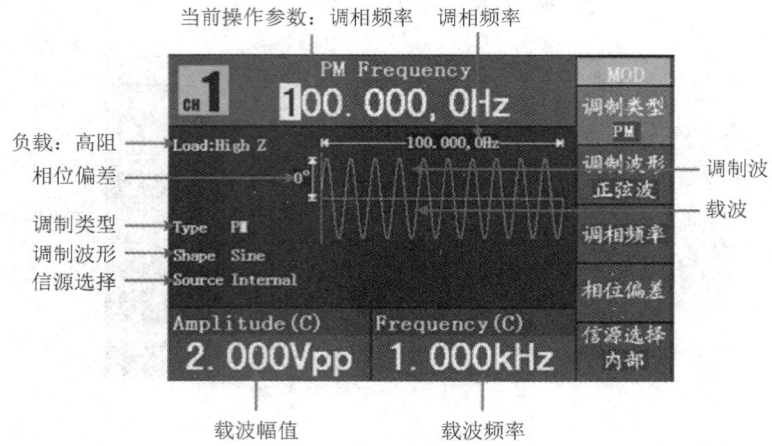

图 6.23　相位调制的用户界面

步骤 7：按 F4 键，设置相位偏差，即相位的偏移量，范围为 $0°\sim180°$。

4. 频移键控(FSK)

使用频移键控调制，是在两个预置频率值(载波频率和跳跃频率)间移动其输出频率。该输出以何种频率在两个频率间移动，是由内部频率发生器(内部信源)或后面板 Ext Trig/Burst/Fsk In 接口上的信号电平(外部信源)所决定的。频移键控调制的用户界面如图 6.24 所示。

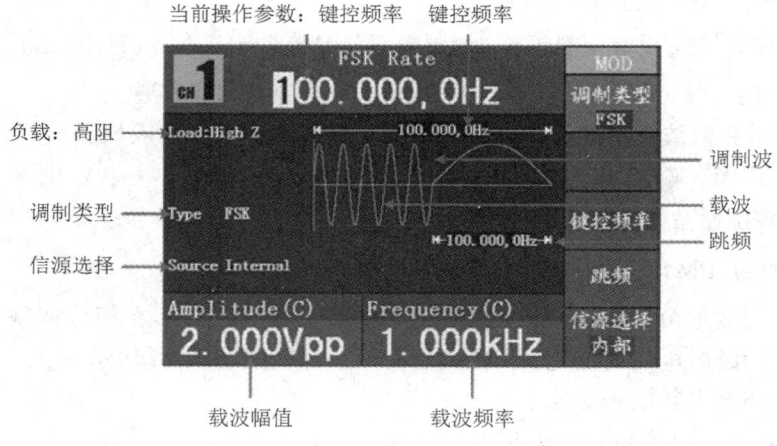

图 6.24　频移键控调制的用户界面

设置频移键控调制参数的步骤如下：

步骤 1：按 Mod 功能键后，按 F1 键，选择"调制"。

步骤 2：按 F1 键，切换调制类型为 FSK。如载波不是正弦波，则自动切换为正弦波。

步骤 3：按 ∿ 键，显示当前载波的波形和参数。再按 ∿ 键可回到调制模式界面。

步骤 4：按 F5 键，选择信源。如选择"外部"，则将外部信号源接入后面板的

Ext Trig/Burst/Fsk In 接口。

步骤 5：按 F3 键，设置键控频率，范围为 2 mHz～100 kHz（仅适用于内部信源）。

步骤 6：按 F4 键，设置跳频，即交替频率，范围为 2 mHz～25 MHz。

键控频率指输出频率在载波频率和跳跃频率之间交替的速率（只用于内部信源）。

5. 脉宽调制（PWM）

脉宽调制功能只可应用于调制脉冲波，因此载波只能为脉冲波。在脉宽调制中，载波（脉冲波）的脉宽随调制波形的瞬时电压而变化。

设置脉宽调制参数的步骤如下：

步骤 1：按 Mod 功能键后，按 F1 键，选择"调制"。

步骤 2：按 F1 键，切换调制类型为 PWM。如载波不是脉冲波，则自动切换为脉冲波。

步骤 3：按 ⨅ 键，显示当前载波的波形和参数。再按 ⨅ 键可回到调制模式界面。

步骤 4：按 F5 键，选择信源。如选择"外部"，则将外部信号源接入后面板的 Ext Mod In 接口，然后跳到步骤 6；如选择"内部"，则继续以下步骤。

步骤 5：按 F2 键，选择调制波形。

步骤 6：按 F3 键，设置调制频率，范围为 2 mHz～20 kHz（仅适用于内部信源）。

步骤 7：按 F4 键，设置脉宽偏差/占空比偏差（取决于非调制模式时，脉冲波的设置菜单是脉宽还是占空比）。占空比偏差的最大取值为：[载波占空比，1－载波占空比]中的最小值。脉宽偏差的最大取值范围是载波脉宽。

6. 幅移键控（ASK）

幅度调制功能只可应用于调制正弦波，因此载波只能为正弦波。在幅度调制中，载波（正弦波）的幅度随调制波形的瞬时电压而变化。

设置幅移键控调制参数的步骤如下：

步骤 1：按 Mod 功能键后，按 F1 键，选择"调制"。

步骤 2：按 F1 键，切换调制类型为 ASK。如载波不是正弦波，则自动切换为正弦波。

步骤 3：按 ∿ 键，显示当前载波的波形和参数。再按 ∿ 键可回到调制模式界面。

步骤 4：按 F5 键，选择信源。如选择"外部"，则将外部信号源接入后面板的 Ext Trig/Burst/Fsk In 接口。

步骤 5：按 F3 键，设置 ASK 速率，范围为 2 mHz～100 kHz（仅适用于内部信源）。

步骤 6：按 F4 键，设置幅度，范围为 0 mVpp～1 Vpp。

7. 相移键控（PSK）

相位调制功能只可应用于调制正弦波，因此载波只能为正弦波。在相位调制中，载波（正弦波）的相位随调制波形的瞬时电压而变化。

设置相移键控调制参数的步骤如下：

步骤 1：按 Mod 功能键后，按 F1 键，选择"调制"。

步骤 2：按 F1 键，切换调制类型为 PSK。如载波不是正弦波，则自动切换为正弦波。

步骤 3：按 ⌇ 键，显示当前载波的波形和参数。再按 ⌇ 键可回到调制模式界面。

步骤 4：按 F5 键，选择信源。如选择"外部"，则将外部信号源接入后面板的 Ext Trig/Burst/Fsk In 接口。

步骤 5：按 F3 键，设置 PSK 速率，范围为 2 mHz～100 kHz（仅适用于内部信源）。

步骤 6：按 F4 键，设置相位偏差，范围为 0°～360°，默认为 0°。

6.2.4　输出扫描频率

扫频功能只适用于通道 1。在扫描模式中，在指定的扫描时间内从起始频率到终止频率变化输出。只可使用正弦波、矩形波或锯齿波产生扫描，用户界面如图 6.25 所示。

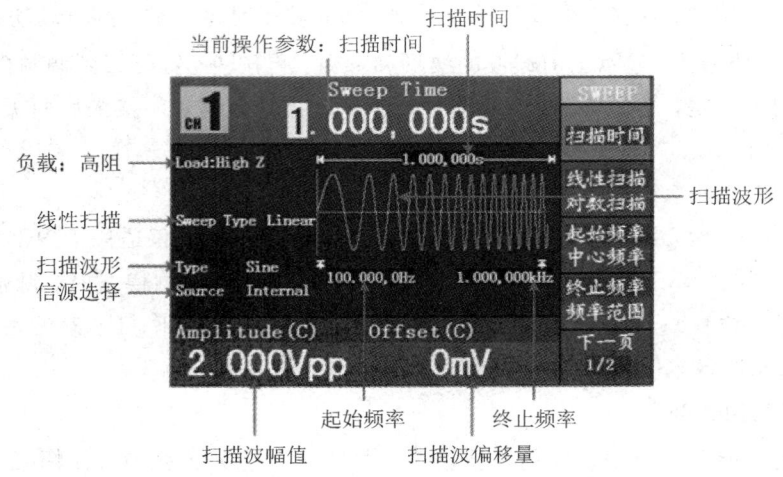

图 6.25　扫描模式的用户界面

设置扫描模式的步骤如下：

步骤 1：在正弦波、矩形波或锯齿波界面下，按 Mod 功能键后，按 F2 键，选择"扫频"，进入扫描模式。

步骤 2：按 ⌇、⊓ 或 ∿ 可选择扫描波形。

步骤 3：按 F1 键，设置扫描时间，即从起始频率到终止频率所需的秒数。

步骤 4：按 F2 键，切换扫描类型。当选择"线性扫描"时，扫描期间输出频率线性变化；当选择"对数扫描"时，扫描期间输出频率对数变化。

步骤 5：可通过设置"起始频率"和"终止频率"，或者设置"中心频率"和"频率范围"来设置扫描的频率边界。按 F3 键，选择"起始频率"或"中心频率"，并设置相应的值。

步骤 6：按 F4 键，设置终止频率或频率范围。

步骤 7：按 F5 键，选择"下一页"，再按一次，进入菜单下一页。

步骤 8：按 F1 键，选择信源。"内部"是使用内部信号源；"外部"是使用后面板的 Ext Trig/Burst/Fsk In 接口的外部信号源；"手动"是选择手动触发，在扫频界面下每按一次前面板的旋钮，都会启动一次扫描。

6.2.5　输出脉冲串波形

突发脉冲串功能只适用于通道 1。按 Mod 功能键后，按 F3 键，选择"突发脉冲串"，可以产生多种波形函数的脉冲串波形输出。脉冲串可持续特定数目的波形循环(N 循环脉冲串)，或受外部门控信号控制(门控脉冲串)。可使用正弦波、矩形波、锯齿波、脉冲波或任意波函数(噪声无法使用此功能)。

脉冲串指一起传送的脉冲集合。各种信号发生器中通常称为 BURST(突发)功能。

N 循环脉冲串指包含特定数目的波形循环，每个脉冲串都是由一个触发事件启动的。

门控脉冲串指使用外部门信号控制波形脉冲串波形何时活动。

1. 设置 N 循环脉冲串

设置 N 循环脉冲串的用户界面如图 6.26 所示。

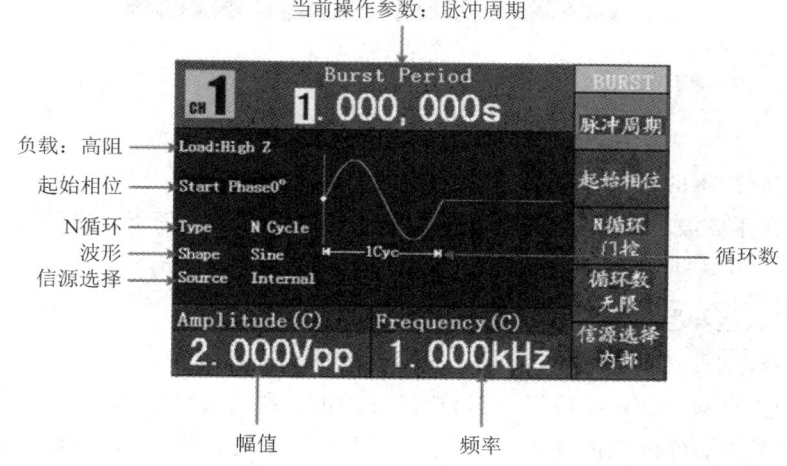

图 6.26　N 循环脉冲串的用户界面

设置 N 循环脉冲串的步骤如下：

步骤 1：在正弦波、矩形波、锯齿波、脉冲波或任意波形界面下，按 Mod 功能键后，按 F3 键，选择"突发脉冲串"。

步骤 2：按⏜、⊓、⌇、⊓或〰键选择波形函数。

步骤 3：按 F3 键，切换到"N 循环"。

步骤 4：按 F1 键，设置脉冲串周期。

步骤 5：按 F2 键，设置起始相位(如选择脉冲波，则跳过此步骤)，即定义波形中脉冲串开始和停止的点。可设置相位从−360°到+360°。对于任意波形，0°是第一个波形点。

步骤 6：按 F4 键，设置循环数，即每个 N 循环脉冲串要输出的波形循环数目。范围为 1～50000。选择"无限"时，输出一个连续的波形，直到接收到触发事件(按下旋钮停止波形)。

提示：如果必须的话，脉冲串周期将增加以适应指定数量的循环。对于无限计数脉冲串，需要外部或手动触发源启动脉冲串。

步骤 7：按 F5 键，选择信源。

2. 设置门控脉冲串

设置门控脉冲串的用户界面，如图 6.27 所示。

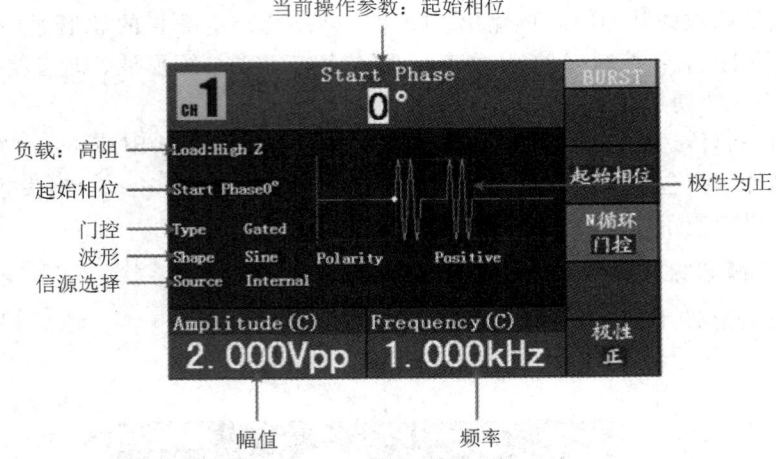

图 6.27　门控脉冲串的用户界面

设置门控脉冲串的步骤如下：

步骤 1：在正弦波、矩形波、锯齿波、脉冲波或任意波形界面下，按 Mod 功能键后，按 F3 键，选择"突发脉冲串"。

步骤 2：按 ∿、⊓、∿、∏ 或 ∿键选择波形函数。

步骤 3：按 F3 键，切换到"门控"。

步骤 4：按 F2 键，设置起始相位（如选择脉冲波，则跳过此步骤），即定义波形中脉冲串开始和停止的点。可设置相位从 −360°到 +360°。对于任意波形，0°是第一个波形点。

步骤 5：按 F5 键，设置门控信号的极性。

6.2.6　存储/读取

按 Save 功能键进入文件系统。

1. 使用 USB 存储器

存储器分为内部存储器（FLASH）和可移动存储器（USBDEVICE）。当连接 USB 设备时，存储菜单会显示"USBDEVICE"和"FLASH"。如没有连接，则只显示内部存储器 FLASH。

（1）安装 U 盘。将 U 盘插入前面板的 USB 接口，屏幕会出现提示："发现 USB 设备"。按 Save 功能键进入文件系统，屏幕显示 USBDEVICE 和 FLASH 两个存储器。

（2）进入存储器。转动旋钮或按 ◀/▶ 方向键选择存储器。按 F1 键可进入当前选中的存储器，可进行的操作有"进入下一级""返回上一级""创建新的文件夹""删除""重命名""复制"和"粘贴"。

（3）卸载 U 盘。将 U 盘从前面板的接口拔下，系统将提示"USB 设备已断开"。文件系统菜单中的 USBDEVICE 存储器消失。

2．编辑文件名

在文件系统中，用户可编辑文件以及文件夹的名字。当需要用户输入文件名的时候，屏幕出现输入键盘，如图 6.28 所示。

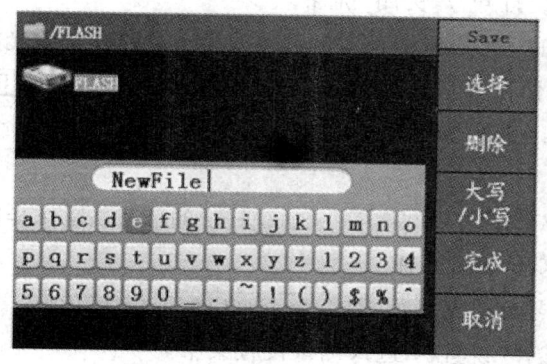

图 6.28　输入文件名

（1）转动旋钮或按◀/▶方向键可左右移动以选择字符。按 F3 键可切换键盘字符的大小写。

（2）按 F1 键可输入当前的字符。按 F2 键可删除已输入的最后一个字符。

（3）按 F4 键完成编辑并保存文件。按 F5 键取消当前操作。

注：文件名长度不能超过 15 个字符。

6.2.7　辅助功能设置

按 Utility 功能键进入系统选项菜单。用户可以对信号发生器的显示参数、频率计参数、输出参数以及系统参数进行设置。再按 Utility 可退出系统选项菜单。

1．显示设置

1）亮度控制

步骤 1：按 Utility 功能键，选择"显示设置"，再按 F1 键，选择"亮度控制"。

步骤 2：转动旋钮可改变当前光标位数值，按◀/▶方向键可左右移动光标；或使用数字键盘输入亮度百分比，按 F4 键选择单位。亮度范围为 0%～100%。

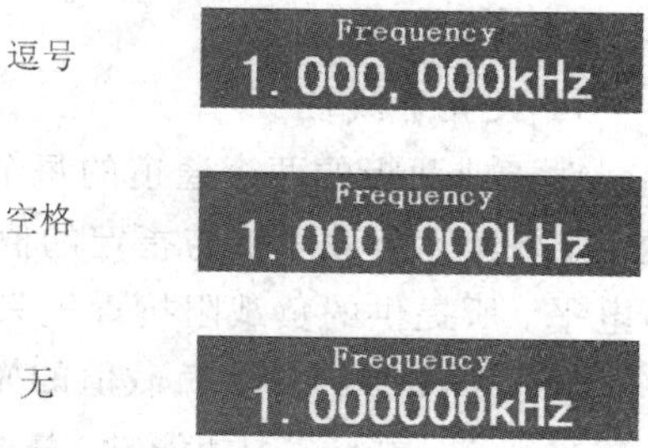

逗号

Frequency
1.000,000kHz

2）分隔符

用户可设置屏幕显示数据的分隔符。

步骤 1：按 Utility 功能键，选择"显示设置"，再按 F2 键，选择"分隔符"。

空格

Frequency
1.000 000kHz

无

Frequency
1.000000kHz

步骤 2：按 F2 键在"逗号""空格""无"之间切换。

以频率参数值为例，分隔符效果如图 6.29 所示。

图 6.29　分隔符效果

3）屏幕保护

如在设定的屏保时间内无任何操作，则屏幕保护自动运行。按任意键可重新显示操作界面。

步骤 1：按 $\boxed{\text{Utility}}$ 功能键，选择"显示设置"，按 $\boxed{\text{F3}}$ 键，选择"屏保"。

步骤 2：按 $\boxed{\text{F3}}$ 键可"打开"/"关闭"屏屏。

步骤 3：打开屏保时，可设定屏保时间。转动旋钮可改变当前光标位数值，按 $\boxed{\blacktriangleleft}$/$\boxed{\blacktriangleright}$ 方向键可左右移动光标；或使用数字键盘输入时间，以分钟为单位，按 $\boxed{\text{F4}}$ 键选择单位。屏保时间范围为 1～999 分钟。

2．频率计

频率计可测量频率范围为 100 mHz～200 MHz 的信号。操作步骤如下：

步骤 1：按 $\boxed{\text{Utility}}$ 功能键，选择"频率计"。

步骤 2：将待测信号连接至后面板的 $\boxed{\text{Ref Clk/Counter In}}$ 连接器。

步骤 3：按 $\boxed{\text{F3}}$ 键选择"设置"，进入测量设置菜单。

按 $\boxed{\text{F1}}$ 键切换耦合为 AC/DC。

按 $\boxed{\text{F2}}$ 键切换灵敏度为低/中/高。对于小幅值信号，灵敏度选择为中或者高；对于低频大幅度信号或者上升沿比较慢的信号，选择低灵敏度，测量结果更准确。

按 $\boxed{\text{F3}}$ 键切换高频抑制为 ON/OFF。高频抑制可用于在测量低频信号时，滤除高频成分，提高测量精度。在测量频率小于 1 kHz 的低频信号时，打开高频抑制，以滤除高频噪声干扰；在测量频率大于 1 kHz 的高频信号时，关闭高频抑制。

按 $\boxed{\text{F4}}$ 键选择"触发电平"。转动旋钮可改变当前光标位数值，按 $\boxed{\blacktriangleleft}$/$\boxed{\blacktriangleright}$ 方向键可左右移动光标；或使用数字键盘输入数值，然后从右侧菜单中选择所需的单位。触发电平范围为 -2.5 V～2.5 V。

按 $\boxed{\text{F5}}$ 键选择"返回"，查看测量结果。

设置完毕后，频率计将以当前设置对待测信号进行测量。若读数不稳定，可重复进行上述调节，直到显示稳定为止。

步骤 4：按 $\boxed{\text{F1}}$ 键可切换查看"频率/周期"测量值；按 $\boxed{\text{F2}}$ 键可切换查看"正脉宽/占空比"测量值。

3．输出设置

1）设置负载值

对于前面板的两个通道的每个输出端，信号发生器都具有一个 50 Ω 的固定串联输出阻抗。如果实际负载阻抗与指定的值不同，则显示的振幅和偏移电平将不匹配被测部件的电压电平。所提供的负载阻抗设置只是为了方便用户将显示电压与期望负载相匹配。

设置 CH1 或 CH2 负载值的操作步骤如下：

步骤 1：按 $\boxed{\text{Utility}}$ 功能键，选择"输出设置"。按 $\boxed{\text{F1}}$ 键，选择"CH1 负载"，或按 $\boxed{\text{F2}}$ 键，选择"CH2 负载"；再按切换选择"高阻"或"＊Ω"（"＊"代表一个数值）。

步骤 2：改变阻值。在上一步选择"＊Ω"后，转动旋钮可改变当前光标位数值，按 $\boxed{\blacktriangleleft}$/$\boxed{\blacktriangleright}$ 方向键可左右移动光标；或使用数字键盘输入数值，按 $\boxed{\text{F3}}$ 键或 $\boxed{\text{F4}}$ 键选择单位"kΩ"或"Ω"。

可输入的负载值范围为 $1\,\Omega \sim 10\,\mathrm{k}\Omega$。

2）设置相位差

可设定 CH1 与 CH2 两个通道输出信号的相位差，具体步骤如下：

步骤 1：按 Utility 功能键，选择"输出设置"，按 F3 键，选择"相位差"。

步骤 2：按 F3 键可打开/关闭相位差。打开时，可设定相位差的值。转动旋钮可改变当前光标位数值，按 ◀/▶ 方向键可左右移动光标；或使用数字键盘输入，以度为单位，按 F4 键选择单位。相位差范围为 $0° \sim 360°$。

4. 系统设置

1）选择语言

按 Utility 功能键，选择"系统设置"，按 F1 键可切换显示语言。

2）开机上电

按 Utility 功能键，选择"系统设置"，按 F2 键选择"开机上电"，再按 F2 键可切换设置。如选择"默认设置"，则开机上电时，会将所有设置恢复为出厂默认值；如选择"上次设置"，则开机上电时，会恢复上次仪器关闭时的所有设置。

3）设为出厂值

按 Utility 功能键，选择"系统设置"，按 F3 键选择"设为出厂值"，按 F1 键选择"确认"，可将仪器的设置恢复为出厂默认值。出厂时默认的参数值如表 6.6 所示。

表 6.6　出厂时默认的参数值

配置类型	配　置	出厂设置
输出配置	函数	正弦波
	频率	1 kHz
	幅值/偏移量	1 Vpp/0 V DC
波形配置	频率	1 kHz
	幅值	1 Vpp
	偏移量	0 V DC
	矩形波占空比	50%
	锯齿波对称性	50%
	脉冲脉宽	200 μs
	脉冲波占空比	20%
调制波形	载波波形	1 kHz 正弦波
	调制波形	100 Hz 正弦波
	AM 深度	100%
	FM 偏移	100 Hz
	PM 相位偏差	0°
	FSK 跳频	100 Hz
	FSK 频率	100 Hz
	信源选择	内部

配置类型	配置	出厂设置
扫描	起始/停止频率	100 Hz/1 kHz
	扫描时间	1 s
	扫描模式	线性
脉冲串	脉冲串频率	1 kHz
	脉冲串计数	1 个循环
	脉冲串周期	1 s
	脉冲串起始相位	0°
其他配置	背光亮度	100%
	分隔符	逗号
	屏保时间	30 分钟
	负载	高阻
	相位差	0°
	时钟源	内部
	通道开关	关闭

4）蜂鸣器

按 Utility 功能键，选择"系统设置"，进入菜单第二页，按 F1 键选择"蜂鸣"。按 F1 键切换打开/关闭蜂鸣器。打开时，系统出现提示时发出声音。

5）系统信息

按 Utility 功能键，选择"系统设置"，进入菜单第二页，按 F2 键选择"系统信息"，屏幕显示本机的版本号和序列号。

6）时钟源

该仪器提供内部时钟源，也接受从后面板 Ref Clk/Counter In 输入的外部时钟源，还可以从 Ref Clk Out 连接器输出时钟源，供其他设备使用。

注： Ref Clk/Counter In 输入信号的幅度必须在 1 V 以上。

按 Utility 功能键，选择"系统设置"，进入菜单第二页，按 F3 键选择"时钟源"，再按 F3 键可切换内部/外部。

6.2.8　使用功率放大器（选配）

本产品可选配功率放大器模块，可应用于功率电路测试、功率元器件测量、恒定电压输出、磁化特性测量、科研与教育等。

1. 性能

（1）放大器增益×10；

（2）正弦输出功率有效值为 10 W；

（3）具有 $50\,\text{k}\Omega$ 的高输入阻抗；

（4）放大器内部集成了输出过流保护、过温保护，确保仪器稳定、可靠、安全地工作；

（5）全功率带宽：DC － 100 kHz。

2. 使用方法

将输入信号接入后面板的 P-Input 连接器，则 P-Output 连接器输出放大后的信号。

6.2.9　使用内置帮助

（1）按 Help 功能键，屏幕显示帮助目录。

（2）按 F1 或 F2 键选择帮助主题，或直接转动旋钮来选择。

（3）按 F3 键查看主题内容，按 F5 键返回帮助目录。

（4）再按 Help 功能键，退出帮助界面，直接进行其他操作，也可自动退出帮助。

6.3　技术规格

除非另有说明，所有技术规格都适用于本产品。信号发生器必须在规定的操作温度下连续运行 30 分钟以上，才能达到这些规格标准。

除标有"典型值"字样的规格以外，所用规格都有保证。具体技术规格如表 6.7～表 6.17所示。

表 6.7　波　　　形

标准波形	正弦波、方波、脉冲波、锯齿波、噪声
任意波形	指数上升、指数衰减、$\sin(x)/x$、阶梯波等 45 种内建波形，用户自定义波形
通道数	2

表 6.8　频 率 特 性

频率特性	频率分辨率为 $1\,\mu\text{Hz}$。AG1012F、AG1022F、AG1022E 最高采样率为 125 MS/s，AG2052F、AG2062F 最高采样率为 300 MS/s
正弦波	$1\,\mu\text{Hz}\sim 25\,\text{MHz}$
矩形波	$1\,\mu\text{Hz}\sim 5\,\text{MHz}$
锯齿波	$1\,\mu\text{Hz}\sim 1\,\text{MHz}$
脉冲波	$1\,\mu\text{Hz}\sim 5\,\text{MHz}$
白噪声	25 MHz 带宽（－3 dB）（典型值）
任意波	$1\,\mu\text{Hz}\sim 10\,\text{MHz}$

表 6.9　幅 度 特 性

输出幅度	高阻	1 μHz～25 MHz	1 mVpp～20 Vpp
	50 Ω	1 μHz～25 MHz	1 mVpp～10 Vpp
幅度分辨率	1 mVpp 或者 14 bit		
直流偏移范围（峰值 AC＋DC）	±5 V(50 Ω)，±10 V(高阻)		
直流偏移分辨率	1 mV		
输出阻抗	50 Ω 典型值		

表 6.10　波 形 特 性

信　号	参　数	
正弦波	平坦度(在 1.0 Vpp 幅度(＋4 dBm)时，相对于 1 kHz)	1 μHz～10 MHz：0.2 dB　10 MHz～25 MHz：0.3 dB
	谐波失真(在 1.0 Vpp 幅度时)	＜－40 dBc
	总谐波失真(在 1 Vpp 幅度下)	10 Hz～20 kHz：＜0.2％
	相位噪声	－110 dBc/Hz(在 1 MHz 频率，10 kHz 偏移量，1 Vpp 幅度下，典型值)
	残留时钟噪声	－57 dBm，典型值
矩形波	上升/下降时间	＜12 ns(10％～90％)(典型值，1 kHz，1 Vpp)
	抖动(rms)，典型值	1 ns＋30 ppm
	不对称性(在 50％占空比下)	周期的 1％＋5 ns
	过冲	＜5％
	占空比	20％～80％(＜1 MHz)　50％(1 MHz～5 MHz)
锯齿波	线性度	＜峰值输出的 0.1％(典型值 1 kHz，1 Vpp，对称性 50％)
	对称性	0％～100％
脉冲波	脉冲宽度	40 ns～1000 ks
	分辨率	10 ns
	上升沿/下降沿	＜12 ns
	过冲	＜5％
	抖动	1 ns＋30 ppm
任意波	波形长度	2k～8k 点
	采样率	125 MS/s
	垂直分辨率	14 bit
	上升/下降时间，典型值	＜10 ns
	抖动(rms)，典型值	＜6 ns

表 6.11　调 制 波 形

调制波形	指　　标	
AM	载波	正弦波
	调制信号源	内部或外部
	内部调制波形	正弦波、矩形波、锯齿波、白噪声和任意波形
	内部调幅频率	2 mHz～20 kHz
	深度	0.0%～100.0%
FM	载波	正弦波
	调制信号源	内部或外部
	内部调制波形	正弦波、矩形波、锯齿波、白噪声和任意波形
	内部调制频率	2 mHz～20 kHz
	频偏	2 mHz～20 MHz
PM	载波	正弦波
	调制信号源	内部或外部
	内部调制波形	正弦波、矩形波、锯齿波、白噪声和任意波形
	内部调相频率	2 mHz～20 kHz
	相位偏差范围	0°～180°
FSK	载波	正弦波
	调制信号源	内部或外部
	内部调制波形	50%占空比的矩形波
	键控频率	2 mHz～100 kHz
PWM	载波	脉冲波
	调制信号源	内部或外部
	内部调制波形	正弦波、矩形波、锯齿波和任意波形
	内部调制频率	2 mHz～20 kHz
	宽度偏差	脉冲宽度 0.0 ns～200.00 μs
ASK	载波	正弦波
	调制信号源	内部或外部
	ASK 速率	2 mHz～100 kHz
	幅度	0 mVpp～1 Vpp
PSK	载波	正弦波
	调制信号源	内部或外部
	PSK 速率	2 mHz～20 kHz
	相位偏差	0°～360°，默认为 0°

续表

调制波形		指　标	
扫频	类型	线性、对数	
	载波	正弦波、矩形波、锯齿波	
	方向	上/下	
	扫频时间	(1 ms～500 s)±0.1%	
	触发源	手动、外部或内部	
脉冲串	波形	正弦波、矩形波、锯齿波、脉冲波和任意波	
	类型	计数(1～50000 个周期)，无限，门控	
	起止相位	−360°～+360°	
	内部周期	(10 ms～500 s)±1%	
	门控源	外部触发	
	触发源	手动，外部或内部	

表 6.12　频 率 计 指 标

测量功能	频率、周期、正脉冲宽度、占空比	
频率范围	单通道：100 mHz～200 MHz	
频率分辨率	6 位	
	电压范围和灵敏度(非调制信号)	
DC 耦合	直流偏移范围	±1.5 V DC
	100 mHz～100 MHz	250 mVpp～5 Vpp(AC+DC)
	100 MHz～200 MHz	450 mVpp～3 Vpp(AC+DC)
AC 耦合	1 Hz～100 MHz	250 mVpp～5 Vpp
	100 MHz～200 MHz	450 mVpp～4 Vpp
脉冲宽度和占空比测量	1 Hz～10 MHz(250 mVpp～5 Vpp)	
输入调节	输入阻抗	1 MΩ
	耦合方式	AC、DC
	高频抑制	高频噪声抑制(HFR)打开或关闭
	灵敏度	可设置高、中、低三挡
触发电平范围	±2.5 V	

表 6.13　输 入 输 出 特 性

输入输出类型		输入输出特性
通道耦合、通道复制	相位差	0°～360°
后面板	通信端口	USB(B 型)连接器

输入输出类型	输入输出特性		
外部调制输入	输入频率范围	DC 20 kHz	
	输入电平范围	±5 Vpk	
	输入阻抗	10 kΩ 典型值	
外部触发输入	电平	兼容 TTL	
	斜率	上升/下降,可选	
	脉冲宽度	>100 ns	
	触发延时	0.0 ns～60 s	
外部参考时钟输入	阻抗	1 kΩ,交流耦合	
	要求输入电压摆幅	100 mVpp～5 Vpp	
	锁定范围	10 MHz±9 kHz	
频率计输入(与外部参考时钟输入共用同一个端口)	DC 耦合	直流偏移范围	±1.5 V DC
		100 mHz～100 MHz	250 mVpp～5 Vpp(AC+DC)
		100 MHz～200 MHz	450 mVpp～3 Vpp(AC+DC)
	AC 耦合	1 Hz～100 MHz	250 mVpp～5 Vpp
		100 MHz～200 MHz	450 mVpp～4 Vpp
外部参考时钟输出	阻抗	50 kΩ,交流耦合	
	幅度	3.3 Vpp,接入 1 MΩ	

表 6.14 功率放大器指标(选配)

输入阻抗	50 kΩ
输出阻抗	<2 Ω
增益	×10
最大输入电压	2.2 Vpp
最大输出功率	10 W
最大输出电压	22 Vpp
全功率带宽	DC 100 kHz
输出摆率	10 V/μs
过冲	<7%

表 6.15 显　　示

特　　性	说　　明
显示类型	3.9 英寸的彩色液晶显示
显示分辨率	480 水平×320 垂直像素
显示色彩	65536 色,16 bits,TFT

表 6.16　电　源

特　性	说　明	
电源电压	220 V～240 V AC, 100 V～120 V AC, 50/60 Hz, CATⅡ	
耗电	小于 35 W	
保险丝	100 V～120 V	250 V, F1AL
	220 V～240 V	250 V, F0.5AL

表 6.17　环　境

特　性	说　明
温度	工作温度：0 ℃～40 ℃ 存储温度：−20 ℃～60 ℃
相对湿度	≤90%
高度	操作 3000 米 非操作 15000 米
冷却方法	风扇冷却

习　题　6

6.1　信号发生器的功能是什么？有几类？各有什么特点？

6.2　将 AG1022F 双通道任意波形信号发生器的面板各按键和旋钮的功能填入表 6.18。

表 6.18　信号发生器的面板各按键和旋钮的功能

名　称	功　能
显示屏	
菜单选择键	
数字键盘	
旋钮	
方向键	
保存(Save)	
功能(Utility)	
帮助(Help)	
CH2 输出控制	
CH2 输出端	
脚架	

名　　称	功　　能
CH1 输出控制	
CH1 输出端	
屏幕通道选择（CH1/2）	
调制（Mod）	
显示/修改两个通道（Both）	
USB 接口	
波形选择键	
电源键	
USB（B 型）连接器	
Ext Mod In（外部调制输入）连接器	
Ext Trig/Burst/Fsk In（外部触发/突发脉冲/Fsk 输入）连接器	
Ref Clk/Counter In（参考时钟/频率计输入）连接器	
Ref Clk Out（参考时钟输出）连接器	
P-Output（功率放大器输出）连接器	
P-Input（功率放大器输入）连接器	

6.3　对 AG1022F 双通道任意波形信号发生器，如何设置并输出正弦波？写出步骤。

6.4　对 AG1022F 双通道任意波形信号发生器，如何设置并输出矩形波、锯齿波、脉冲波？写出步骤。

6.5　对 AG1022F 双通道任意波形信号发生器，如何设置并输出噪声波？写出步骤。

6.6　对 AG1022F 双通道任意波形信号发生器，如何设置并输出任意波及直流？写出步骤。

6.7　检定某一信号源的功率输出，信号源刻度盘读数为 $90~\mu W$，其允许误差为 $\pm 30\%$，检定时用标准功率计去测量信号源的输出功率，正好为 $75~\mu W$。此信号源是否合格？

6.8　对某信号源的输出频率 f_x 进行了 8 次测量，数据如表 6.19 所示，求频率的均值与方差。

表 6.19　测 量 数 据

次数	1	2	3	4	5	6	7	8
频率/kHz	10.81	10.79	10.81	10.84	10.78	10.91	10.77	10.81

第7章　示　波　器

【教学提示】　本章主要介绍 NDS102 系列双通道数字存储示波器的功能与使用方法。在介绍示波器的结构和用户界面之后，着重介绍如何使用示波器，并以问题为核心，详细给出操作步骤。本章主要涉及探头、校正、垂直系统、水平系统、触发系统、显示系统、辅助系统、触摸屏、数学运算、保存和调出、波形录制和回放、格式化、自动测量、光标测量、自动量程，以及与计算机通信等内容。

【教学要求】　了解通用电子示波器的主要性能，掌握 Y 通道、X 通道和 Z 通道的工作原理；熟练掌握示波器的应用，包括信号的电压、周期、频率，脉冲信号的前沿、脉宽、延迟时间，正弦波的相位差等参数的测量；熟练使用示波器观察信号特征（正弦波、三角波、方波）；熟练掌握示波器各主要旋钮的作用和用法。

　　示波器是一种用途十分广泛的电子测量仪器，它能把肉眼看不见的电信号变换成看得见的图像，便于人们研究各种电现象的变化过程。利用示波器能观察各种不同信号随时间变化的波形曲线，还可以用它测试各种不同的电量，如电压、电流、频率、相位差、调幅度等。按照所测量信号的不同可分为模拟示波器和数字示波器；按照结构和性能的不同可分为普通示波器、多用示波器、多线示波器、多踪示波器、取样示波器、记忆示波器、数字示波器等。

7.1　示波器的结构

7.1.1　前面板

　　示波器面板上包括旋钮和功能按键。显示屏下侧及右侧均有 5 个按键，为菜单选择按键，如图 7.1 所示，旋钮和功能按键说明如表 7.1 所示。通过旋钮和功能按键，可以设置当

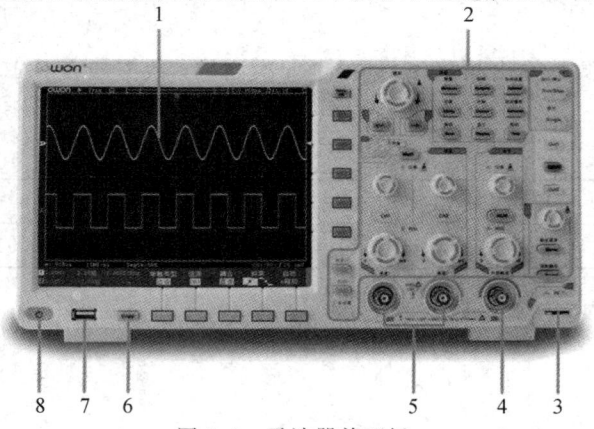

图 7.1　示波器前面板

前菜单的不同选项。

表 7.1 示波器前面板旋钮和功能按键说明

项　目	说　明
1	显示区域
2	按键和旋钮控制区
3	探头补偿：5 V/1 kHz 信号输出
4	外触发输入
5	信号输入口
6	Copy 键：可在任何界面通过直接按此键来保存信源波形
7	USB Host 接口：当示波器作为"主设备"与外部 USB 设备连接时，需要通过该接口传输数据。例如，通过 U 盘保存波形时，使用该接口
8	示波器开关按键背景灯的状态： 红灯：关机状态（接市电或使用电池供电）； 绿灯：开机状态（接市电或使用电池供电）

7.1.2　后面板

示波器的后面板如图 7.2 所示。

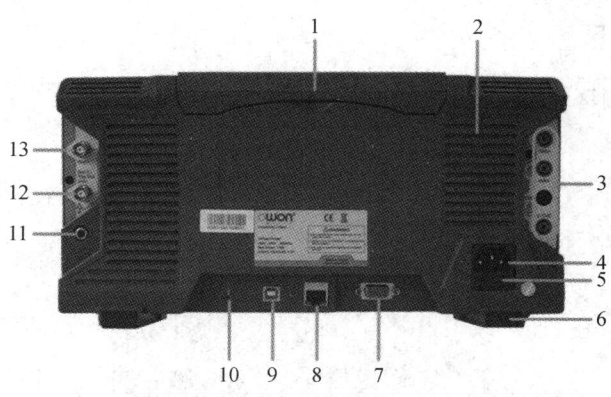

图 7.2　示波器后面板

示波器后面板旋钮和功能按键说明如表 7.2 所示。

表 7.2 示波器后面板旋钮和功能按键说明

项　目	说　明
1	可收纳式提手
2	散热孔

项　目	说　　明
3	万用表输入端(可选)
4	电源插口
5	保险丝
6	脚架：可调节示波器倾斜的角度
7	VGA 接口：VGA 输出连接到外部监视器或投影仪(可选)
8	LAN 接口：提供与计算机相连接的网络接口
9	USB Device 接口：当示波器作为"从设备"与外部 USB 设备连接时，需要通过该接口传输数据。例如，连接 PC 或打印机时，使用该接口
10	锁孔：可以使用安全锁(请用户自行购买)，通过该锁孔将示波器锁定在固定位置，用来确保示波器安全
11	AV 接口：AV 视频信号输出(可选)
12	Trig Out(P/F)接口：触发输出或通过/失败输出端口，另外也作为双通道信号发生器通道 2 的输出端(可选)。输出选项可在菜单中设置(功能菜单→输出→同步输出)
13	Out 1 接口：信号发生器的输出端(单通道)或通道 1 的输出端(双通道)(可选)

7.1.3　按键控制区

按键和旋钮控制区说明如图 7.3 和表 7.3 所示。

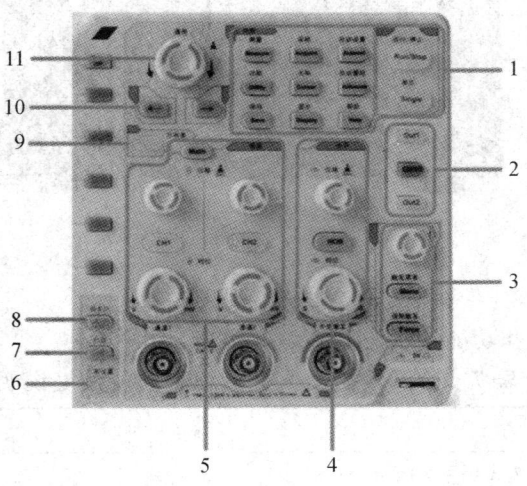

图 7.3　按键和旋钮控制区

表 7.3　按键和旋钮控制区说明

项目	说　　　　明
1	功能按键区：共 11 个按键
2	信号发生器控件(可选)或 DAQ：万用表记录仪快捷键。P/F：通过/失败快捷键。W.REC：波形录制快捷键
3	触发控制区：包括两个按键和一个旋钮。触发电平旋钮调整触发电平，其他两个按键对应触发系统的设置
4	水平控制区：包括一个按键和两个旋钮。在示波器状态，水平菜单按键对应水平系统设置菜单，水平位移旋钮控制触发的水平位移，挡位旋钮控制时基挡位
5	垂直控制区：包括三个按键和四个旋钮。在示波器状态，"CH1""CH2"按键分别对应通道 1、通道 2 的设置菜单；"Math"按键对应波形计算菜单，包括加减乘除、FFT、自定义函数运算和数字滤波。两个垂直位移旋钮分别控制 CH1、CH2 的垂直位移。两个挡位旋钮分别控制 CH1、CH2 的电压挡位
6	厂家设置
7	打印显示在示波器屏幕上的图像
8	开启/关闭硬件频率计的快捷键(如选配解码功能，为开启/关闭解码)
9	测量快照(如选配万用表，为开启/关闭万用表)
10	方向键：移动选中参数的光标
11	"通用"旋钮：当屏幕菜单中出现标志时，表示可转动"通用"旋钮来选择当前菜单或设置数值；按下旋钮可关闭屏幕左侧及右侧菜单

7.1.4　用户界面

用户(显示)界面说明如图 7.4 和表 7.4 所示。

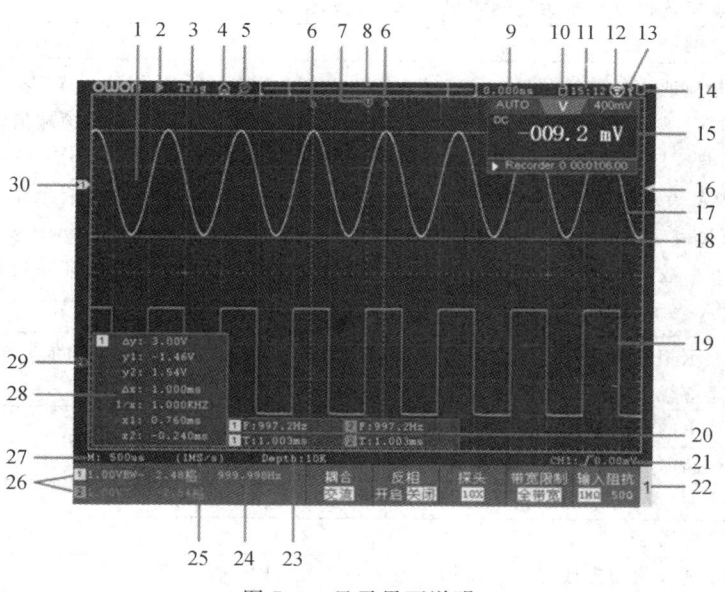

图 7.4　显示界面说明

表 7.4　显 示 界 面

项目	说　　明
1	波形显示区
2	运行/停止(触摸屏可直接点击)
3	触发状态指示,有以下信息类型: Auto:示波器处于自动方式并正在采集无触发状态下的波形。 Trig:示波器已检测到一个触发,正在采集触发后的信息。 Ready:所有预触发数据均已被获取,示波器已准备就绪,接受触发。 Scan:示波器以扫描方式连续地采集并显示波形数据。 Stop:示波器已停止采集波形数据
4	点击可调出触摸主菜单(仅限于触摸屏)
5	开启/关闭放大镜功能(仅适用于选配触摸屏的 NDS102UP/NDS202U)
6	两条垂直蓝色虚线指示光标测量的垂直光标位置
7	T 指针表示触发水平位移,水平位移控制旋钮可调整其位置
8	指针指示当前存储深度内的触发位置
9	指示当前触发水平位移的值;显示当前波形窗口在内存中的位置
10	触摸屏是否已锁定的图标,图标可点击。锁定时,屏幕不可进行触摸操作(仅限于触摸屏)
11	显示系统设定的时间
12	已开启 WiFi 功能
13	表示当前有 U 盘插入示波器
14	指示当前电池电量
15	万用表显示窗
16	指针表示通道的触发电平位置
17	通道 1 的波形
18	两条水平蓝色虚线指示光标测量的水平光标位置
19	通道 2 的波形
20	显示相应通道的测量项目与测量值。其中 T 表示周期,F 表示频率,V 表示平均值,Vp 表示峰峰值,Vr 表示均方根值,Ma 表示最大值,Mi 表示最小值,Vt 表示顶端值,Vb 表示底端值,Va 表示幅度,Os 表示过冲,Ps 表示预冲,RT 表示上升时间,FT 表示下降时间,PW 表示正脉宽,NW 表示负脉宽,+D 表示正占空比,−D 表示负占空比,PD 表示正延迟,ND 表示负延迟,TR 表示周均方根,CR 表示游标均方根,WP 表示屏幕脉宽比,RP 表示相位,+PC 表示正脉冲个数,−PC 表示负脉冲个数,+E 表示上升沿个数,−E 表示下降沿个数,AR 表示面积,CA 表示周期面积
21	图标表示相应通道所选择的触发类型,例如,$\int$ 表示在边沿触发的上升沿处触发;读数表示相应通道触发电平的数值
22	下方菜单的通道标识
23	当前存储深度
24	触发频率显示对应通道信号的频率
25	当前采样率
26	读数分别表示相应通道的电压挡位及零点位置。BW 表示带宽限制。 图标指示通道的耦合方式:"—"表示直流耦合;"~"表示交流耦合;"⊥"表示接地耦合读数

项目	说　　明
27	读数表示主时基设定值
28	光标测量窗口，显示光标的绝对值及各光标的读数
29	蓝色指针表示 CH2 通道所显示波形的接地基准点（零点位置）。如果没有表明通道的指针，说明该通道没有打开
30	黄色指针表示 CH1 通道所显示波形的接地基准点（零点位置）。如果没有表明通道的指针，说明该通道没有打开

7.2　设置与基本操作

7.2.1　功能检查

做一次快速功能检查，以核实本仪器是否能够正常运行。检查步骤如下：

步骤 1：接通仪器电源，长按主机左下方的开关键（⏻）。机内继电器将发出轻微的咔哒声。仪器执行所有自检项目，出现开机画面。按前面板功能按键，选择下方"功能"菜单项，在左侧功能菜单中选择"校准"，在下方菜单中选择"厂家设置"。默认的探头菜单衰减系数设定值为 10X。

步骤 2：示波器探头上的开关设定为 10X，并将示波器探头与 CH1 通道连接。将探头上的插槽对准 CH1 连接器同轴电缆插接件（BNC）上的插头并插入，然后向右旋转并拧紧探头，把探头端部和接地夹接到探头补偿器的连接器上。

步骤 3：按前面板自动设置按键，几秒钟内，可见到方波显示（1 kHz 频率、5 V 峰峰值），如图 7.5 所示。

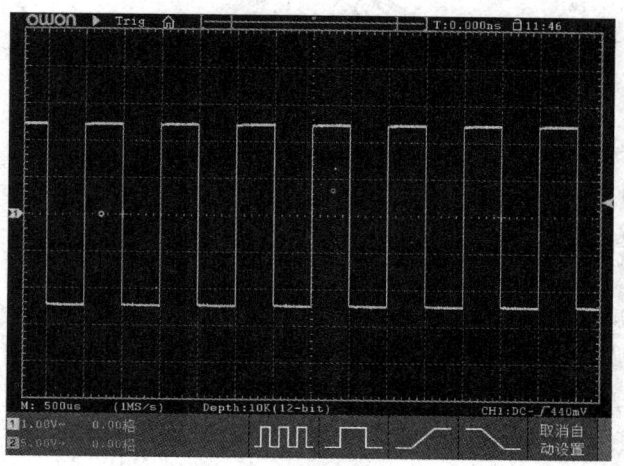

图 7.5　自动设置

在 CH2 通道上重复步骤 2 和步骤 3。

7.2.2　探头补偿

在首次将探头与任一输入通道连接时，进行探头补偿调节，使探头与输入通道相配。未经补偿或补偿偏差的探头会导致测量误差或错误。

调整探头补偿的步骤如下：

步骤 1：将探头菜单衰减系数设定为 10X，将探头上的开关设定为 10X，并将示波器探头与 CH1 通道连接。如使用探头钩形头，则应确保与探头紧密接触。将探头端部与探头补偿器的信号输出连接器相连，基准导线夹与探头补偿器的地线连接器相连，然后按前面板自动设置按键。

步骤 2：检查所显示的波形，调节探头，直到补偿正确，如图 7.6 和图 7.7 所示。

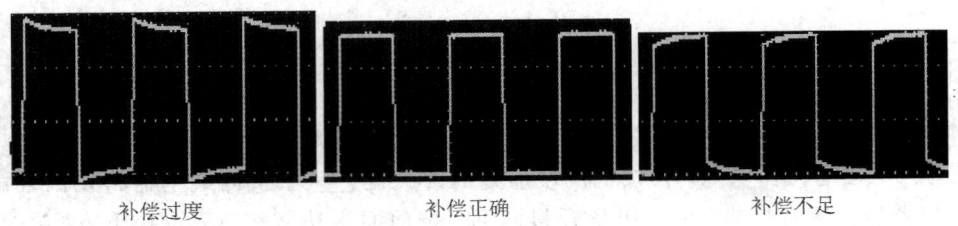

补偿过度　　　　　　　　　补偿正确　　　　　　　　　补偿不足

图 7.6　探头补偿显示波形

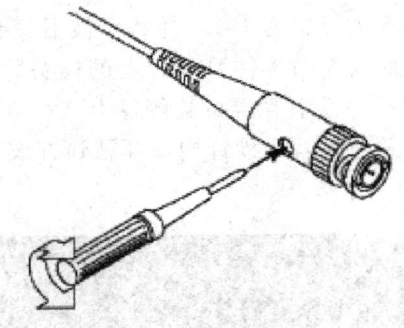

图 7.7　探头调整

必要时，重复上述步骤。

7.2.3　探头衰减系数的设定

探头有多种衰减系数，它们会影响示波器垂直挡位因数。

改变(检查)示波器菜单中探头衰减系数设定值的步骤如下：

步骤 1：按所使用通道的通道按键(CH1 键或 CH2 键)。

步骤 2：在下方菜单中选择"探头"，在右侧菜单中选择"衰减"，转动通用旋钮，选择所需的衰减系数。该设定在再次改变前一直有效。

注意：示波器出厂时菜单中的探头衰减系数的预定设置为 10X，使用时需确认在探头上的衰减开关设定值与示波器菜单中的探头衰减系数选项相同。

探头开关的设定值为 1X 和 10X，如图 7.8 所示。

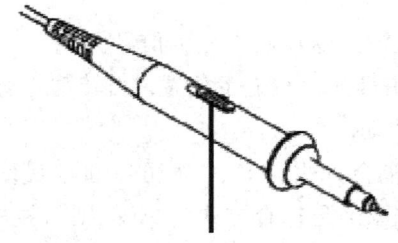

图 7.8　探头衰减开关

注意：当衰减开关设定在 1X 时，探头将示波器的带宽限制在 5 MHz。当使用示波器的全带宽时，务必将开关设定为 10X。

步骤 3：自动识别探头衰减系数。本示波器能够自动识别 100∶1（阻抗为当 5×(1±0.2) kΩ）和 10∶1（阻抗为 10×(1±0.2) kΩ，带识别针的探头。当插入这样的探头时，仪器会自动识别探头的衰减系数，将探头衰减系数设置成匹配的大小。

当插入 10∶1 带识别针的探头时，屏幕会提示"探头衰减为 X10"，并将通道探头衰减系数设置为 10X。

7.2.4　探头的安全使用

环绕探头体的安全环提供了一个手指不受电击的保障，如图 7.9 所示。

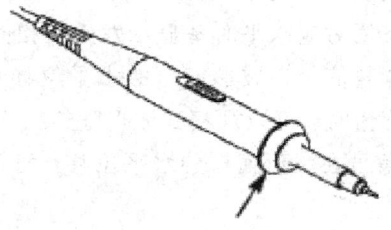

图 7.9　探头手指安全环

警告：为了防止在使用探头时受到电击，请将手指保持在探头体上安全环的后面，在探头连接到电压源时不要接触探头头部的金属部分。在做任何测量之前，请将探头连接到仪器并将接地终端连接到地面。

7.2.5　自校正

自校正程序可迅速地使示波器达到最佳状态，以取得最精确的测量值。此程序可在任意时候执行，但如果环境温度变化范围达到或超过 5℃，则必须执行。

若要进行自校正，应将所有探头或导线与输入连接器断开。然后按功能键，在下方菜单中选择"功能"项，在左侧菜单中选择"校准"，在下方菜单中选择"自校正"，确认准备就绪后执行。

7.2.6　垂直系统的初步使用

（1）使用垂直位移旋钮在波形窗口居中显示信号。

① 垂直位移。旋钮控制信号的垂直显示位置。当转动垂直位移旋钮时，指示通道接地基准点的指针跟随波形上下移动。

② 测量技巧。如果通道耦合方式为 DC，则可以通过观察波形与信号地之间的差距来快速测量信号的直流分量。如果通道耦合方式为 AC，则信号里面的直流分量被滤除。这种方式方便用更高的灵敏度显示信号的交流分量。

③ 双模拟通道中垂直位移恢复到零点的快捷键。旋动垂直位移旋钮不但可以改变通道的垂直显示位置，而且可以按下该旋钮使通道垂直显示位置恢复到零点。

（2）改变垂直设置，并观察由此导致的状态信息变化。

可以通过波形窗口下方的状态栏显示的信息确定通道垂直挡位因数的变化：

① 转动垂直挡位旋钮，改变垂直挡位因数（电压挡位），可以发现状态栏对应通道的挡位因数显示发生了相应的变化。

② 按 CH1 、 CH2 和 Math 按键，屏幕显示对应通道的操作菜单、标志、波形和挡位因数状态信息。

7.2.7　水平系统的初步使用

（1）转动水平挡位旋钮改变水平时基设置，并观察因此导致的状态信息变化。转动水平挡位旋钮时，可以发现状态栏对应水平时基显示发生了相应的变化。

（2）转动水平位移旋钮调整信号在波形窗口的水平位移。水平位移旋钮控制信号的触发水平位移，转动水平位移旋钮时，可以观察到波形随旋钮而水平移动。

水平位移旋钮不但调整信号在波形窗口的水平位移，而且可以使触发位移恢复到水平零点处（按下该旋钮）。

（3）按水平 HOR 按键，可在正常模式和波形缩放模式之间切换。

7.2.8　触发系统的初步使用

（1）按触发菜单按键，调出触发菜单，通过菜单选择按键的操作，可以改变触发的设置。

（2）使用触发电平旋钮可以改变触发电平设置。

转动触发电平旋钮，可以发现屏幕上触发指针随旋钮转动而上下移动。在移动触发指针的同时，可以观察到屏幕上触发电平的数值显示发生了变化。

注：转动触发电平旋钮不但可以改变触发电平值，更可以通过按下该旋钮作为设定触发电平在触发信号幅度的垂直中点的快捷键。

（3）按强制触发按键，强制产生一触发信号，主要应用于触发方式中的"正常"和"单次"模式。

7.2.9 触摸屏的使用

如屏幕为触摸屏，可通过各种手势来控制示波器。

显示区右上方的触摸屏锁定图标处于打开状态🔓时，可进行触摸操作；点击此图标，切换到锁定状态🔒时，禁用触摸功能。

1. 使用触摸屏操作菜单

1）选择菜单项

可直接点击显示区下方菜单栏、右侧菜单栏和左侧菜单栏中的菜单项。

2）切换菜单项

菜单栏中如有可切换选中的选项，可点击整个菜单项区域来切换选中其中的选项，或使用按键切换，如图 7.10 所示。

图 7.10　切换选项

3）滚动列表

当左侧菜单或文件系统窗口出现滚动条时，可用手指上下划动使列表滚动。

4）触摸主菜单

点击显示区左上方的图标🏠，屏幕显示触摸主菜单，如图 7.11 所示。各项对应同名的面板按键，点击各项相当于按下对应的按键。

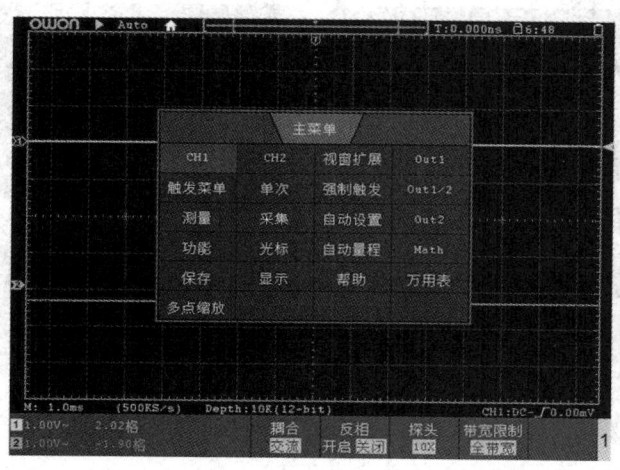

图 7.11　屏幕显示触摸主菜单

2. 正常模式下的触摸屏操作

1）选中某个通道（ CH1 键或 CH2 键）

点击左侧的通道指针，使通道指针为选中状态。

2）设置选中通道波形的垂直位置（垂直位移旋钮）

在波形显示区上下划动手指，如图 7.12 所示。

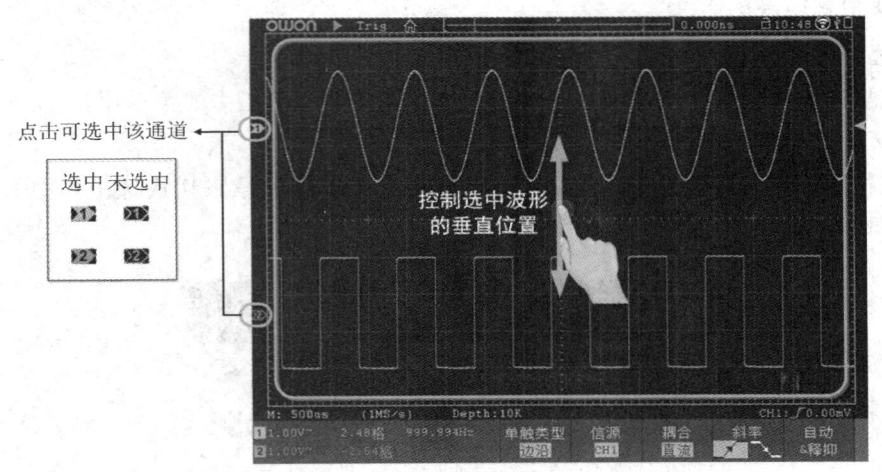

图 7.12　在波形显示区上下划动手指

3）设置触发菜单中信源的触发电平（触发电平旋钮）

在右侧的触发指针附近区域上下划动手指，如图 7.13 所示。

4）设置水平位置（水平位移旋钮）

在波形显示区左右划动手指，如图 7.14 所示。

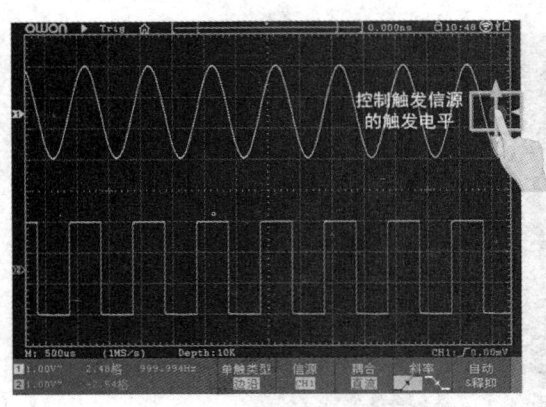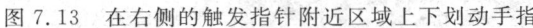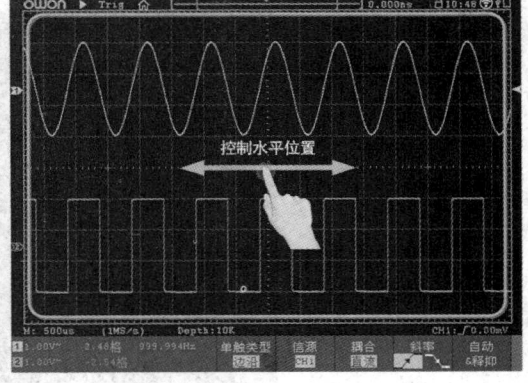

图 7.13　在右侧的触发指针附近区域上下划动手指　　图 7.14　在波形显示区左右划动手指

3. 选择多点缩放与单点缩放

触摸主菜单中，如选择"多点缩放"，在波形显示区沿水平方向捏合和拉开可控制水平时基；沿垂直方向捏合和拉开可控制当前通道的电压挡位，如图 7.15 所示。

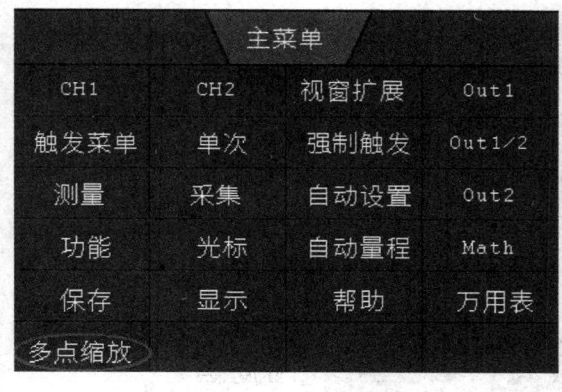

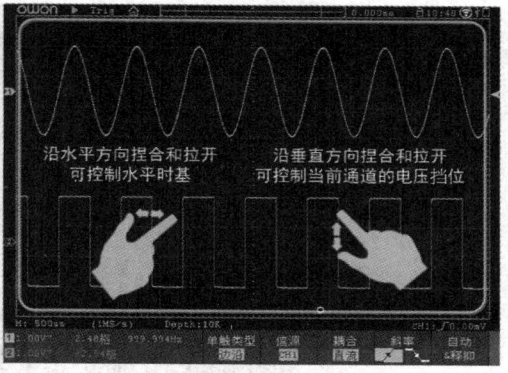

(a) 选择"多点缩放"　　　　　　　(b) 在波形显示区捏合、拉开

图 7.15　多点缩放

触摸主菜单中，如选择"单点缩放"，在波形显示区任意位置点击，屏幕中央将出现触摸控制板，如图 7.16 所示。

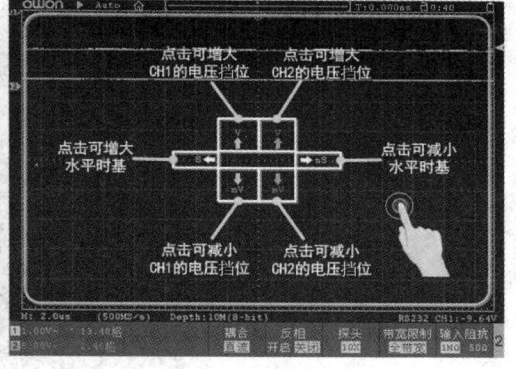

(a) 选择"单点缩放"　　　　　　　(b) 在波形显示区点击

图 7.16　单点缩放

1）设置波形的电压挡位（垂直挡位旋钮）

在触摸控制板左上方区域点击可增大 CH1 的电压挡位；在左下方区域点击可减小 CH1 的电压挡位。在触摸控制极右上方区域点击可增大 CH2 的电压挡位；在右下方区域点击可减小 CH2 的电压挡位。

2）设置水平时基（水平挡位旋钮）

在触摸控制板左边区域点击可增大水平时基；在右边区域点击可减小水平时基。

4. 波形缩放模式下的触摸屏操作

按水平 HOR 按键切换到波形缩放模式。显示屏的上半部分显示主窗口，下半部分显示缩放窗口。缩放窗口是主窗口中被选定区域的放大部分，如图 7.17 所示。

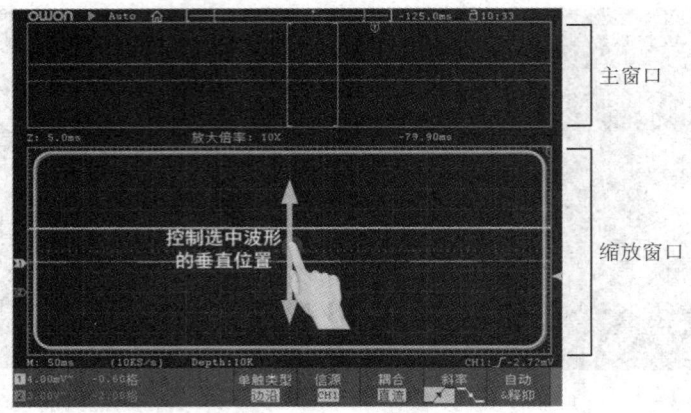

图 7.17　波形缩放模式下的触摸屏操作

5. 其他触摸屏操作

1）光标线控制

光标测量下，控制水平或垂直光标线如图 7.18 所示。

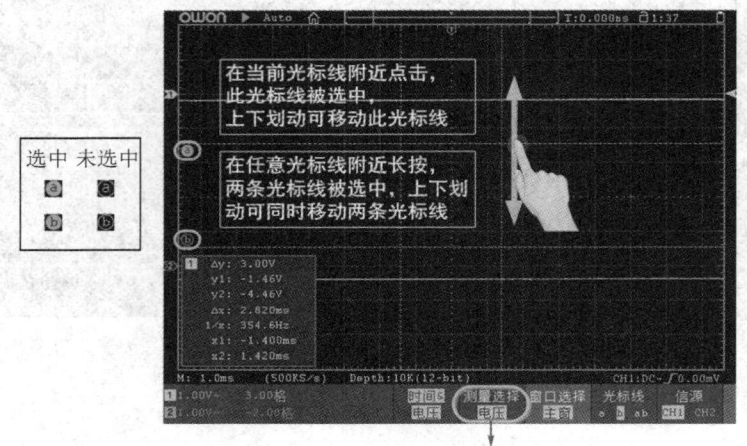

图 7.18　控制水平或垂直光标线

2）运行/停止

在波形显示区内双击，或点击显示区左上方的 ▶ 或 ❚❚，可切换运行/停止。

3）屏幕软键盘

屏幕软键盘可直接点击。

4）设置菜单项中的参数

设置菜单项中的参数如图 7.19 所示。

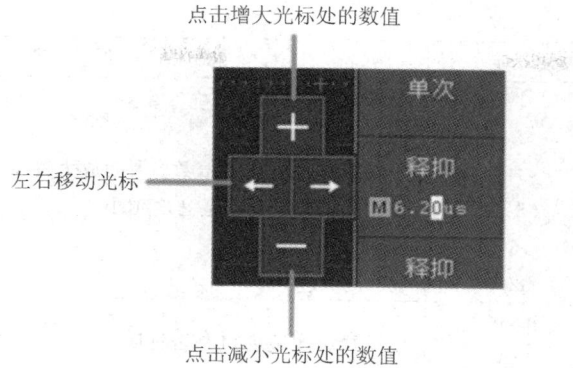

图 7.19 设置菜单项中的参数

6. 放大镜功能

放大镜功能开启后，放大镜窗口可放大显示波形选区，以便用户观察波形。

点击显示区左上方的图标 ，屏幕显示放大镜窗口及菜单，再次点击 可关闭放大镜功能，如图 7.20 所示。本功能仅适用于选配触摸屏的 NDS102UP/NDS202U。

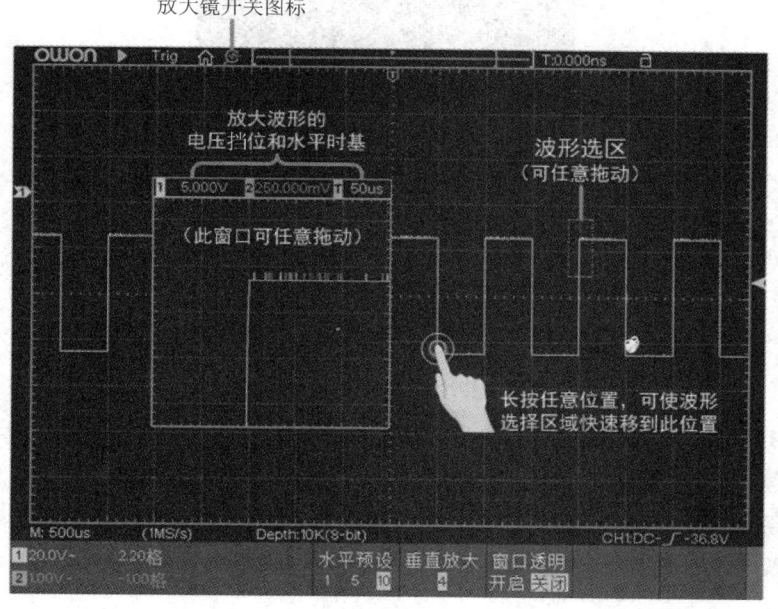

图 7.20 放大镜

放大镜设置菜单说明如表 7.5 所示。

表 7.5 放大镜设置菜单

功能菜单	设 定	说 明
水平预设	1 5 10	波形水平放大的倍数。因为放大镜窗口大小不变，所以此倍数越大，波形选区的水平长度越小

功能菜单	设 定	说 明
垂直放大	1 2 4 8 16 32	波形垂直放大的倍数。因为放大镜窗口大小不变，所以此倍数越大，波形选区的垂直高度越小
窗口透明	开启 关闭	设置放大镜窗口是否透明

放大镜窗口的光标测量：放大镜功能开启时，按"光标"面板按键调出光标测量菜单。在下方光标测量菜单中，选择"窗口选择"为"主窗"或"副窗"，可使光标线出现在主窗或放大镜窗口，如图 7.21 所示。

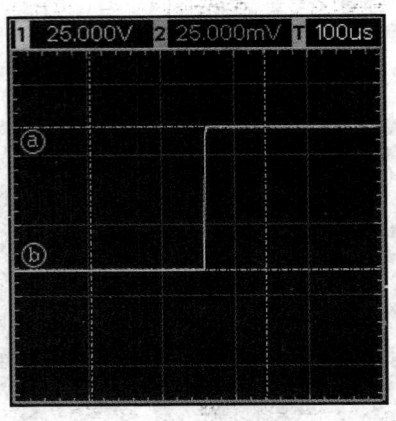

图 7.21　放大镜窗口的光标测量

注：波形缩放、波形计算、FFT、XY 模式、慢扫、停止状态、平均值采集模式、余辉模式下，放大镜功能不可用。

上述内容初步介绍了示波器的基本操作，以及前面板各功能区和按键、旋钮的作用。下面继续深入讨论示波器的高级用法。

7.3　高级操作

7.3.1　垂直系统的设置

垂直系统控制区包括 CH1 、 CH2 和 Math 三个菜单按键和垂直位移、垂直挡位（两个通道各有一组）四个旋钮。对于通道 1 和通道 2，每个通道有独立的垂直菜单。每个项目都按不同的通道单独设置。

1. 打开或关闭波形(通道、波形计算)

按下 CH1 、 CH2 或 Math 前面板键将产生下列结果:

(1)如果波形关闭,则打开波形并显示其菜单。

(2)如果波形打开但没有显示其菜单,则显示其菜单。

(3)如果波形打开并且其菜单已显示,则关闭波形,其菜单也将消失。

通道菜单说明如表7.6所示。

表7.6 通道菜单说明

功能菜单	设　定		说　明
耦合	直流 交流 接地		通过输入信号的交流和直流成分; 阻挡输入信号的直流成分; 断开输入信号
反相	开启 关闭		打开波形反相功能; 波形正常显示
探头	衰减	0.001X　1X 0.002X　2X 0.005X　5X 0.01X　10X 0.02X　20X 0.05X　50X 0.1X　100X 0.2X　200X 0.5X　500X 　　1000X	根据探头衰减因数选取其中一个值,以保持垂直挡位读数准确
	测量电流	是 否	如果通过探头跨过电阻的电压降来测量电流,选择"是"
	A/V(mA/V) V/A(mV/A) (选择测量电流时)		转动通用旋钮设置安/伏比率;可设范围为 100 mA/V~1 kA/V; 安/伏比率=1/电阻阻值; 伏/安比率是自动计算的
带宽限制	全带宽 20 M		示波器的带宽; 限制带宽至 20 MHz,以减少显示噪音
输入阻抗 (仅适用于 部分机型)	1 MΩ 50 Ω		可减少示波器和待测电路相互作用引起的电路负载

2. 设置通道耦合

以通道 1 为例，假设被测信号是一含有直流偏置的方波信号，操作步骤如下：

步骤 1：按 CH1 按键，调出"CH1 设置"菜单。

步骤 2：在下方菜单中，选择"耦合"。

步骤 3：在右侧菜单中选择"直流"，设置为直流耦合方式。被测信号含有的直流分量和交流分量都可以通过。

步骤 4：在右侧菜单中选择"交流"，设置为交流耦合方式。被测信号含有的直流分量被阻隔。

3. 调节探头比例

为了配合探头的衰减系数，需要在通道操作菜单相应地调整探头衰减比例系数。如探头衰减系数为 1:1，示波器输入通道的比例也应设置成 X1，以避免显示的挡位因数信息和测量的数据发生错误。

以通道 1 为例，假设探头衰减系数为 10:1，操作步骤如下：

步骤 1：按 CH1 按键，调出"CH1 设置"菜单。

步骤 2：在下方菜单中，选择"探头"。在右侧菜单中选择"衰减"，转动通用旋钮设为 10X。

4. 通过探头跨过电阻的电压降来测量电流

以通道 1 为例，假设要通过探头跨过 $1\ \Omega$ 电阻的电压降来测量电流，操作步骤如下：

步骤 1：按 CH1 按键，调出"CH1 设置"菜单。

步骤 2：在下方菜单中，选择"探头"。在右侧菜单中将"测量电流"设为"是"，下方出现 A/V 比率菜单项。选择此菜单项，转动通用旋钮设置安/伏比率（安/伏比率＝1/电阻阻值），这里 A/V 比率设为 1。

5. 设置波形反相

波形反相：显示的信号相对地电位翻转 $180°$。

以通道 1 为例，操作步骤如下：

步骤 1：按 CH1 按键，调出"CH1 设置"菜单。

步骤 2：在下方菜单中，选择"反相开启"，波形反相功能打开。再按选择"反相关闭"，波形反相功能关闭。

6. 设置带宽限制

以通道 1 为例，操作步骤如下：

步骤 1：按 CH1 按键，调出"CH1 设置"菜单。

步骤 2：在下方菜单中，选择"带宽限制"。

步骤 3：在右侧菜单中选择"全带宽"。被测信号含有的高频分量可以通过。

步骤 4：在右侧菜单中选择"20 M"。带宽被限制为 20 MHz，被测信号含有的大于 20 MHz 的高频分量被阻隔。

7. 设置输入阻抗

设置输入阻抗可减少示波器和待测电路相互作用引起的电路负载。

以通道 1 为例，操作步骤如下：

步骤 1：按 CH1 按键，调出"CH1 设置"菜单。

步骤 2：在下方菜单中，选择"输入阻抗"，再按可切换选择"1 MΩ"或"50 Ω"。

1 MΩ：此时示波器的输入阻抗非常高，从被测电路流入示波器的电流可忽略不计。

50 Ω：使示波器和输出阻抗为 50 Ω 的设备匹配，最大输入电压不能超过 5 Vrms。

注：本节功能仅适用于部分机型。

8. 垂直位移旋钮和垂直挡位旋钮的应用

（1）垂直位移旋钮调整对应通道波形的垂直位移。这个控制钮的解析度根据垂直挡位而变化。

（2）垂直挡位旋钮调整对应通道波形的垂直分辨率。以 1—2—5 进制方式步进确定垂直挡位灵敏度。屏幕左下角显示垂直位移和垂直通道信息，如图 7.22 所示。

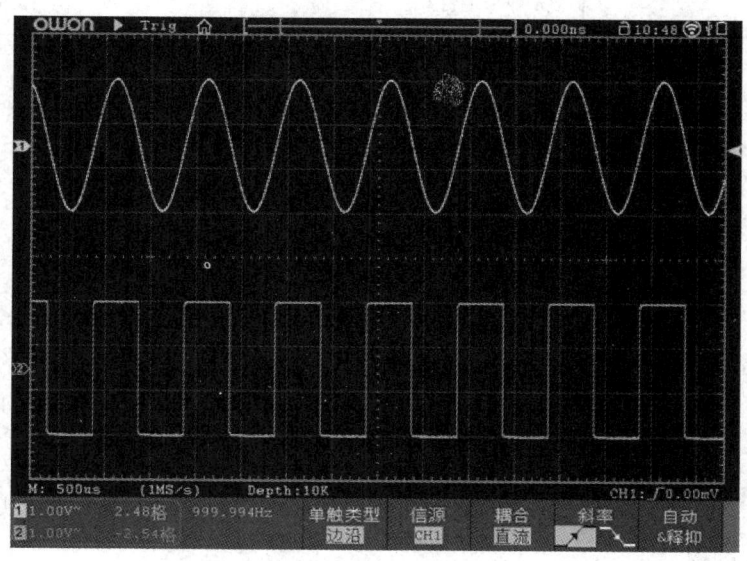

图 7.22　垂直位移信息

7.3.2　数学运算

数学运算功能包括对通道 1 和通道 2 波形的相加、相减、相乘、相除，对某个通道进行傅里叶变换运算，积分、微分、平方根、自定义函数运算，以及数字滤波功能。按 Math 按键，在下方显示波形计算菜单。

波形计算相应操作功能如表 7.7 所示。

表 7.7　波形计算相应操作功能

功能菜单		设　定	说　　明
双波形计算	因数 1	CH1 CH2	选择因数 1 的信号源
	符号	＋－ * /	选择运算符号
	因数 2	CH1 CH2	选择因数 2 的信号源
	垂直 （格）	转动通用旋钮调整 Math 波形的垂直位置	
	垂直 （V/格）	转动通用旋钮调整 Math 波形的垂直挡位	
FFT	信源	CH1 CH2	进行相应傅里叶变换的波形
	窗口	Hamming Rectangle Blackman Hanning Kaiser Bartlett	选择窗函数
	格式	V RMS Decibels Radian Degrees	V RMS、Decibels 为幅度单位； Radian、Degrees 为相位单位
	水平（Hz）	位置数值 时基数值	切换选中 FFT 波形的水平位置或水平时基，转动 M 旋钮调整
	垂直	位置数值 挡位数值	切换选中 FFT 波形的垂直位置或垂直挡位，转动 M 旋钮调整
自定义函数	可进行积分、微分、平方根、用户自定义函数运算		

续表

功能菜单		设 定	说 明
数字滤波	通道	CH1 CH2	选择所需通道
	类型	低通	仅允许其频率低于当前截止频率的信号通过
		高通	仅允许其频率高于当前截止频率的信号通过
		带通	仅允许其频率高于当前截止频率下限且低于当前截止频率上限的信号通过
		带阻	仅允许其频率低于当前截止频率下限的信号或高于当前截止频率上限的信号通过
	窗口	Retangular Tapered Triangular Hanning Hamming Blackman	为数字滤波选择窗口类型
	截止频率 或 上限　下限		转动通用旋钮设置
	垂直(格)		转动通用旋钮调整 Math 波形的垂直位置
FFT 峰值		开启 关闭	开启或关闭 FFT 峰值搜索功能; 动态图标▽指示峰值位置

1. 波形计算

以通道1+通道2为例,操作步骤如下:

步骤1:按 Math 按键,使下方显示波形计算菜单,粉色波形 M 显示在屏幕上。

步骤2:在下方菜单中选择"双波形计算"。

步骤3:在右侧菜单中选择"因子1"为"CH1"。

步骤4:在右侧菜单中选择"符号"为"+"。

步骤5:在右侧菜单中选择"因子2"为"CH2"。

步骤6:在右侧菜单中选择"垂直(格)",旋转通用旋钮调整 Math 波形的垂直位置。

步骤7:在右侧菜单中选择"垂直(V/格)",旋转通用旋钮调整 Math 波形的垂直挡位。

2. 自定义函数运算

步骤1:按 Math 按键,使下方显示波形计算菜单。

步骤2:在下方菜单中选择"自定义函数",屏幕弹出表达式输入软键盘,如图 7.23 所示。

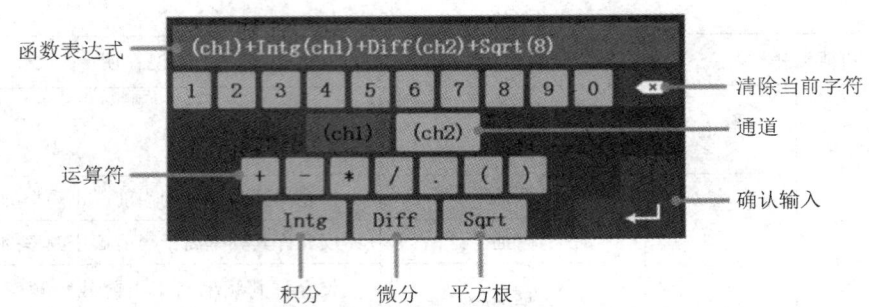

图 7.23　自定义函数运算

步骤 3：创建表达式。完成后，选择键盘中的 ↵ 执行。屏幕下方会显示 Math 波形的挡位，如图 7.24 所示。

图 7.24　创建表达式

3. 数字滤波

数字滤波支持的滤波类型有低通、高通、带通和带阻，通过设定截止频率可以滤除信号中的特定频率。

步骤 1：按 Math 按键，使下方显示波形计算菜单。

步骤 2：在下方菜单中选择"数字滤波"，屏幕右侧出现数字滤波菜单。

步骤 3：在右侧菜单中选择"通道"，可选择"CH1"或"CH2"。

步骤 4：在右侧菜单中选择"类型"，选择所需的滤波类型。

步骤 5：在右侧菜单中选择"窗口"，选择合适的窗口。

步骤 6：选择滤波类型为"低通"或"高通"时，在右侧菜单中选择"截止频率"；选择滤波类型为"带通"或"带阻"时，在右侧菜单中选择"上限"或"下限"。转动通用旋钮设置。

步骤 7：在右侧菜单中选择"垂直（格）"，转动通用旋钮调整 Math 波形的垂直位置。Math 波形的电压挡位与当前通道的电压挡位相同。

注：慢扫时，数字滤波功能关闭。

4. 使用 FFT

FFT 将信号分解为分量频率，示波器使用这些分量频率显示信号频率域的图形，这与示波器的标准时域图形相对。可以将这些频率与已知的系统频率匹配，如系统时钟、振荡器或电源。

本示波器的 FFT 运算可以实现将时域波形的 8192 个数据点转换为频域信号（采样的记录长度需设为 10k 点或以上）。最终的 FFT 谱中含有从直流(0 Hz)到奈奎斯特频率的 4096 个点。

以傅里叶变换为例，操作步骤如下：

步骤 1：按 Math 按键，使下方显示波形计算菜单，粉色波形 M 显示在屏幕上。

步骤 2：选择"FFT"，屏幕右侧出现 FFT 菜单。

步骤 3：在右侧菜单中选择"信源"，切换为"CH1"。

步骤 4：在右侧菜单中选择"窗口"，在左侧菜单中，转动通用旋钮选择要使用的窗口类型。

步骤 5：在右侧菜单中选择"格式"，在左侧菜单中，转动通用旋钮选择格式为幅度单位，包括"V RMS""Decibels"，或者相位单位，包括"Radian""Degrees"。

步骤 6：在右侧菜单中，按"水平(Hz)"使"M"标志在"水平位置数值"之前(靠上方的数值)，旋转通用旋钮调整 FFT 波形的水平位置；再选中下面的"水平时基数值"，旋转通用旋钮调整 FFT 波形的水平时基。

步骤 7：在右侧菜单中选择"垂直"，按照与上面同样的操作来设置垂直位置和垂直挡位。

1) 选择 FFT 窗口

FFT 功能提供六个窗口，每个窗口都在频率分辨率和幅度精度间交替使用。了解需要测量的对象和源信号的特点有助于确定要使用的窗口。按照表 7.8 所示的原则来选择最适当的窗口。

表 7.8　FFT 窗口

窗口类型	说　明	窗　口
Hamming	对于非常接近同一值的分辨频率，这是最佳的窗口类型，并且幅度精度比"直角"窗口略有改进。Hamming 类型比 Hanning 类型的频率分辨率要略有提高。 使用 Hamming 测量正弦、周期性和窄带随机噪音。该窗口用于信号级别在具有重大差别的事件之前或之后的瞬态或猝发	
Rectangle	对于非常接近同一值的分辨频率，这是最好的窗口类型，但此类型在精确测量这些频率的幅度时效果最差。它是测量非重复信号的频谱和测量接近直流的频率分量的最佳类型。 使用"直角"类型窗口测量信号级别在具有几乎相同的事件之前或之后的瞬态或猝发。此外，可以测量那些非常接近同一值的分辨率的等幅正弦波和具有相对缓慢频谱变化的宽带随机噪音	
Blackman	此类型窗口用于测量频率幅度最佳，但对于测量分辨频率效果却最差。 使用 Blackman 测量查找高次谐波的主要单信号频率波形	
Hanning	此类型窗口用于测量幅度精度极好，但对于分辨频率效果较差。 使用 Hanning 测量正弦、周期性和窄带随机噪音。该窗口用于信号级别在具有重大差别的事件之前或之后的瞬态或猝发	
Kaiser	使用 Kaiser 窗口时频率分辨率一般，谱泄漏和幅度精度均较好。当频率非常接近相同的值但幅度差别很大(旁瓣水平和形状因子最接近传统的高斯 RBW)时使用 Kaiser 最好。这种窗口也非常适用于随机信号	
Bartlett	巴特利特窗，与三角窗非常类似(两端值为 0)	

2）FFT 操作技巧

（1）使用默认的 dBVrms 标度查看多个频率的详细视图（它们的幅度大不相同），使用 Vrms 标度查看所有频率之间进行比较的总体视图。

（2）具有直流成分或偏差的信号会导致 FFT 波形成分的错误或偏差，为减少直流成分可以选择"交流"耦合方式。

（3）为减少重复或单次脉冲事件的随机噪声以及混叠频率成分，可设置示波器的获取模式为平均获取方式。

7.3.3　水平系统的设置

水平系统控制区包括水平 HOR 按键、水平位移旋钮和水平挡位旋钮。

（1）水平位移旋钮：调整所有通道（包括数学运算）的水平位移，这个旋钮的解析度随着时基的变化而变化。

（2）水平挡位旋钮：为主窗口或缩放窗口设定水平标尺因数。

（3）水平 HOR 按键：可在正常模式和波形缩放模式之间切换（下面有关于波形缩放的具体介绍）。

（4）波形缩放：按水平 HOR 按键进入波形缩放模式，显示屏的上半部分显示主窗口，下半部分显示缩放窗口。

水平系统的设置如图 7.25 所示。

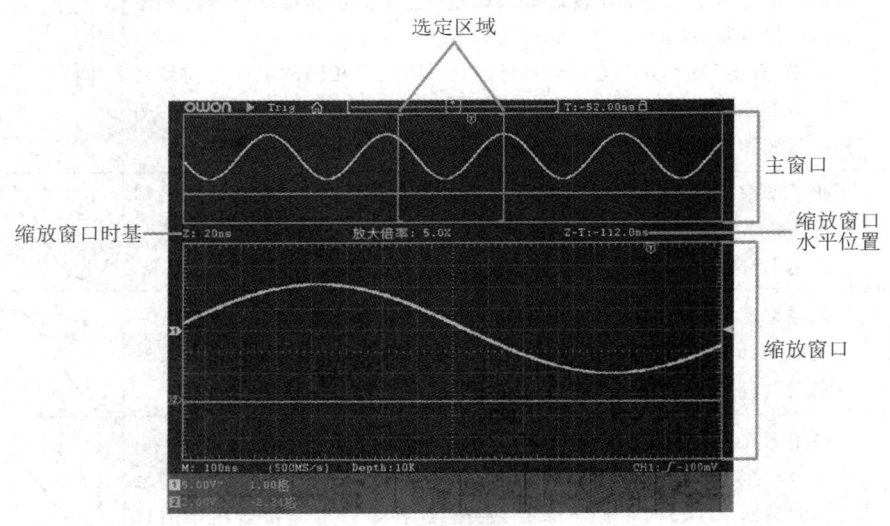

图 7.25　设置水平系统

正常模式下，水平位移旋钮和水平挡位旋钮可调整主窗口的水平位置和水平时基。

波形缩放模式下，水平位移旋钮和水平挡位旋钮可调整缩放窗口的水平位置和水平时基。

7.3.4 触发和解码的设置

1. 触发

触发决定了示波器何时开始采集数据和显示波形。一旦触发被正确设定，就可以将不稳定的显示转换成有意义的波形。

示波器在开始采集数据时，先收集足够的数据用来在触发点的左方画出波形。示波器在等待触发条件发生的同时可连续地采集数据，当检测到触发后，示波器连续地采集足够的数据以在触发点的右方画出波形。

1）触发控制区

触发控制区包括一个旋钮和两个功能菜单按键。

触发电平调整旋钮：旋转此旋钮可设定触发点对应的信号电压；按下此旋钮可使触发电平设定在触发信号幅度的垂直中点。

强制触发按键：强制产生一个触发信号，主要应用于触发方式中的"正常"和"单次"模式。

还有一个按键是触发菜单按键。

2）触发控制

有两种方式进入触发控制：

（1）按键操作。按触发菜单区域"Menu"，再按屏幕底部菜单"触发类型"，在弹出的右侧触发大类中选择触发方式，再旋转通用旋钮选择各类别下的触发类型。

（2）触摸屏操作（选配）。点击屏幕左上角主菜单按钮，弹出主菜单界面，选择"触发菜单"，点击屏幕底部菜单"触发类型"，在弹出的右侧触发大类中选择触发方式，再点击选择各类别下的触发类型。

3）触发类型

触发有四种方式：单触、交替、逻辑和总线触发。

单触触发：一个设定的触发信号同时捕获双通道数据以达到稳定同步的波形。

交替触发：稳定触发不同步的信号。

逻辑触发：根据逻辑关系触发信号。

总线触发：设定总线时序触发。

下面分别对单触触发、交替触发、逻辑触发和总线触发菜单进行说明。

（1）单触触发。

单触触发方式有 8 种模式：边沿触发、视频触发、斜率触发、脉宽触发、欠幅触发、超幅触发、超时触发和第 N 边沿触发。

下列分别对单触触发的八种触发模式进行说明。

① 边沿触发。

边沿触发方式是在输入信号边沿的触发电平上触发。当选取"边沿触发"时，即在输入信号的上升沿、下降沿触发。

进入边沿触发，屏幕右下角显示触发设置信息，如 `CH1:DC-⎍0.00mV`，表示触发类型为边沿，触发信源为 CH1，触发耦合为 DC，触发电平为 0.00 mV。

边沿触发菜单说明如表 7.9 所示。

表 7.9　边沿触发菜单

功能菜单	设　定	说　明
单触类型	边沿	垂直通道的触发类型为边沿触发
信源	CH1	通道 1 作为信源触发信号
	CH2	通道 2 作为信源触发信号
	EXT	外触发输入通道作为信源触发信号
	EXT/5	外触发源除以 5，扩展外触发电平范围
	市电	市电作为触发信源
耦合	交流	阻止直流分量通过
	直流	允许所有分量通过
	高频抑制	阻止信号的高频部分通过，只允许低频分量通过
	低频抑制	阻止信号的低频部分通过，只允许高频分量通过(低频抑制菜单仅适用于部分机型)
斜率	↗ / ↘	在信号上升/下降沿触发
模式 释抑	自动	在没有检测到触发条件下也能采集波形
	正常	只有满足触发条件时才采集波形
	单次	当检测到一次触发时采样一个波形，然后停止
	释抑	100 ns～10 s，调节通用旋钮或点击弹出的 ＋－ 设定重新启动触发电路的时间间隔，按 ← → 键或点击 ← → 移动光标选中要设置的数位
	释抑复位	设置触发释抑时间为 100 ns

触发电平：触发电平指示通道垂直触发位置，旋转触发电平旋钮或单指在屏幕区域上下滑动改变触发电平值，设置过程会有一条橘红色的虚线显示触发电平位置，右下角触发电平值跟着变化，设置完成虚线消失。

② 视频触发。

选择视频触发以后，即可在 NTSC、PAL 或 SECAM 标准视频信号的场或行上触发。进入视频触发，屏幕右下角显示触发设置信息，如 CH1:ALL，表示触发类型为视频，触发信源为 CH1，同步类型为场。

视频触发菜单说明如表 7.10 所示。

表 7.10　视频触发菜单

功能菜单	设　定	说　明
单触类型	边沿	垂直通道的触发类型为边沿触发
信源	CH1	通道 1 作为信源触发信号
	CH2	通道 2 作为信源触发信号
制式	NTSC、PAL、SECAM	视频的制式标准
同步	行	在视频行上触发同步
	场	在视频场上触发同步
	奇场	在视频奇场上触发同步
	偶场	在视频偶场上触发同步
	指定行	在指定的视频行上触发同步，通过旋转通用旋钮或点击弹出的  设定指定行行数
模式释抑	自动	在没有检测到触发条件的情况下也能采集波形

③ 斜率触发。

斜率触发是把示波器设置为对指定时间的正斜率或负斜率触发。进入斜率触发，屏幕右下角显示触发设置信息，如 `CH1:⌐△0.00mV`，表示触发类型为斜率，触发信源为 CH1，斜率条件为上升，0.00 mV 为阈值上限和阈值下限之差。

斜率触发菜单说明如表 7.11 所示。

表 7.11　斜率触发菜单

功能菜单	设　定	说　明
单触类型	斜率	垂直通道的触发类型为斜率触发
信源	CH1	通道 1 作为信源触发信号
	CH2	通道 2 作为信源触发信号
斜率条件	斜率  	斜率条件
	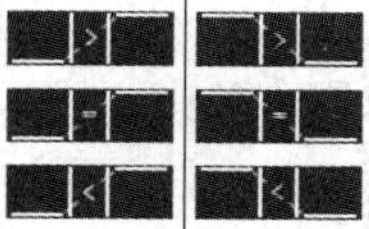	通过旋转通用旋钮或点击弹出的  设置斜率时间，按 ← → 键或点击 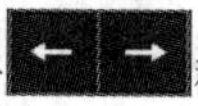 ← → 移动光标选中要设置的数位

续表

功能菜单	设　定	说　　明
阈值 & 摆率	阈值上/下限	调节通用旋钮或点击弹出的 设定阈值上/下限
	摆率	摆率为自动计算的结果。摆率＝（阈值上限－阈值下限）/斜率触发时间
模式 释抑	自动	在没有检测到触发条件的情况下也能采集波形
	正常	只有满足触发条件时才采集波形
	单次	当检测到一次触发时采样一个波形，然后停止
	释抑	100 ns～10 s，调节通用旋钮或点击弹出的 设定重新启动触发电路的时间间隔，按 ← → 键或点击 ← → 移动光标选中要设置的数位
	释抑复位	触发释抑时间为 100 ns

④ 脉宽触发。

脉宽触发根据脉冲宽度来确定触发时刻，可以通过设定脉宽条件捕捉异常脉冲。进入脉宽触发，屏幕右下角显示触发设置信息，如 CH1:DC-⎍0.00mV ，表示触发类型为脉宽，触发信源为 CH1，耦合类型为 DC，极性为正脉冲，触发电平值为 0.00 mV。

脉宽触发菜单说明如表 7.12 所示。

表 7.12　脉宽触发菜单说明

功能菜单	设　定	说　　明
单触类型	脉宽	垂直通道的触发类型为脉宽触发
信源选择	CH1	通道 1 作为信源触发信号
	CH2	通道 2 作为信源触发信号
耦合	交流	阻止直流分量通过
	直流	允许所有分量通过
脉宽条件	极性 → ← → ←	选择极性
	→←← →→ →←← →← →←← →←	可旋转通用旋钮或点击弹出的 设置脉宽时间，按 ← → 键或点击 ← → 移动光标选中要设置的数位

功能菜单	设 定	说 明
模式 释抑	自动	在没有检测到触发条件的情况下也能采集波形
	正常	只有满足触发条件时才采集波形
	单次	当检测到一次触发时采样一个波形,然后停止
	释抑	100 ns~10 s,调节通用旋钮或点击弹出的 设定重新启动触发电路的时间间隔,按 ← → 键或点击 ← → 移动光标选中要设置的数位
	释抑复位	触发释抑时间为 100 ns

⑤ 欠幅触发。

欠幅触发用于触发跨过了一个触发电平但没有跨过另一个触发电平的脉冲。

进入欠幅触发,屏幕右下角显示触发设置信息,如 CH1:几几△0.00mV ,表示触发类型为欠幅,触发信源为 CH1,极性为正向欠幅,0.00 mV 为电平上限和电平下限的差值。

欠幅触发菜单说明如表 7.13 所示。

表 7.13 欠幅触发菜单说明

功能菜单	设 定	说 明
单触类型	欠幅	垂直通道的触发类型为欠幅触发
信源选择	CH1	通道 1 作为信源触发信号
	CH2	通道 2 作为信源触发信号
阈值	阈值上/下限	触发阈值上/下限,可通过旋转通用旋钮或点击弹出的 设置
欠幅条件	极性	正/负极性,在正/负向欠幅脉冲上触发
		欠幅脉冲宽度大于设置的脉宽时触发
		欠幅脉冲宽度等于设置的脉宽时触发
		欠幅脉冲宽度小于设置的脉宽时触发

功能菜单	设　定	说　　　明
模式 释抑	自动	在没有检测到触发条件的情况下也能采集波形
	正常	只有满足触发条件时才采集波形
	单次	当检测到一次触发时采样一个波形，然后停止
	释抑	100 ns～10 s，调节通用旋钮或点击弹出的 ➕➖ 设定重新启动触发电路的时间间隔，按 ⬅ ➡ 键或点击 ⬅ ➡ 移动光标选中要设置的数位
	释抑复位	触发释抑时间为 100 ns

⑥ 超幅触发。

超幅触发可提供一个高触发电平和一个低触发电平，当输入信号升高到触发电平以上或降低到触发电平以下时触发，可以通过设定阈值上/下限捕捉异常脉冲。进入超幅触发，屏幕右下角显示触发设置信息，如 CH1:⊓Π△0.00mV，表示触发类型为超幅，触发信源为CH1，极性为正向超幅，0.00 mV 为电平上限和电平下限的差值。

超幅触发菜单说明如表 7.14 所示。

表 7.14　超幅触发菜单

功能菜单	设　定	说　　　明
单触类型	超幅	垂直通道的触发类型为超幅触发
信源选择	CH1	通道 1 作为信源触发信号
	CH2	通道 2 作为信源触发信号
阈值	阈值上/下限	触发阈值上/下限，可通过旋转通用旋钮或点击弹出的 ➕➖ 设置
超幅条件	极性 ⊓Π⊓ ⊔Π⊔	正/负向超幅脉冲
	⊓Π⊓ ⊔Π⊔	超幅进入：当信号进入指定触发电平范围内时触发
	⊓Π⊓ ⊔Π⊔	超幅退出：当信号退出指定触发电平范围内时触发
	⊓Π⊓ ⊔Π⊔	超幅时间：用于限制超幅进入后的保持时间，超幅进入后的累计保持时间大于超幅时间时触发。超幅时间可设置范围为 30 ns～10 s，默认为 100 ns

续表

功能菜单	设 定	说 明
模式 释抑	自动	在没有检测到触发条件的情况下也能采集波形
	正常	只有满足触发条件时才采集波形
	单次	当检测到一次触发时采样一个波形，然后停止
	释抑	100 ns～10 s，调节通用旋钮或点击弹出的 ⊞⊟ 设定重新启动触发电路的时间间隔，按 ← → 键或点击 ← → 移动光标选中要设置的数位
	释抑复位	触发释抑时间为 100 ns

⑦ 超时触发。

从输入信号的上升沿(或下降沿)通过触发电平开始，到相邻的下降沿(或上升沿)通过触发电平结束的时间间隔大于设置的超时时间时，示波器触发。进入超时触发，屏幕右下角显示触发设置信息，如 CH1:⊓-150V ，表示触发类型为超时，0.00 mV 为触发电平值。

超时触发菜单说明如表 7.15 所示。

表 7.15 超时触发菜单说明

功能菜单	设 定	说 明
单触类型	超时	垂直通道的触发类型为超时触发
信源选择	CH1	通道 1 作为信源触发信号
	CH2	通道 2 作为信源触发信号
边沿	边沿 ◢ ◣	在输入信号的上升/下降沿通过触发电平开始计时
设置	空闲时间	空闲时间指示波器开始搜索满足触发条件的数据前，时钟信号必须为空闲状态的最小时间。可设置的范围为 30 ns～10 s，默认为 100 ns
模式 释抑	自动	在没有检测到触发条件的情况下也能采集波形
	正常	只有满足触发条件时才采集波形
	单次	当检测到一次触发时采样一个波形，然后停止
	释抑	100 ns～10 s，调节通用旋钮或点击弹出的 ⊞⊟ 设定重新启动触发电路的时间间隔，按 ← → 键或点击 ← → 移动光标选中要设置的数位
	释抑复位	触发释抑时间为 100 ns

⑧ 第 N 边沿触发。

第 N 边沿触发即在指定空闲时间后第 N 个边沿上触发。若需要在指定空闲时间后第二个下降沿上触发，则空闲时间需设置为 P1/P2/P3/P4＜Idle Time（空闲时间）＜M，其中 M、P1、P2、P3、P4 为参加计数的正负脉宽，如图 7.26 所示。

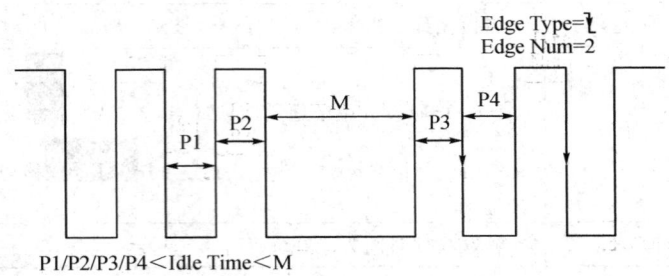

图 7.26　第 N 边沿触发

进入第 N 边沿触发，屏幕右下角显示触发设置信息，如 `CH1:Nth-150V`，表示触发类型为第 N 边沿，触发信源为 CH1，−150 V 为触发电平值。

第 N 边沿触发菜单说明如表 7.16 所示。

表 7.16　第 N 边沿触发菜单

功能菜单	设定	说明
单触类型	第 N 边沿	设置垂直通道的触发类型为第 N 边沿触发
信源选择	CH1	通道 1 作为信源触发信号
	CH2	通道 2 作为信源触发信号
边沿类型	边沿	在输入信号的上升/下降沿处，且电平满足设置的触发电平时触发
设置	空闲时间	第 N 边沿触发中开始边沿计数之前的时间，可调节通用旋钮或点击弹出的 进行设置，按 ← → 键或点击 ← → 移动光标选中要设置的数位。可设置时间范围为 30 ns～10 s，默认为 100 ns
	边沿数	第 N 边沿触发中边沿数 N 的具体数值，可调节通用旋钮或点击弹出的 进行设置

功能菜单	设 定	说 明
模式 释抑	自动	在没有检测到触发条件下的情况也能采集波形
	正常	只有满足触发条件时才采集波形
	单次	当检测到一次触发时采样一个波形，然后停止
	释抑	100 ns～10 s，调节通用旋钮或点击弹出的 ⊞⊟ 设定重新启动触发电路的时间间隔，按 ← → 键或点击 ← → 移动光标选中要设置的数位
	释抑复位	触发释抑时间为 100 ns

（2）交替触发（触发模式为边沿触发）。

在交替触发时，触发信号来自两个垂直通道。此方式可用于同时观察两路不相关的信号，触发模式固定为边沿触发。

交替触发菜单说明如表 7.17 所示。

表 7.17 交替触发（触发模式为边沿触发）菜单

功能菜单	设 定	说 明
交替类型	边沿	触发模式固定为边沿触发
信源	CH1	通道 1 作为信源触发信号
	CH2	通道 2 作为信源触发信号
耦合	交流	阻止直流分量通过
	直流	允许所有分量通过
斜率	◤	在信号上升沿触发
	◢	在信号下降沿触发
模式 释抑	自动	在没有检测到触发条件的情况下也能采集波形
	释抑	100 ns～10 s，调节通用旋钮或点击弹出的 ⊞⊟ 设定重新启动触发电路的时间间隔，按 ← → 键或点击 ← → 移动光标选中要设置的数位
	释抑复位	触发释抑时间为 100 ns

（3）逻辑触发。

逻辑触发是指通过逻辑关系确定触发条件。进入逻辑触发，屏幕右下角显示触发设置信息，如 ⊣⊢ CH1:H 2.00V CH2:H 0.00mV ，表示触发类型为逻辑触发，逻辑模式为与，CH1 为高电平触发电平值 2.00 V，CH2 为高电平触发电平值 0.00 mV。

逻辑触发菜单说明如表 7.18 所示。

表 7.18 逻辑触发菜单

功能菜单	设 定	说 明
触发类型	逻辑	垂直通道的触发类型为逻辑触发
逻辑模式	与	逻辑模式为与
	或	逻辑模式为或
	同或	逻辑模式为同或
	异或	逻辑模式为异或
输入模式	CH1/CH2	CH1/CH2 为高电平、低电平、高电平或低电平、上升沿、下降沿 备注：当一个通道设置为上升沿或者下降沿时，另一个通道不能设置为上升沿或者下降沿
输出模式	变为真	当触发条件由假变真时触发
	变为假	当触发条件由真变假时触发
	真大于	当触发条件为真的时间范围大于所设时间时触发
	真小于	当触发条件为真的时间范围小于所设时间时触发
	真等于	当触发条件为真的时间范围等于所设时间时触发
模式 释抑	自动	在没有检测到触发条件的情况下也能采集波形
	正常	只有满足触发条件时才采集波形
	单次	当检测到一次触发时采样一个波形，然后停止
	释抑	100 ns～10 s，调节通用旋钮或点击弹出的 +/- 设定重新启动触发电路的时间间隔，按 ← → 键或点击 ← → 移动光标选中要设置的数位
	释抑复位	触发释抑时间为 100 ns

（4）总线触发。

① RS232 触发。

RS232 总线是用于计算机与计算机之间，或者计算机与终端之间进行数据传送的一种串行数据通信方式。RS232 串行协议将一个字符作为一帧数据进行传输，帧结构由 1 bit 起始位、5～8 bit 数据位、1 bit 校验位和 1/2 bit 停止位组成，格式如图 7.27 所示。RS232 在检测到帧起始、错误帧、校验错误或指定的数据时触发。

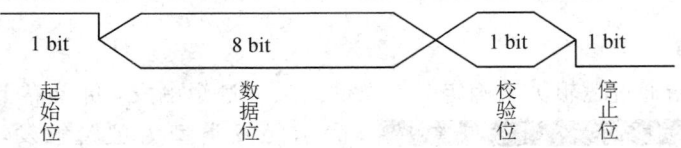

图 7.27 RS232 触发数据流格式

进入 RS232 总线触发，屏幕右下角显示触发设置信息，如 `RS232 CH1:0.00mV`，表示触发类型为 RS232 触发，触发信源为 CH1，CH1 触发电平值为 0.00 mV。

RS232 触发菜单说明如表 7.19 所示。

表 7.19 RS232 触发菜单

功能菜单	设 定		说 明
总线类型	RS232		总线触发类型为 RS232 触发
输入	信源	CH1	通道 1 作为信源触发信号
		CH2	通道 2 作为信源触发信号
	极性	正常	选择数据传输时的极性为正常
		反相	选择数据传输时的极性为反相
触发条件	帧起始		在帧起始位置处触发
	错误帧		当检验到错误帧时触发
	校验错误		当检测到校验错误时触发
	数据		在设定的数据位的最后一位触发
设置	帧起始		常用波特率：调节通用旋钮选择波特率； 定制波特率：调节通用旋钮定制波特率，范围是 50～10 000 000
	错误帧		停止位：选择"1 位"或"2 位"； 奇偶校验："无"指没有校验，"偶"指偶校验，"奇"指奇校验，示波器根据该设置判断校验错误； 常用波特率：调节通用旋钮选择波特率； 定制波特率：调节通用旋钮定制波特率，范围是 50～10 000 000
	校验错误		奇偶校验：选择偶校验或奇校验； 常用波特率：调节通用旋钮选择波特率； 定制波特率：调节通用旋钮定制波特率，范围是 50～10000000
	数据		数据位宽：可设置为 5、6、7、8 位； 数据：根据所设的数据位宽，数据范围是 0～(2 的数据位宽次幂－1)
模式 释抑	自动		在没有检测到触发条件的情况下也能采集波形
	正常		只有满足触发条件时才采集波形
	单次		当检测到一次触发时采样一个波形，然后停止

② I^2C 触发。

I^2C 串行总线由 SCL、SDA 两条线组成，传输速率由时钟线 SCL 决定，传输数据由 SDA 决定，如图 7.28 所示，可在启动、重启、停止、丢失确认以及特定设备地址或数据值上触发。

进入 I^2C 总线触发，屏幕右下角显示触发设置信息，如 `I2C CH1:0.00mV CH2:0.00mV`，表示触发类型为 I^2C 触发，CH1 触发电平值为 0.00 mV，CH2 触发电平值为 0.00 mV。

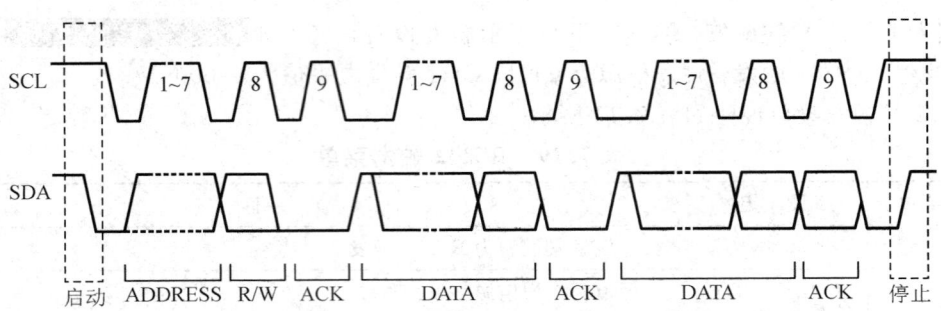

图 7.28　I²C 串行总线

I²C 触发菜单说明如表 7.20 所示。

表 7.20　I²C 触发菜单

功能菜单	设　定		说　明
总线类型	I²C		总线触发类型为 I²C
信源	CH1		通道 1 作为 SCL 或 SDA
	CH2		通道 2 作为 SCL 或 SDA
触发条件	启动		当 SCL 为高电平，SDA 从高电平到低电平时触发
	重启		当另一个启动条件在停止条件之前出现时触发
	停止		当 SCL 为高电平，SDA 从低电平到高电平时触发
	丢失确认		在任何 SCL 时钟位期间，如果 SDA 数据为高电平时触发
	地址		触发查找设定的地址值，在读/写位上触发
	地址格式	地址位宽	地址位宽为"7 位""8 位"或"10 位"
		地址	根据地址位宽的不同设置，对应的地址范围分别是 0~127、0~255 以及 0~1023
		数据方向	数据方向为读或写。注意：地址位宽为 8 时无此设置
	数据		触发在数据线上查找设定的数据值，在数据最后一位时钟线边沿上触发
	数据格式	字节长度	数据的字节长度范围为 1~5 个字节。调节通用旋钮或点击弹出的 ![+/-] 进行设定
		当前位	选择需要操作的数据位，范围为 0~(字节长度×8−1)
		数据	设置当前数据位上的数据码型为 H(高)、L(低)或 X(高或低)
		所有位	将所有数据位上的码型设置为数据中所设的码型
	地址数据		示波器同时查找设定的地址值和数据值，在地址和数据同时满足条件时触发，具体设置参照地址格式和数据格式的设置
模式释抑	自动		在没有检测到触发条件下也能采集波形
	正常		只有满足触发条件时才采集波形
	单次		当检测到一次触发时采样一个波形，然后停止

③ SPI 触发。

SPI 触发即当超时条件满足时，示波器在搜索到指定数据时触发。SPI 触发下，需指定

SCL(串行时钟源)和 SDA(串行时钟数据)。

进入 SPI 总线触发，屏幕右下角显示触发设置信息，如 `SPI CH1:0.00mV CH2:0.00mV`，表示触发类型为 SPI 触发，CH1 触发电平值为 0.00 mV，CH2 触发电平值为 0.00 mV。

SPI 触发菜单说明如表 7.21 所示。

表 7.21　SPI 触发菜单

功能菜单	设 定	说　　明
总线类型	SPI	垂直通道的触发类型为 SPI 触发
信源	CH1	通道 1 作为 SCL 或 SDA
	CH2	通道 2 作为 SCL 或 SDA
超时	超时时间	空闲状态的最小时间，即 SCL 的 1 个周期，范围为 30 ns～10 s，默认为 100 ns。超时指的是时钟 SCL 信号保持指定时间的空闲状态后，示波器在搜索到满足触发条件的数据 SDA 时触发。点击弹出的 ＋／－ 设定空闲状态值，按 ←／→ 键或点击 ←／→ 移动光标选中要设置的数位
时钟边沿 & 数据	时钟边沿	时钟边沿为上升沿或下降沿。上升沿指在时钟的上升沿处对 SDA 数据进行采样；下降沿指在时钟的下降沿处对 SDA 数据进行采样
	数据位宽	串行数据字符串中的位数，为 4～32 位，可调节通用旋钮或点击弹出的 ＋／－ 进行设置
	当前位	数据位的编号，范围为 0～31，可调节通用旋钮或点击弹出的 ＋／－ 进行设置
	数据	数据位为 H(高)、L(低)或 X(高或低)
	所有位	所有数据位为数据中指定的值
模式 释抑	自动	在没有检测到触发条件的情况下也能采集波形
	正常	只有满足触发条件时才采集波形
	单次	当检测到一次触发时采样一个波形，然后停止

④ CAN 触发(可选)。

CAN 是控制器局域网络(Controller Area Network)的缩写，是 ISO 国际标准化的串行通信协议。

使用 CAN 总线触发，可按信号的帧起始、帧类型、标识符、数据、ID 和数据、结束帧、丢失确认或位填充错误进行触发。需指定信源、信号类型、采样点和信号速率。

进入 CAN 总线触发，屏幕右下角显示触发设置信息，如 `CAN CH1:-126mV`，表示触发类型为 CAN 触发，触发信源为 CH1，触发电平为 −126 mV。

CAN 触发菜单说明如表 7.22 所示。

表 7.22　CAN 触发菜单

功能菜单	设 定			说　明
总线类型	CAN			设定总线触发类型为 CAN
输入	信源	CH1		设定通道 1 作为信源触发信号
		CH2		设定通道 2 作为信源触发信号
	类型	CAN_H		实际的 CAN_H 总线信号
		CAN_L		实际的 CAN_L 总线信号
		TX		来自 CAN 信号线上的发送信号
		RX		来自 CAN 信号线上的接收信号
	采样点			转动通用旋钮(触摸屏可点击屏幕上的　)设定位时间内的点,示波器在该点对位电平进行采样。采样点位置用"位开始至采样点的时间"与"位时间"的百分比表示,范围为 5%～95%
	常用波特率			转动通用旋钮在左侧常用波特率列表中选择
	定制波特率			转动通用旋钮(触摸屏可点击屏幕上的　)设定波特率,范围为 10 000～1 000 000。 提示:可先在"常用波特率"中选择最相近的数值,再选择"定制波特率"进行调整
触发条件	帧起始			在数据帧的帧起始位上触发
	帧类型	帧类型(底菜单)	数据帧、远程帧、错误帧、过载帧	在选择的帧类型上触发
	ID	设置(底菜单)	格式	选择 ID 的格式为标准或扩展
			ID	使用通用旋钮及面板方向键设定 ID 所需值
	数据	设置(底菜单)	字节数	使用通用旋钮设定数据的字节长度,范围为 1～8
			数据	使用通用旋钮及面板方向键设定数据所需值
	结束帧			在数据帧的帧结束位上触发
	丢失确认			设定触发条件为丢失确认
	填充错误			设定触发条件为位填充错误
模式释抑	自动			在没有检测到触发条件的情况下也能采集波形
	正常			只有满足触发条件时才采集波形
	单次			当检测到一次触发时采样一个波形,然后停止

2. 总线解码(可选)

1) RS232 解码

要解码 RS232 信号,需执行以下步骤:

步骤 1:连接 RS232 信号至示波器信号输入端。

步骤 2:调整到合适的时基和电压挡位。

步骤 3:在触发菜单中,选择总线触发,类型为 RS232,根据信号的特性设置各触发菜单项,以正确触发信号,使信号稳定地显示。

步骤 4:按前面板解码按键。选择总线类型为 RS232,根据信号的特性设置各解码菜单项。正确设置后,信号携带的信息即可在屏幕上显示出来。

注意:当触发菜单和解码菜单有重复的菜单项时,设置其中任一菜单项即可,另一菜单项会自动更改。

注:(1)总线解码和总线触发的阈值都可使用触发电平旋钮进行调节。

(2)解码时,如设置"奇偶校验"不为"无",且检测到奇偶校验位错误,则在波形中对应校验的位置上会标注两条竖红线。

RS232 解码菜单说明如表 7.23 所示。

表 7.23 RS232 解码菜单

功能菜单	设 定		说 明
总线类型	RS232		设定总线解码类型为 RS232
设置	常用波特率		转动通用旋钮在左侧常用波特率列表中选择
	定制波特率		转动通用旋钮(触摸屏可点击屏幕上的 ➕➖)设定波特率,范围为 50~10 000 000。 提示:可先在常用波特率中选择最相近的数值,再选择定制波特率进行调整
	数据位宽		选择与信号相匹配的每帧数据的宽度,可设置为 5、6、7 或 8
	奇偶校验		选择与信号相匹配的奇偶校验方式
显示	格式	二进制、十进制、十六进制、ASCⅡ	选择总线的显示格式
	事件表	开启/关闭	选择"开启"/"关闭",可显示/关闭解码列表
	保存事件表		若仪器当前已插入 U 盘,可将事件表数据以 .csv(电子表格)格式文件保存至外部 U 盘

2) I^{2}C 解码

要解码 I^{2}C 信号,需执行以下步骤:

步骤 1:分别连接 I^{2}C 信号的时钟线(SCLK)和数据线(SDA)至示波器信号的输入端。

步骤 2：调整到合适的时基和电压挡位。

步骤 3：在触发菜单中，选择总线触发，类型为 I^2C，根据信号的特性设置各触发菜单项，使信号稳定地显示。

步骤 4：信号稳定触发后，按前面板解码按键。选择总线类型为 I^2C，根据信号的特性设置各解码菜单项。正确设置后，信号携带的信息即可在屏幕上显示出来。

注意：当触发菜单和解码菜单有重复的菜单项时，设置其中任一菜单项即可，另一菜单项会自动更改。

解码信息显示对应表如表 7.24 所示。

表 7.24　解码信息显示对应表

信息项	显示的缩写	解码框底色
读地址	R 或 Read，或不显示	绿
写地址	W 或 Write，或不显示	绿
数据	D 或 Data，或不显示	黑

注：(1) 总线解码和总线触发的阈值都可使用触发电平旋钮进行调节。

(2) 当信号没有 ACK 时，会在波形对应 ACK 的位置上标注两条竖红线。

I^2C 解码菜单说明如表 7.25 所示。

表 7.25　I^2C 解码菜单

功能菜单	设　定		说　明
总线类型	I^2C		设定总线解码类型为 I^2C
显示	格式	二进制、十进制、十六进制、ASCⅡ	选择总线的显示格式
	事件表	开启/关闭	选择"开启"/"关闭"，可显示/关闭解码列表
	保存事件表		若仪器当前已插入 U 盘，可将事件表数据以 .csv（电子表格）格式文件保存至外部 U 盘

3）SPI 解码

解码 SPI 信号的步骤与解码 I^2C 信号的步骤基本一致。

注：(1) 总线解码和总线触发的阈值都可使用触发电平旋钮进行调节。

(2) 如位顺序选择为低位先，则标识低位为高（如波形从前到后的二进制数值为 00000111，解码后显示的码为 11100000）。

SPI 解码菜单说明如表 7.26 所示。

表 7.26 SPI 解码菜单

功能菜单	设 定		说 明
总线类型	SPI		设定总线解码类型为 SPI
设置	SCLK		选择与信号相匹配的信号边沿类型，在 SCLK 的上升沿或下降沿对 SDA 进行采样
	超时时间		设置空闲状态的最小时间。超时指的是时钟 SCL 信号保持指定时间的空闲状态后，示波器在搜索到满足触发条件的数据 SDA 时触发。范围为 30 ns～10 s
	数据位宽		选择与信号相匹配的每帧数据的宽度。可设置为 4～32 间的任意整数
	位顺序		选择"低位先"或"高位先"，与信号相匹配
显示	格式	二进制、十进制、十六进制、ASCⅡ	选择总线的显示格式
	事件表	开启/关闭	选择"开启"/"关闭"，可显示/关闭解码列表
	保存事件表		若仪器当前已插入 U 盘，可将事件表数据以 .csv(电子表格)格式文件保存至外部 U 盘

4) CAN 解码

解码 CAN 信号的步骤与前面基本一致。

解码信息显示对应表如表 7.27 所示。

表 7.27 解码信息显示对应表

信息项	显示的缩写	解码框底色
标识符	I 或 ID，或不显示	绿
过载帧	OF(Overload Frame)	绿
错误帧	EF(Error Frame)	绿
数据长度	L 或 DLC，或不显示	蓝
数据帧	D 或 Data，或不显示	黑
循环冗余校验	C 或 CRC，或不显示	正确：紫 错误：红

注：(1) 总线解码和总线触发的阈值都可使用触发电平旋钮进行调节。

(2) 当数据帧或远程帧的信号没有 ACK 时，在波形中对应 ACK 的位置上会标注两条竖红线。

(3) 错误帧、远程帧、过载帧会在事件表中的数据一栏标识出来(数据帧不会被标识)。

CAN 解码菜单说明如表 7.28 所示。

表 7.28　CAN 解码菜单

功能菜单	设　　定		说　　明
总线类型	CAN		设定总线解码类型为 CAN
显示	格式	二进制、十进制、十六进制、ASCⅡ	选择总线的显示格式
	事件表	开启/关闭	选择"开启"/"关闭"，可显示/关闭解码列表
	保存事件表		若仪器当前已插入 U 盘，可将事件表数据以 .csv（电子表格）格式文件保存至外部 U 盘

7.3.5　采集设置

功能菜单控制区包括 8 个功能菜单按键，即测量、采样、功能、光标、自动量程、保存、显示、帮助；3 个立即执行按键，即自动设置、运行/停止、单次。

按采样按键，下方菜单中显示"采集模式""记录长度""性能模式（型号带 U 的机型）"和"插值"。

采集模式设置菜单说明如表 7.29 所示。

表 7.29　采集模式设置菜单说明

功能菜单	设　　定	说　　明
采样		普通采样方式
峰值检测		用于检测干扰毛刺和减少混淆的可能性
平均值	4、16、64、128	用于减少信号中的随机及无关噪声，平均次数可选

记录长度设置菜单说明如表 7.30 所示。

表 7.30　记录长度设置菜单

功能菜单	设　　定	说　　明
记录长度	1000 点	选择要记录的长度（对于 NDS102UP/NDS202U，单通道和双通道都可为 40 M）
	10k 点	
	100k 点	
	1M 点	
	10M 点	
	20M 点	
	40M 点（单通道）	

性能模式菜单(仅适用于型号带 U 的机型)说明如表 7.31 所示。

表 7.31 性能模式菜单

功能菜单	设定/bit	说　　明
性能模式	8	ADC 精度设为 8 位
	12	ADC 精度设为 12 位
	14 (仅限 NDS102UP/NDS202U)	ADC 精度设为 14 位

在 NDS-U 系列示波器中:

采样率≤250 MS/s 时,ADC 精度默认设为 12 bit;

采样率>250 MS/s,且两通道开启时,ADC 精度默认设为 8 bit;

采样率<250 MS/s,且只有一个通道开启时,在此菜单中可切换 8 bit、12 bit。

注:对于 NDS102UP/NDS202U,8 bit、12 bit 或 14 bit 的选择不受采样率的影响。

插值菜单(仅适用于型号带 U 的机型)说明如表 7.32 所示。

表 7.32 插 值 菜 单

功能菜单	设　定	说　　明
插值	Sin x/x	采用正弦插值法
	x	采用线性插值法

插值方式表示在采样点之间根据特定的算法插入计算值,实际应用中可根据实际信号选择合适的插值方式。

正弦插值法:在采样点之间使用曲线连接,如图 7.29 所示。

线性插值法:在采样点之间使用直线连接,这种插值方式较适合于直边缘的信号,如方波、脉冲波等,如图 7.30 所示。

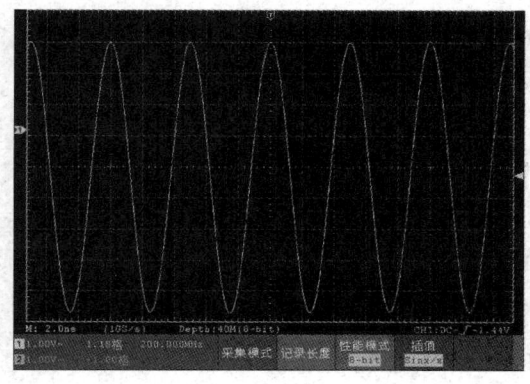 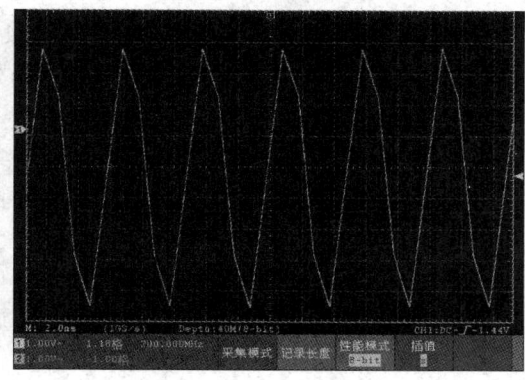

图 7.29 正弦插值　　　　　　　　　　图 7.30 线性插值

7.4 测量实例

例1 测量简单信号。观测电路中一未知信号，迅速显示和测量信号的频率和峰峰值。

(1) 迅速显示。步骤如下：

步骤1：将探头菜单衰减系数设定为10X，并将探头上的开关设定为10X。

步骤2：将"通道1"的探头连接到电路被测点。

步骤3：按下"自动设置"按键。

示波器的自动设置可使波形显示达到最佳。在此基础上，可以进一步调节垂直、水平挡位，直至波形的显示符合要求。

(2) 进行自动测量。示波器可对大多数显示信号进行自动测量。测量 CH1 通道信号的周期、频率的步骤如下：

步骤1：按"测量"键，屏幕显示自动测量菜单。

步骤2：按下方菜单中的"添加测量"。

步骤3：在右侧菜单中，按"信源"菜单项来选择"CH1"。

步骤4：屏幕左侧显示测量类型菜单，旋转通用旋钮选择"周期"选项。

步骤5：在右侧菜单中，按"添加测量"，周期选项添加完成。

步骤6：在屏幕左侧类型菜单中，旋转通用旋钮选择"频率"选项。

步骤7：在右侧菜单中，按"添加测量"，频率选项添加完成。

在屏幕左下方会自动显示出测量数值，如图7.31所示。

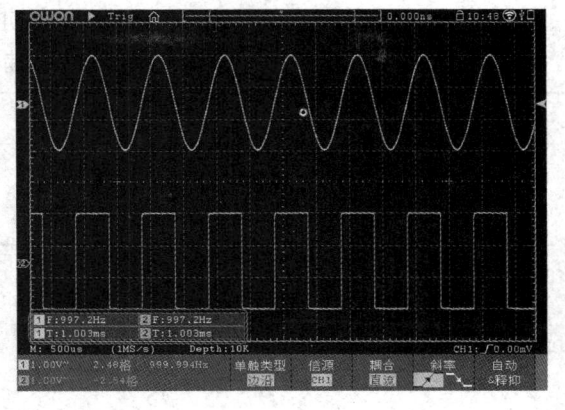

图 7.31 自动测量波形

例2 测量电路中放大器的增益。

将探头菜单衰减系数设定为10X，并将探头上的开关设定为10X。

将示波器 CH1 通道与电路信号输入端相接，CH2 通道与输出端相接。

操作步骤如下：

步骤1：按下"自动设置"按键。示波器自动把两个通道的波形调整到合适的显示状态。

步骤2：按"测量"键，屏幕显示自动测量菜单。

步骤3：按下方菜单中的"添加测量"。

步骤4：在右侧菜单中，按"信源"菜单项来选择"CH1"。

步骤5：屏幕左侧显示测量类型菜单，旋转通用旋钮选择"峰峰值"选项。

步骤6：在右侧菜单中，按"添加测量"，CH1 的峰峰值测量添加完成。

步骤7：在右侧菜单中，按"信源"菜单项来选择"CH2"。

步骤8：屏幕左侧显示测量类型菜单，旋转通用旋钮选择"峰峰值"选项。

步骤 9：在右侧菜单中，按"添加测量"，CH2 的峰峰值测量添加完成。

步骤 10：从屏幕左下角测量值显示区域读出 CH1 和 CH2 的峰峰值，如图 7.32 所示。

步骤 11：利用公式计算放大器增益。公式如下：

$$增益 = \frac{输出信号}{输入信号}$$

$$增益(dB) = 20 \times \log(增益)$$

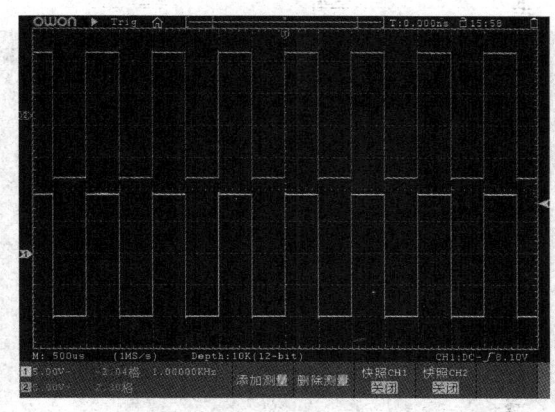

图 7.32 增益测量波形

例 3 捕捉单次信号。

方便地捕捉脉冲、毛刺等非周期性的信号是数字存储示波器的特点和优势。要捕捉一个单次信号，首先需要对此信号有一定的先验知识，然后才能设置触发电平和触发沿。例如，如果脉冲是一个 TTL 电平的逻辑信号，触发电平应该设置成 2 V，触发沿设置成上升沿触发。如果对于信号的情况不确定，可以通过自动或普通的触发方式先行观察，以确定触发电平和触发沿。

操作步骤如下：

步骤 1：将探头菜单衰减系数设定为 10X，并将探头上的开关设定为 10X。

步骤 2：调整垂直挡位和水平挡位旋钮，为观察的信号建立合适的垂直与水平范围。

步骤 3：按"采样"按键，显示采样菜单。

步骤 4：在下方菜单中选择"采集模式"，在右侧菜单中选择"峰值检测"。

步骤 5：按"触发菜单"按键，显示触发菜单。

步骤 6：在下方菜单中选择"类型"，在右侧菜单中选择"单触"。

步骤 7：在左侧菜单中选择触发模式为"边沿"。

步骤 8：在下方菜单中选择"信源"，在右侧菜单中选择"CH1"。

步骤 9：在下方菜单中选择"耦合"，在右侧菜单中选择"直流"。

步骤 10：在下方菜单中选择"斜率"为 ◢ （上升）。

步骤 11：旋转触发电平旋钮，调整触发电平到被测信号的中值。

步骤 12：若屏幕上方触发状态指示没有显示"Ready"，则按下 Run/Stop （运行/停止）按键，启动获取，等待符合触发条件的信号出现。

　　如果有某一信号达到设定的触发电平，则采样一次，并显示在屏幕上，利用此功能可以轻易捕捉到偶然发生的事件。例如，对于幅度较大的突发性毛刺，将触发电平设置到刚刚高于正常信号电平，按 Run/Stop（运行/停止）按键开始等待，当毛刺发生时，机器自动触发并把触发前后一段时间的波形记录下来。通过旋转面板上水平控制区域的水平位移旋钮改变触发位置的水平位移，可以得到不同长度的负延迟触发，便于观察毛刺发生之前的波形，如图 7.33 所示。

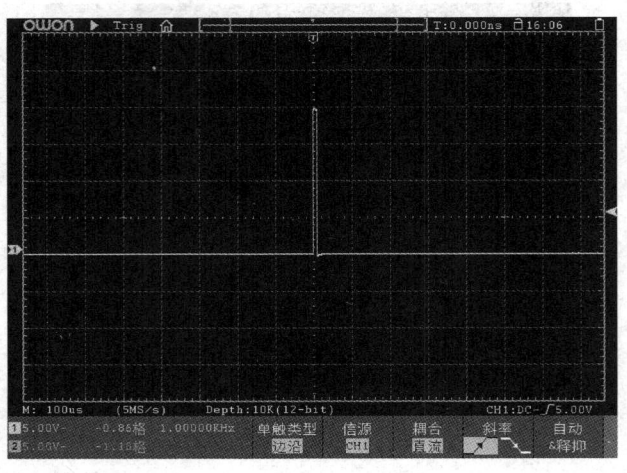

图 7.33　捕捉单次信号

　　例 4　X - Y 功能的应用。测试信号经过一电路网络产生的相位变化。

　　将示波器与电路连接，监测电路的输入、输出信号。

　　若以 X - Y 坐标图的形式查看电路的输入、输出，需按如下步骤操作：

　　步骤 1：将探头菜单衰减系数设定为 10X，并将探头上的开关设定为 10X。

　　步骤 2：将通道 1 的探头连接至网络的输入，将通道 2 的探头连接至网络的输出。

　　步骤 3：按下自动设置按键，示波器把两个通道的信号打开并显示在屏幕中。

　　步骤 4：调整垂直挡位旋钮使两路信号显示的幅度大约相等。

　　步骤 5：按显示面板按键，调出显示设置菜单。

　　步骤 6：在下方菜单中选择"XY 模式"，在右侧菜单中选择"使能"为"开启"，示波器将以李沙育（Lissajous）图形模式显示网络的输入、输出特征。

　　步骤 7：调整垂直挡位、垂直位移旋钮，使波形达到最佳效果。

　　步骤 8：应用椭圆示波图形法观测并计算出相位差，如图 7.34 所示。

　　根据 $\sin q = A/B$ 或 C/D（其中 q 为通道间的相差角，A、B、C、D 的定义见图 7.34）可以得出相差

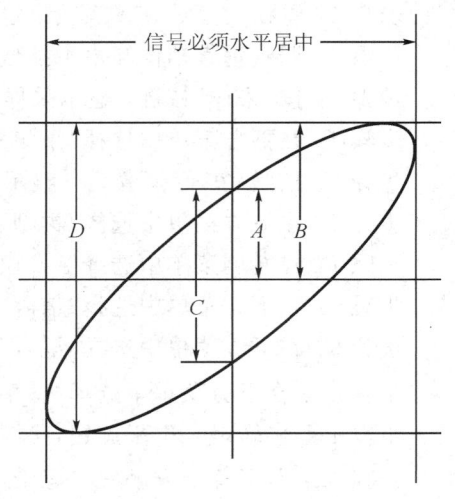

图 7.34　李沙育图形

角，即 $q = \pm \arcsin(A/B)$ 或 $\pm \arcsin(C/D)$。如果椭圆的主轴在 I、III 象限内，那么所求得的相位差角应在 I、IV 象限内，即在 $0 \sim \pi/2$ 或 $3\pi/2 \sim 2\pi$ 内。如果椭圆的主轴在 II、IV 象限内，那么所求得的相位差角应在 II、III 象限内，即在 $\pi/2 \sim \pi$ 或 $\pi \sim 3\pi/2$ 内。

例 5 视频信号触发。观测一电视机中的视频电路，应用视频触发并获得稳定的视频输出信号显示。

若在视频场上触发，需按如下步骤操作：

步骤 1：按触发菜单按键，显示触发菜单。

步骤 2：在下方菜单中选择"类型"，在右侧菜单中选择"单触"。

步骤 3：在左侧菜单中选择触发模式为"视频"。

步骤 4：在下方菜单中选择"信源"，在右侧菜单中选择"CH1"。

步骤 5：在下方菜单中选择"制式"，在右侧菜单中选择"NTSC"。

步骤 6：在下方菜单中选择同步，在右侧菜单中选择场。

步骤 7：调整垂直挡位、垂直位移和水平挡位旋钮以得到合适的波形显示，如图 7.35 所示。

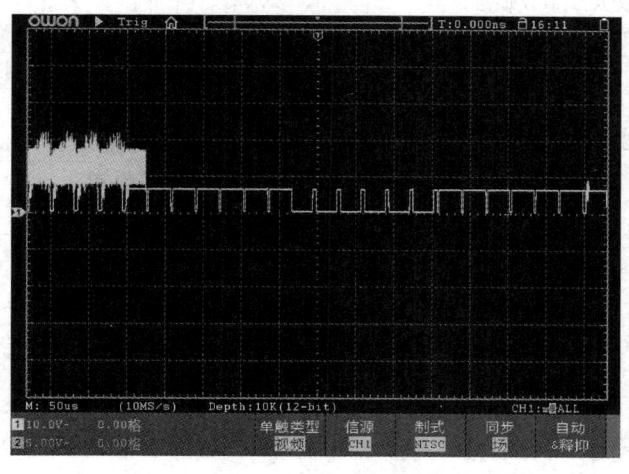

图 7.35　视频场触发波形

7.5　技术规格

除非另有说明，所有技术规格都适用于衰减开关设定为 10X 的探头和数字式示波器。示波器必须首先满足以下两个条件，才能达到这些规格标准：

（1）仪器必须在规定的操作温度下连续运行 30 分钟以上。

（2）如果操作温度变化范围达到或超过 5℃，必须打开系统功能菜单，执行"自校正"程序。

除标有"典型"字样的规格以外，所用规格都有保证。表 7.33 和表 7.34 给出了详细技术指标。

表 7.33　示 波 器

特　性			说　明		
带宽		NDS102U	100 MHz		
		NDS102UP	8 位、12 位模式	100 MHz	
			14 位模式	25 MHz	
垂直分辨率（A/D）		NDS102U	12 位		
		NDS102UP	14 位		
		NDS102	8 位		
通道			2 ＋ 1（外部触发）		
波形刷新率			75 000 wfms/s		
多级灰度显示 & 色温显示 （波形灰度显示功能采用灰度的变化来体现波形出现频率的大小，波形出现的频率越大，显示越明亮）		NDS102U	不支持		
		NDS102UP NDS102	支持		
放大镜功能 （放大镜窗口可放大显示波形选区，以便用户观察波形）		NDS102U NDS102	不支持		
		NDS102UP	支持（需选配触摸屏）		
采样	采样方式		普通采样、峰值检测、平均值		
	实时采样率	NDS102U	双通道	500 MS/s	
			单通道	8 位模式	1 GS/s
	NDS102	双通道	12 位模式	500 MS/s	
		单通道	12 位模式	1 GS/s	
	NDS102UP	双通道	8 位模式	1 GS/s	
			12 位模式	500 MS/s	
			14 位模式	100 MS/s	
		单通道	8 位模式	1 GS/s	
			12 位模式	500 MS/s	
			14 位模式	100 MS/s	
输入	输入耦合		直流、交流、接地		
	输入阻抗	NDS102(U)	1×(1±0.02) MΩ，与(15±5) pF 并联		
		NDS102UP	1×(1±0.02) MΩ，与(15±5) pF 并联；50×(1±0.02) Ω		
	探头衰减系数		0.001X～1000X，按 1－2－5 进制方式步进		
	最大输入电压		1 MΩ：≤300 Vrms； 50 Ω：≤5 Vrms（仅适用于部分机型）		
	带宽限制		20 MHz、全带宽		
	通道间的隔离度		50 Hz：100∶1 10 MHz：40∶1		
	通道间时间延迟 （典型）		150 ps		

特 性				说 明	
水平	采样率范围	NDS102U	双通道	0.05 S/s～500 MS/s	
			单通道	8 位模式	0.05 S/s～1 GS/s
				12 位模式	0.05 S/s～500 MS/s
		NDS102	双通道	0.05 S/s～500 MS/s	
			单通道	0.05 S/s～1 GS/s	
		NDS102UP	双通道	8 位模式	0.05 S/s～1 GS/s
				12 位模式	0.05 S/s～500 MS/s
				14 位模式	0.05 S/s～100 MS/s
			单通道	8 位模式	0.05 S/s～1 GS/s
				12 位模式	0.05 S/s～500 MS/s
				14 位模式	0.05 S/s～100 MS/s
	波形内插			$\sin(x)/x$, x	
	最大存储深度			40 M	
	扫速范围/(s/div)	NDS102(U)		2 ns/div～1000 s/div, 按 1—2—5 进制方式步进	
		NDS102UP		1 ns/div～1000 s/div, 按 1—2—5 进制方式步进	
	时基精度			$\pm 1 \times 10^{-6}$（典型值，环境温度为＋25℃时）	
	时间间隔(ΔT)测量精确度(DC～100 MHz)			单次： $\pm$(1 采样间隔时间＋1×10^{-6}×读数＋0.6 ns)>16 个平均值，即大于$\pm$(1 采样间隔时间＋1×10^{-6}×读数＋0.4 ns)	
垂直	灵敏度(伏/格)范围			1 mV/div～10 V/div	
	位移范围	NDS102(U) NDS102UP		± 2 V(1 mV/div～50 mV/div)； ± 20 V(100 mV/div～1 V/div)； ± 200 V(2 mV/div～10 V/div)	
	模拟带宽			100 MHz、200 MHz、300 MHz	
	单次带宽			满带宽	
	低频响应(交流耦合，－3 dB)			≥10 Hz(在 BNC 上)	
	上升时间 (BNC 上典型的)	NDS102U		≤3.5 ns	
		NDS102UP	8 位模式 12 位模式	≤3.5 ns	
			14 位模式	≤14 ns	
		NDS102	≤3.5 ns		

续表二

特　　　性			说　　　明		
垂直	直流增益精确度	NDS102U NDS102UP	1 mV	3％	
			2 mV	2％	
			≥5 mV	1.5％	
		NDS102	1 mV	3％	
			≥2 mV	2％	
	直流测量精确度 （平均值采样方式）		经对捕获的≥16 个波形取平均值后波形上任两点间的电压差（ΔV）： ±（3％读数＋0.05 格）		
	开启/关闭波形反相				
测量	光标测量		光标间电压差（ΔV）、光标间时间差（ΔT）、光标间时间差 & 电压差（ΔT&ΔV）、自动光标		
	自动测量		周期、频率、平均值、峰峰值、均方根值、最大值、最小值、顶端值、底端值、幅度、过冲、预冲、上升时间、下降时间、正脉宽、负脉宽、正占空比、负占空比、延迟 A→B⨎、延迟 A→B⨎、周期均方根、游标均方根、屏幕脉宽比、相位、正脉冲个数、负脉冲个数、上升沿个数、下降沿个数、面积、周期面积		
	数学运算		加、减、乘、除、FFT、FFTrms、微分、积分、平方根、函数运算，用户自定义函数，数字滤波（低通、高通、带通、带阻）		
	解码类型（可选）		RS232、I^2C、SPI、CAN		
	存储波形		100 组波形		
	李沙育图形	带宽	满带宽		
		相位差	±3 degrees		
通信接口	标准		USB, USB Host(U 盘存储)；Trig Out(P/F)；LAN 接口		
	选配		VGA 接口和 AV 接口		
频率计			支持		

表 7.34　触　　发

特　　　性		说　　　明
触发电平范围	内部	距屏幕中心±5 格
	EXT	±2 V
	EXT/5	±10 V
触发电平精确度（典型的） 适用于上升和下降时间≥ 20 ns 的信号	内部	±0.3 格
	EXT	±（10 mV＋6％设定值）
	EXT/5	±（50 mV＋6％设定值）

特　性		说　明
触发位移		根据存储深度和时基挡位不同
释抑范围		100 ns～10 s
设定电平至 50%（典型的）		输入信号频率≥50 Hz 条件下的操作
边沿触发	斜率	上升、下降
视频触发	信号制式	支持任何场频或行频的 NTSC、PAL 和 SECAM 广播系统
	行频范围	行数范围是 1～525(NTSC)和 1～625(PAL/SECAM)
脉宽触发	触发模式	正脉宽：大于、小于、等于 负脉宽：大于、小于、等于
	脉宽触发时间范围	30 ns～10 s （对于 NDS102UP，8 位模式为 2 ns～10 s；12 位模式为 4 ns～10 s；14 位模式为 20 ns～10 s）
斜率触发	触发模式	正斜率：大于、小于、等于 负斜率：大于、小于、等于
	时间设置	30 ns～10 s （对于 NDS102UP，8 位模式为 2 ns～10 s；12 位模式为 4 ns～10 s；14 位模式为 20 ns～10 s）
欠幅触发	极性	正脉冲、负脉冲
	脉宽条件	大于、等于、小于
	脉宽范围	30 ns～10 s （对于 NDS102UP，8 位模式为 2 ns～10 s；12 位模式为 4 ns～10 s；14 位模式为 20 ns～10 s）
超幅触发	极性	正脉冲、负脉冲
	触发位置	超幅进入、超幅退出、超幅时间
	超幅时间	30 ns～10 s （对于 NDS102UP，8 位模式为 2 ns～10 s；12 位模式为 4 ns～10 s；14 位模式为 20 ns～10 s）
超时触发	边沿	上升沿、下降沿
	空闲时间	30 ns～10 s （对于 NDS102UP，8 位模式为 2 ns～10 s；12 位模式为 4 ns～10 s；14 位模式为 20 ns～10 s）

续表二

特　性		说　明
第 N 边沿	边沿类型	上升沿、下降沿
	空闲时间	30 ns～10 s
	边沿数	1～128
逻辑触发	逻辑模式	与、或、同或、异或
	输入模式	H、L、X、上升沿、下降沿
	输出模式	变为真、变为假、真大于、真等于、真小于
RS232 触发	极性	正常、反相
	触发条件	帧起始、错误帧、校验错误、数据
	波特率	常用波特率、定制波特率
	数据位宽	5 位、6 位、7 位、8 位
I^2C 触发	触发条件	启动、重启、停止、丢失确认、地址、数据、地址数据
	地址位宽	7 位、8 位、10 位
	地址范围	0～127、0～255、0～1023
	字节长度	1～5
SPI 触发	触发条件	超时
	超时时间	30 ns～10 s
	数据位宽	4 位～32 位
	数据设置	H、L、X
CAN 触发（可选）	信号类型	CAN_H、CAN_L、TX、RX
	触发条件	帧起始、帧类型、ID、数据、ID 和数据、结束帧、丢失确认、填充错误
	波特率	常用波特率、定制波特率
	采样点	5%～95%
	帧类型	数据帧、远程帧、错误帧、过载帧

习　题　7

7.1　什么是示波器？本章介绍了几种分类方法？

7.2　通过查阅相关资料，写出示波器的工作原理。

7.3　写出 NDS102 系列双通道数字存储示波器面板按键、旋钮的名称和功能。

7.4　对 NDS102 系列双通道数字存储示波器，回答下列问题：

（1）如何进行探头补偿？

（2）如何进行探头衰减系数设定？

（3）如何使用垂直系统？

（4）如何使用水平系统？

（5）如何在正常模式下进行触摸屏操作？

（6）如何在波形缩放模式下进行触摸屏操作？

7.5 对 NDS102 系列双通道数字存储示波器，解答下列问题：

（1）如何通过探头跨过电阻的电压降来测量电流？

（2）写出以通道1＋通道2为例进行波形计算的操作步骤。

7.6 对 NDS102 系列双通道数字存储示波器，解答下列问题：

（1）写出进行滤波器设置的操作步骤。

（2）写出使用 FFT 的操作步骤。

7.7 现用示波器观测一正弦信号。假设扫描周期(T_x)为信号周期的两倍、扫描电压的幅度 $U_x = U_m$ 时为屏幕 X 方向满偏转值。当扫描电压的波形如图 7.36 中的 a、b、c、d 时，试画出屏幕上相应的显示图形。

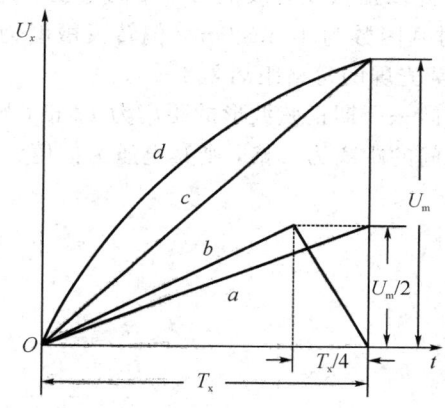

图 7.36 习题 7.7 图

7.8 一示波器的荧光屏的水平长度为 10 cm，现要求在上面最多显示 10 MHz 正弦信号两个周期（幅度适当），那么该示波器的扫描速度应该为多少？

7.9 示波器观测周期为 8 ms，宽度为 1 ms，上升时间为 0.5 ms 的矩形正脉冲。试问：用示波器分别测量该脉冲的周期、脉宽和上升时间，时基开关（t/cm）应在什么位置（示波器的时间因数为 0.05 $\mu s \sim 0.5$ s，按 1—2—5 顺序控制）？

7.10 有 A，B 两台数字示波器，最高采样率均为 200 Ms/s，但存储深度 A 为 1 k、B 为 1 M，那么当扫速从 10 ns/div 变到 1000 ms/div 时，其采样率发生怎样的相应变化？

7.11 用示波器直接测量某一方波信号电压，将探头衰减比置×1、垂直偏转因数 V/格置于"5 V/格"、"微调"置于校正校准 L 位置，并将"AC－GND－DC"置于 AC，所测得的波形峰值为 6 格，则测得峰峰值电压为多少？有效值电压为多少？

7.12 利用正弦有效值刻度的均值表测量正弦波、方波和三角波，读数均为 1 V，则三种波形信号的有效值分别为多少？

7.13 已知示波器偏转灵敏度 $D_y = 0.2$ V/cm，荧光屏有效宽度为 10 cm。

（1）若扫描速度为 0.05 ms/cm（放"校正"位置），所观察的波形如图 7.37 所示，求被测信号的峰峰值及频率；

（2）若想在屏幕上显示 10 个周期该信号的波形，则扫描速度应取多大？

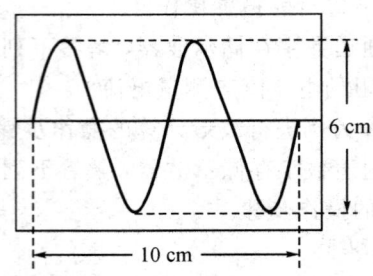

图 7.37　习题 7.13 图

7.14　若在示波器上分别观察峰值相等的正弦波、方波、三角波，得 $U_p = 5$ V。现在分别采用三种不同的检波方式并以正弦波有效值为刻度的电压表进行测量，试求其读数。

7.15　已知示波器的时基因数为 10 ms/cm，偏转灵敏度为 1 V/cm，扫速扩展为 10，探极的衰减系数为 10∶1，荧光屏的每格距离是 1 cm。

（1）如果荧光屏水平方向一周期正弦波形的距离为 12 格，则它的周期是多少？

（2）如果正弦波的峰峰间的距离为 6 格，则其电压为何值？

第8章　频　谱　仪

【教学提示】　本章主要讲述 NSA1000 系列频谱分析仪的功能与使用方法,具体包括界面信息(面板和用户界面)、基本测量方法(设备连接、参数设置)、菜单功能、性能指标及故障判断和排除等内容。

【教学要求】　了解时域测量和频域测量的区别;了解频谱分析仪的基本组成和主要工作性能;掌握频谱分析仪的使用方法。

频谱分析仪(简称频谱仪)是研究电信号频谱结构的仪器,用于信号失真度、调制度、谱纯度、频率稳定度和交调失真等信号参数的测量,可用以测量放大器和滤波器等电路系统的某些参数,是一种多用途的电子测量仪器。它也可称为频域示波器、跟踪示波器、分析示波器、谐波分析器、频率特性分析仪或傅里叶分析仪等。现代频谱分析仪能以模拟方式或数字方式显示分析结果,能分析 1 Hz 以下甚低频到亚毫米波段的全部无线电频段的电信号。仪器内部若采用数字电路和微处理器,就具有存储和运算功能;配置标准接口,就容易构成自动测试系统。

频谱分析仪是对无线电信号进行测量的必备手段,是从事电子产品研发、生产、检验的常用工具。因此,其应用十分广泛,被称为工程师的射频万用表。

频谱分析仪分为实时式和扫频式两类。前者能在被测信号发生的实际时间内取得所需要的全部频谱信息,进行分析并显示分析结果;后者需通过多次取样来完成重复信息分析。实时式频谱分析仪主要用于非重复性、持续期很短的信号分析。扫频式频谱分析仪主要用于从声频直到亚毫米波段的某一段连续射频信号和周期信号的分析。

8.1　安　全　事　项

1. 检查电源

频谱仪采用三芯电源线接口,符合国际安全标准。在频谱仪加电前,必须保证地线可靠接地。浮地或接地不良都可能导致仪器毁坏,甚至造成人身伤害。

开机之前,必须确认频谱仪保护地线已可靠接地,方可将电源线插头插入标准的三芯插座中,千万不要使用没有保护地的电源线。

2. 供电电源参数允许变化范围

本系列射频频谱分析仪使用 110 V～220 V、50 Hz～60 Hz 交流电,表 8.1 给出了频谱仪正常工作时对电源的要求。

为防止或减小由于多台设备通过电源产生的相互干扰,特别是大功率设备

表 8.1　工作电源变化范围

电源参数	适应范围
电压	100 V～240 V AC
频率	$50 \times (1 \pm 0.01)$ Hz～$60 \times (1 \pm 0.01)$ Hz
最大功耗	22 W

产生的尖峰脉冲干扰可能造成的频谱仪硬件的毁坏，最好用 220 V/110 V 交流稳压电源为频谱仪供电。

3. 电源线的选择

频谱仪使用三芯电源线，符合国际安全标准。当接上合适的电源插座时，电源线将仪器的机壳接地。电源线的额定电压值应大于等于 250 V，额定电流应大于等于 2 A。

4. 静电防护

静电防护是常被用户忽略的问题，它对仪器造成的伤害不会立即表现出来，但会大大降低仪器的可靠性。因此，在有条件的情况下应尽可能采取静电防护措施，并在日常工作中采用正确的防静电措施。

通常采取两种防静电措施：

（1）导电桌垫及手腕组合。

（2）导电地垫及脚腕组合。

以上二者同时使用可提供良好的防静电保障。若单独使用，只有前者能提供保障。为确保用户安全，防静电部件必须提供至少 1 MΩ 的与地隔离电阻。

注意：上述防静电措施不可用于超过 500 V 电压的场合。

正确应用下列防静电技术以减少元器件的损坏：

（1）第一次将同轴电缆与频谱仪连接之前，将电缆的内外导体分别与地短暂接触。

（2）工作人员在接触接头芯线或做任何装配之前，必须佩带防静电手腕。

（3）保证所有仪器正确接地，防止静电积累。

5. 初次加电

只需用符合要求的三相电源线将频谱仪与符合要求的交流电源相连即可，无需其他安装操作。

注意：在频谱仪加电开机之前，请先验证电源电压是否正常，以免造成设备毁坏。

（1）按主机前面板左下方的电源开关键 ⏻ 打开频谱仪。

（2）频谱仪将花大约半分钟时间执行一系列自检和调整程序。开机画面结束后，屏幕出现扫频曲线。

（3）让频谱仪预热 30 分钟。

8.2　面板与用户界面

8.2.1　前面板

1. 前面板

前面板及其说明分别如图 8.1 和表 8.2 所示。

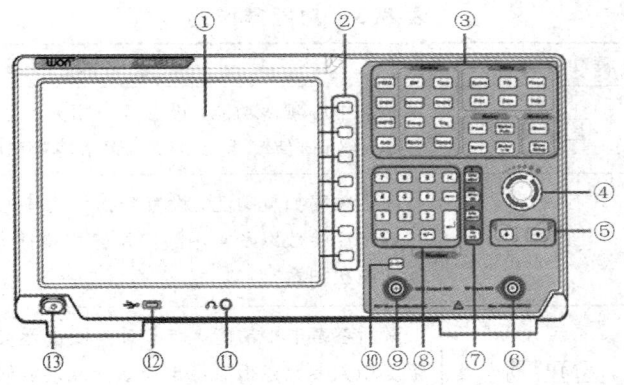

图 8.1 前面板概览

表 8.2 前面板说明

编 号	说 明	编 号	说 明
①	LCD 显示屏	⑧	数字键区
②	菜单软键区	⑨	跟踪源输出
③	功能键区	⑩	跟踪源输出开关键
④	旋钮	⑪	音频输出接口
⑤	方向键	⑫	USB Host 接口
⑥	射频输入	⑬	电源开关(短按开机,长按关机)
⑦	单位键区		

2. 前面板功能键

前面板功能键如图 8.2 所示。前面板功能键说明如表 8.3 所示。

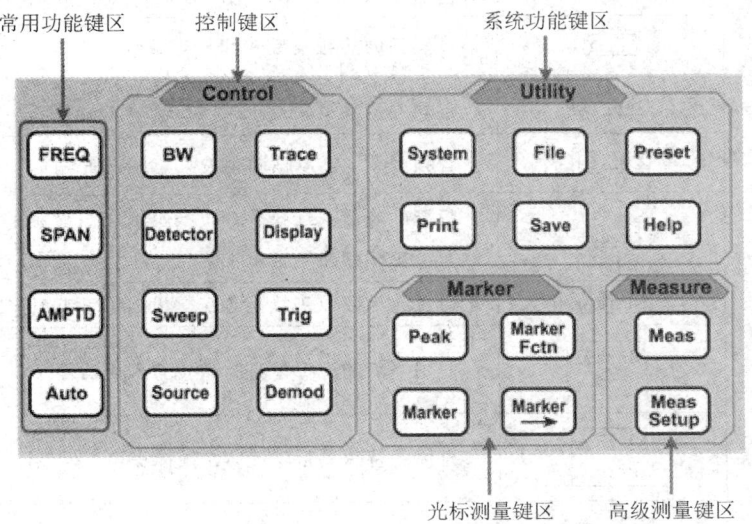

图 8.2 前面板功能键

表 8.3　功能键说明

功能键区	功能键	功能描述
常用功能键区	FREQ	激活中心频率功能,设置频率相关参数(包括中心频率、起始频率、终止频率、频率步进、频率偏置和频率参考等)
	SPAN	激活频率扫宽功能,设置频谱仪为中心频率扫宽模式,设置扫频宽度参数以及常用的扫宽操作快捷方式,如全扫宽、零扫宽和前次扫宽
	AMPTD	激活参考电平功能,弹出对幅度进行设置的软菜单。频谱仪幅度相关参数包括参考电平、衰减器、刻度及单位、前置放大等,其中参考电平和衰减器设置具有一定的耦合关系
	Auto	全频段自动定位信号。自动搜索 RF 端口输入信号并将信号置于屏幕中央,扫宽设置为 1 MHz,便于用户快速测量信号。按【Preset】键可退出自动搜索
控制键区	BW	激活分辨带宽功能。频谱仪扫描相关参数包括分辨带宽、视频带宽、迹线平均等。上述参数与扫频宽度有一定的耦合关系,一般测量情况下建议使用自动耦合方式
	Trace	对迹线测量和显示模式进行设置,也可以对相关迹线进行运算操作
	Detector	设置检波方式
	Display	设置屏幕显示的相关参数
	Sweep	将系统设置为单次或连续扫描模式,用户也可以手动设置扫描时间
	Trig	设置扫频的触发模式和相应参数
	Source	跟踪源设置
	Demod	音频解调、模拟解调相关菜单的设置
光标测量键区	Peak	频标的峰值选项操作,包括最大值、最小值、左右峰值等参数的定位和操作
	Marker	通过光标读取迹线上各点幅度、频率或扫描时间等
	Marker →	使用当前的光标值进行快捷操作,设置仪器其他相应参数
	Marker Fctn	光标的特殊测量功能,如频标噪声、频率计数、NdB 带宽

续表

功能键区	功能键	功 能 描 述
高级测量键区	Meas	基于频谱仪平台拓展的测量功能，包括邻道功率测量、信道功率测量、占用带宽测量等，具体测量功能参数设置参考测量设置菜单
	Meas Setup	高级测量参数设置，与测量菜单配套使用，提供测量菜单中选择的测量参数设置
系统功能键区	System	系统参数设置和仪器校准操作菜单
	File	对存储文件进行浏览、删除和导出操作
	Preset	将仪器测量设置参数恢复至出厂设置或用户定义的测量状态
	Print	设置打印相关参数
	Save	保存屏幕截图、迹线数据、用户状态
	Help	频谱仪帮助菜单

3. 参数输入界面

参数输入可通过数字键盘、旋钮和方向键完成。

1）数字键盘

数字键盘一些键的功能说明如下：

（1）$\boxed{+/-}$ 为符号键：符号键用于改变参数符号。首次按下该键，参数符号为"－"，再次按下该键，符号切换为"＋"。

（2）最右侧为单位键：单位键包括 GHz/dBm/s、MHz/dB/ms、kHz/dB mV/μs、Hz/mV/ns。输入数字后，按下所需的单位键完成输入。单位键的具体含义由当前输入参数的"频率""幅度"或"时间"决定。

（3）$\boxed{\times}$ 为取消键。

① 参数输入过程中，按下该键可清除活动功能区的输入，同时退出参数输入状态。

② 关闭活动功能区的显示。

③ 当仪器处于程控测试状态时，该键用于退出当前程控测试状态，回到本地键盘测量设置状态。

（4）$\boxed{\leftarrow}$ 为退格键。

① 参数输入过程中，按下该键将删除光标左边的字符。

② 在编辑文件名时，按下该键将删除已输入的字符信息。

2）旋钮

在参数可编辑状态，旋转旋钮将以指定的步进增大（顺时针）或减小（逆时针）参数。

3）方向键

方向键的功能包括：

（1）参数输入时，按上、下键可使参数值按一定步进递增或递减。

(2) 在【File】文件功能中，上、下键用于在根目录中移动光标。

4. 前面板连接器

(1) USB Host：频谱仪可作为"主设备"与外部 USB 设备连接，该接口支持 U 盘。

(2) GEN Output 50 Ω（跟踪源输出 50 Ω）：跟踪信号源的输出可通过一个 N 型连接器的电缆连接到接收设备中，跟踪源为选件，用户可根据实际需要另行购买。

注意：射频输入端口的最大直流输入电压为 50 V。超过该电压会导致输入衰减器和输入混频器毁坏。

(3) RF Input 50 Ω（射频输入 50 Ω）：射频输入可通过一个 N 型连接器的电缆连接到被测设备。

注意：当输入衰减器的设置不小于 10 dB 时，射频输入端口输入信号最大功率为＋30 dBm。

8.2.2 后面板

后面板及其说明分别如图 8.3 和表 8.4 所示。

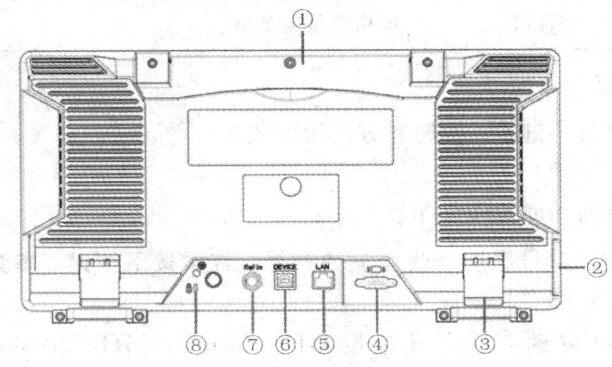

图 8.3　后面板视图

表 8.4　后 面 板 说 明

编号	部 件	说 明
①	提手	可收纳式提手，方便用户移动仪器
②	AC 电源接口	AC：频率 50×(1±0.01) Hz，单相交流 220×(1±0.15) V 或 110×(1±0.15) V
③	脚架	可调节仪器倾斜的角度
④	VGA 接口	VGA 输出连接到外部监视器或投影仪
⑤	LAN 接口	频谱仪可以通过该接口连接至局域网中进行远程控制
⑥	USB Device 接口	当频谱仪作为"从设备"与外部 USB 设备连接时，需要通过该接口传输数据。例如，连接 PC 或打印机时，使用该接口
⑦	10 MHz 输入/输出接口	实现参考时钟输入/输出
⑧	锁孔	可以使用安全锁（请用户自行购买），通过该锁孔将频谱仪锁定在固定位置，用来确保频谱仪安全

8.2.3 用户界面

用户界面及其说明分别如图 8.4 和表 8.5 所示。

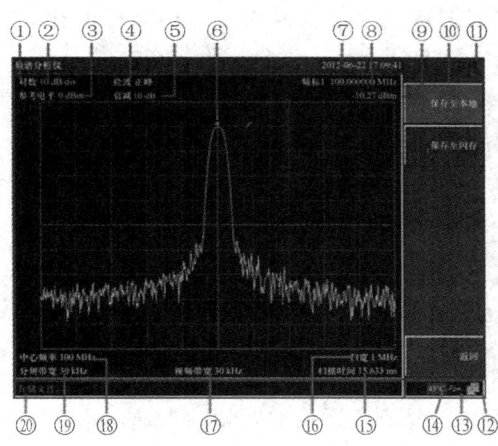

图 8.4 用户界面

表 8.5 用户界面说明

编号	名 称	说 明	关联按键
①	幅度刻度类型	幅度刻度类型可选择对数或线形	AMPTD→[刻度类型]
②	幅度刻度	幅度显示刻度设置比例	AMPTD→[刻度/格]
③	参考电平	幅度定格电平设置值	AMPTD→[参考电平]
④	检波方式	显示选择的检波方式	Detector
⑤	衰减	显示射频输入衰减器设置值	AMPTD→[衰减器]
⑥	频率标记	显示当前激活的频标	Marker
⑦	日期/时间	显示系统的日期/时间	System→[日期/时间]
⑧⑨	频标值	显示当前频标的频率值及幅度值	Marker
⑩	菜单项	当前功能的菜单项	
⑪	菜单标题	当前菜单所属的功能	
⑫	LAN 接口通信标志	LAN 网络接口通信标志	
⑬	USB 标志	USB 通信标志	
⑭	温度标志	显示仪器内部温度	
⑮	扫描时间	系统扫描时间	Sweep→[扫描时间]
⑯	扫宽	显示扫宽值	SPAN→[扫宽]
⑰	视频带宽	显示视频带宽	BW→[视频带宽]
⑱	中心频率	显示中心频率	FREQ→[中心频率]
⑲	分辨带宽	显示分辨带宽	BW→[分辨带宽]
⑳	状态显示栏	显示频谱仪的状态和信息	

8.3　基本测量方法

基本测量包括在频谱仪屏幕上显示信号之后，用频标测出信号的频率和幅度。按以下四个简单步骤即可测量输入信号。

步骤 1：设置中心频率。

步骤 2：设置扫频、分辨带宽。

步骤 3：激活频标。

步骤 4：调整幅度参数。

例如，测量频率为 100 MHz、幅度为 −20 dBm 的信号，要先给频谱仪加电开机（开机预热 30 分钟后测量，结果会更精确）。

1. 设备连接

将产生射频信号的信号源连接到频谱仪的射频输入端，将信号源设置为：频率＝100 MHz；幅度＝−20 dBm。

2. 参数设置

设置频谱仪为默认的初始状态，按频谱仪的 Preset 键。

频谱仪显示了从 9 kHz 到最大扫频宽度的频谱，在 100 MHz 的地方，信号源产生的信号以一条垂直的直线出现，同时产生的谐波信号也以垂直直线的形式出现在频率为 100 MHz的整数倍处，如图 8.5 所示。

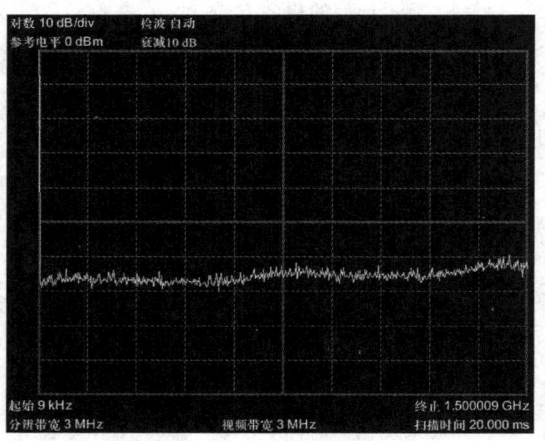

图 8.5　全扫宽

为了更清楚地观察信号，减小扫频宽度。设置频谱仪的中心频率为 100 MHz，减少扫宽到 1 MHz。

1）设置中心频率

按 FREQ 键，在弹出的软菜单中按【中心频率】。在数字键区输入"100"，并在软键区按键确定单位为 MHz，这些数字键可对当前参数设置确切的值，步进钮和旋钮也可用于设置中心频率值。

2）设置扫频宽度

按 SPAN 键，在数字键区输入"1"，并在软键区按键确定单位为 MHz，或者通过按【↓】键减少至 1 MHz。

按 BW 键，设置【分辨带宽自动手动】为手动，在数字键区输入"30"，并在软键区按键确定单位为 kHz，或者通过按【↓】键减少至 30 kHz。

按 Detetor 键，设置检波方式为正峰。

图 8.6 所示为产生的信号在更高的分辨率情况下显示的效果。

注意：分辨带宽和视频带宽与扫频宽度是自适应的，它们根据给定的扫宽自动调整到合适的值。同时，扫描时间也具有自适应功能。

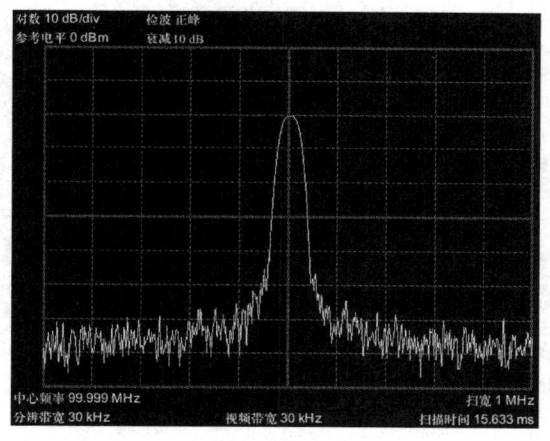

图 8.6　设置扫宽

3）激活频标

按 Marker 键，该键位于功能键区。再按软键确认【频标 1 2 3 4 5】，选中光标 1，此操作默认频标位置为水平坐标的中央位置处，即信号的峰值点或其附近。

按 Peak 键，进入下一级软菜单，选中按【最大值搜索】键。由频标可读出频率和幅度值，其显示在屏幕测量图表右上角的数据显示区域中。

4）调整幅度参数

频谱仪显示的测量图表顶格的水平线的幅度一般被称为参考电平。为得到较好的动态范围，实际信号的峰值点应该位于或接近测量图表的顶端水平线（即参考电平）。参考电平也是 Y 轴的最大值。这里就通过减少参考电平 20 dB 来增加动态范围。

按 AMPTD 键，弹出关于幅度设置的软菜单，并激活了【参考电平】软键，可以直接在测量图表左上角的输入方框内键入参考电平值。用数字键键入"－20"，并用软键确认单位 dBm，也可通过步进键【↓】或旋钮来调整。

此时参考电平被设为了－20 dBm，迹线的峰值点接近测量图表的最大刻度值，如图 8.7

所示，此时信号峰值和噪声之间的差值（即动态范围）增大。

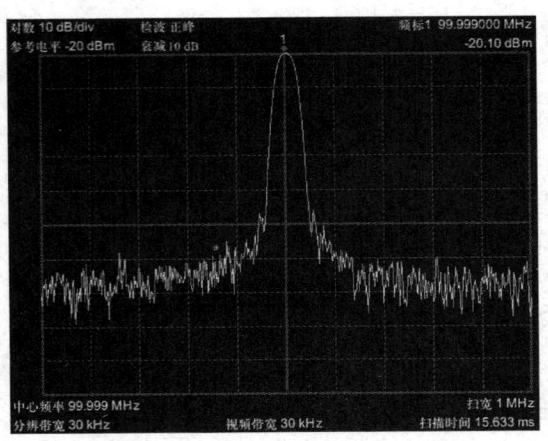

图 8.7　设置参考电平

8.4　菜 单 功 能

1. $\boxed{\text{FREQ}}$ 频率

$\boxed{\text{FREQ}}$ 频率表示频谱仪当前测量频率范围的方式有两种：起始频率/终止频率、中心频率/扫宽。调整四个参数中的任一个均相应调整其他三个参数，以满足它们之间的耦合关系：

$$f_{\text{center}} = \frac{(f_{\text{stop}} + f_{\text{start}})}{2} \tag{8.1}$$

$$f_{\text{span}} = (f_{\text{stop}} - f_{\text{start}}) \tag{8.2}$$

式中，f_{center}、f_{stop}、f_{start}、f_{span} 分别表示中心频率、终止频率、起始频率、扫宽。

【中心频率】：激活中心频率，设置频谱仪为中心频率模式。如果设置的中心频率和当前扫宽不协调，扫宽将自动调整到与期望的频率相适应的最佳值。其要点说明如下：

（1）修改中心频率将在保持扫宽设置不变的前提下自动修改起始频率和终止频率。

（2）修改中心频率相当于平移当前通道，能调整的范围受指标给出的频率范围限制。

（3）在零扫宽模式下，起始频率、终止频率和中心频率的值相同，将一起被修改。

（4）可以使用数字键、旋钮和方向键修改该参数。

【起始频率】：激活起始频率，并同时设置频谱仪为起始频率/终止频率模式。其要点说明如下：

（1）起始频率的修改会引起扫宽和中心频率的变化，扫宽的变化会影响其他系统参数。

（2）在零扫宽模式下，起始频率、中心频率和终止频率的值相同，将一起被修改。

（3）可以用数字键、旋钮和方向键修改该参数。

（4）在调整起始频率时，如果选择的起始频率超过终止频率，则终止频率将自动增大，最后等于起始频率。

【终止频率】：激活终止频率，并同时设置频谱仪为起始频率/终止频率模式。其要点说明如下：

（1）终止频率的修改会引起扫宽和中心频率的变化，扫宽的变化会影响其他系统参数。

（2）可以用数字键、旋钮和方向键修改该参数。

（3）在调整终止频率时，如果选择的终止频率小于起始频率，则起始频率将自动减小，最后等于终止频率。

【频率步进　自动　手动】：调整中心频率步进量，以固定的步进值修改中心频率，可达到连续切换测量通道的目的。其要点说明如下：

（1）频率步进的设置分为手动和自动两种模式。当频率步进为自动设置模式时，如果是非零扫宽，则频率步进为扫宽的 1/10；如果是零扫宽，则频率步进等于分辨带宽（RBW）的 25%。当频率步进为手动模式时，可用数字键、步进键或旋钮对中心频率的步进量进行调整，此时再激活【中心频率】，按步进键，中心频率即以设定的步进量变化。

（2）设定适当的频率步进，并选中中心频率后，选择上下方向键，就可以以设定的步进切换测量通道，实现手动扫描邻近通道。

（3）可以用数字键、旋钮和方向键修改该参数。

【频率偏置】：将设置的偏移量加到显示的频率值上，包括频标频率值，这并不影响扫描的频率范围，可用数字键、步进键或旋钮输入偏移量。

【频率参考　内部　外部】：设置频率参考为内部或者外部时基输入，作为整机参考。

2.　SPAN 扫宽

该按键激活扫宽功能，同时设置频谱仪为扫宽模式。SPAN 键同时弹出【扫宽】、【全扫宽】、【零扫宽】和【前次扫宽】。扫宽的设置可通过数字键、步进键或旋钮进行，用数字键或【零扫宽】能将扫宽设置为零。

【扫宽】：设置当前通道的频率范围，按下该键将使频率输入模式切换为：中心频率/扫宽。其要点说明如下：

（1）修改扫宽将自动修改频谱仪的起始和终止频率。

（2）手动设置扫宽时，最小可设置到 0Hz，即进入零扫宽模式。最大可设置值请参考"性能指标"中的规格说明。扫宽设置为最大时，频谱仪进入全扫宽模式。

（3）非零扫宽模式下改变扫宽，如果频率步进和 RBW 为自动模式，将自动修改频率步进和 RBW，而 RBW 的修改将引起 VBW（自动模式时）的变化。

（4）扫宽、RBW 和 VBW 三者任一变化都将引起扫描时间的变化。

（5）可以用数字键、旋钮和方向键修改该参数。

【全扫宽】：设置频谱仪为中心频率/扫宽模式，同时将扫宽置为最大。

【零扫宽】：将扫宽置为 0，此时起始和终止频率均等于中心频率，横轴为时间坐标。频谱仪测量的是输入信号对应频点处幅度的时域特性，这有利于在时域观察信号；特别有利于观测调制信号。

【前次扫宽】：使频谱仪返回前一次选择的扫宽。

3.　AMPTD 幅度

该按键用于设置频谱仪的幅度相关参数。通过调节这些参数，可以将被测信号以某种易于观察且使测量误差最小的方式显示在当前窗口中。弹出幅度功能菜单，包括【参考电平】、【衰减器 自动 手动】、【刻度/格】、【刻度类型 线性 对数】、【参考偏置】、【参考单位】和【前置放大 开启 关闭】。

【参考电平】：激活参考电平功能，设置当前窗口能显示的最大功率或电压值。其要点说明如下：

（1）可以设置的参考电平最大值受最大混频电平、输入衰减和前置放大器共同影响。调整参考电平时，总是在保证最大混频电平不变的基础上调整输入衰减，以满足不等式：

$$L_{Ref} - a_{RF} + a_{PA} > L_{min} \tag{8.3}$$

式中，L_{Ref}，a_{RF}，a_{PA} 和 L_{min} 分别表示参考电平、输入衰减、前置放大器和最小混频电平。

（2）可以用数字键、旋钮和方向键修改该参数。

【衰减器 自动 手动】：设置射频前端衰减器，从而使大信号可以低失真（小信号可以低噪声）地通过混频器；仅仅在内混频模式下有效，用于调整频谱仪的输入衰减器。在自动模式中，输入衰减器与参考电平相关联。其要点说明如下：

（1）打开前置放大器时，输入衰减最大可以设置为 40 dB。当设置的参数不能满足时，通过调整参考电平来保证。

（2）当参考电平改变时，衰减量能自动进行调整，但衰减量的改变并不影响参考电平。

（3）可以用数字键、旋钮和方向键修改该参数。

衰减器调整的目的是使输入混频器的最大信号幅度小于或等于 −10 dBm。

注意：输入衰减器的最大输入信号幅度为 +27 dBm，更大功率的信号将损坏输入衰减器或输入混频器。

【刻度/格】：设置纵轴每格刻度大小，该功能只在刻度类型为对数时才可使用。选择 1、2、5 或 10 dB 对数幅度刻度，默认值为 10 dB/格。激活的任何频标都以 dB 为单位读数，频标差值以 dB 为单位读出两频标间的差。其要点说明如下：

（1）通过设置不同刻度来调整当前可以显示的幅度范围。

（2）当前可以显示的信号幅度范围：（参考电平 −10×当前刻度）～参考电平。

（3）可以用数字键、旋钮和方向键修改该参数。

【刻度类型 线性 对数】：选择纵轴显示的刻度类型为线性刻度或对数刻度，默认为对数刻度，仅对于内混频方式有效。选择线性幅度刻度一般都以 mV 为单位，当然还有其他的单位供选择。其要点说明如下：

（1）选择对数刻度，纵轴为对数坐标，网格顶部为参考电平，每格大小为刻度值；从线性刻度切换到对数刻度时，Y 轴单位自动修改成对数刻度下的默认单位 dBm。

（2）选择线性刻度，纵轴为线性坐标，网格顶部为参考电平，底部对应 0 V，每格大小为参考电平的 10%，刻度设置功能无效。当对数刻度切换到线性刻度时，Y 轴单位自动修改成线性刻度下的默认单位类型 mV。

（3）刻度类型不影响 Y 轴单位的设置。

【参考偏置】：当被测设备与频谱仪输入之间存在增益或损耗时，给参考电平增加一个偏移值，以补偿产生的增益或损耗。其要点说明如下：

（1）该值不改变曲线的位置，只修改参考电平和光标的幅度读数。

（2）可以用数字键修改该参数。

（3）此偏移量以 dB 为单位，不随所选刻度和单位变化。

【参考单位 ▶】：弹出用于设置频谱仪幅度单位的软菜单，包括［dBm］、［dBμW］、［dBpW］、［dBmV］、［dBμV］、［W］和［V］，分别表示选择相对于 1 mW 的分贝数、1 μW 的分贝数、1 pW 的分贝数、1 mV 的分贝数、1 μV 的分贝数、瓦特和伏特作为显示的幅度单位。

【前置放大开启关闭】：设置射频前端放大器开关。当测量信号较小时，打开前置放大器可以降低显示平均噪声电平，从而在噪声中分辨出小信号。

4. Auto 自动调谐

该按键用于在全频段内自动搜索信号，并将频率和幅度参数调整到最佳状态，一键实现信号搜索以及参数自动设置。

自动搜索信号过程中可能会修改参考电平、刻度大小、输入衰减等参数。

5. BW 带宽

设置频谱仪的 RBW（分辨率带宽）和 VBW（视频带宽）相关参数。弹出对带宽进行设置的软菜单，包括【分辨带宽 自动 手动】、【分辨率步进 默认 连续】、【视频带宽 自动 手动】、【迹线平均 开启 关闭】、【EMI 滤波器 ▶】。

【分辨带宽 自动 手动】：调整分辨率带宽，范围为 10 Hz～3 MHz。可用数据键、步进键和旋钮改变分辨率带宽。自动或手动下的横线表明分辨率带宽是处于自动模式还是手动模式。按【分辨带宽 自动 手动】直到点亮自动下的横线，使分辨率带宽处于自动耦合模式。其要点说明如下：

（1）减小 RBW 可以获得更高的频率分辨率，但也会导致扫描时间变长（扫描时间为自动时，受 RBW 和 VBW 共同影响）。

（2）RBW 为自动模式时，将跟随扫宽（非零扫宽）的减小而减小。

【分辨步进 默认 连续】：调整分辨率带宽步进模式，分辨率步进模式为 1－3－5，默认步进状态为"连续"步进方式。

【视频带宽 自动 手动】：设置视频带宽，以滤除视频带外的噪声。调整显示在活动功能区的视频带宽，范围为 10 Hz～3 MHz，以连续顺序步进，这个值能用数字键、步进键或旋钮进行调整。自动或手动下的亮线表明带宽处于自动模式还是手动模式。当视频带宽为手动模式时，按【视频带宽 自动 手动】点亮自动下的横线，返回自动模式。其要点说明如下：

（1）减小 VBW 可使谱线变得更为平滑，从而将淹没在噪声中的小信号凸显出来，但也会导致扫描时间变长（扫描时间为自动时，受 RBW 和 VBW 共同影响）。

（2）VBW 为自动模式时会跟随 RBW 变化，手动模式时不受 RBW 影响。

【迹线平均 开启 关闭】：打开或关闭视频平均功能，视频平均不用窄的视频带宽就可以平滑显示迹线，此功能将检波器设置为取样模式，同时对迹线连续平均而平滑迹线。

【EMI 滤波器 ▶】：弹出 EMI 测量分辨带宽相关菜单，包括【EMI 开启关闭】、【1 MHz】、【120 kHz】、【9 kHz】和【200 Hz】。

6. Trace迹线

扫频信号在屏幕上用迹线显示，通过此菜单可以设置迹线的相关参数，最多可同时显示 5 条迹线，按此键将弹出与迹线有关的软菜单，包括【迹线 1 2 3 4 5】、【刷新】、【最大保持】、【最小保持】、【消隐】、【查看】、【迹线运算▶】、【1↔2】、【2‑DL→2】、【2↔3】、【1→3】和【2→3】。

【迹线 1 2 3 4 5】：选择轨迹，频谱分析仪提供 1、2、3、4、5 迹线，被选中的轨迹序号及其轨迹所处的状态菜单项将被标示下划线。

【刷新】：刷新当前频谱曲线，显示最新的频谱迹线。

【最大保持】：显示迹线中保持的输入信号的最大响应，在这种模式中，迹线可连续接收扫描数据并选择正峰值检波模式。

【最小保持】：显示迹线中保持的输入信号的最小响应，在这种模式中，迹线可连续接收扫描数据并选择负峰值检波模式。

【消隐】：清除屏幕上的迹线，但迹线寄存器中的内容保持原状，不被刷新。

【查看】：显示当前轨迹中的内容，但不进行刷新，以便于观察和读数。

【迹线运算▶】：进入迹线相关运算的子菜单。

【1↔2】：将迹线寄存器 1 中的内容和迹线寄存器 2 中的内容进行互换，并同时将迹线寄存器 1 和迹线寄存器 2 中的内容置于显示模式下。

【2‑DL→2】：从迹线寄存器 2 中减去显示线的值。此功能激活一次执行一次，若要再次执行，需再按一次【2‑DL→2】。激活此功能时，显示线也被激活。

【2↔3】：将迹线寄存器 2 中的内容和迹线寄存器 3 中的内容进行互换，并同时将迹线寄存器 2 和迹线寄存器 3 中的内容置于显示模式下。

【1→3】：将迹线寄存器 1 中的内容换到迹线寄存器 3 中将迹线寄存器 3 中的内容置于显示模式下。

【2→3】：将迹线寄存器 2 中的内容换到迹线寄存器 3 中，将迹线寄存器 3 中的内容置于显示模式下。

7. Detector检波

在显示较大的扫宽时，一个像素点包含了相对较大子段的频谱信息，即多个取样点会落在一个像素点上。通过设置检波器的检波方式，可以决定像素点包含哪些取样值。按此键可弹出与检波有关的软菜单，包括【迹线 1 2 3 4 5】、【自动】、【常态】、【正峰】、【负峰】、【取样】。

【迹线 1 2 3 4 5】：选择轨迹，频谱分析仪提供 1、2、3、4、5 迹线，被选中的轨迹序号及其轨迹所处的状态菜单项将被标示下划线。

【自动】：设置检波器为标准检波模式（默认模式）。在此模式中，当扫宽大于 1 MHz 时，检波方式为常态检波；当扫宽小于或等于 1 MHz 时，检波方式为正峰值检波。

【常态】：当检测到噪声时，该检波方式交替显示正峰值和负峰值；否则，仅显示正峰值。

【正峰】：选择正峰值检波模式，用这种模式可使检波器选取采样数据段中的最大值显示在对应像素点上。【最大保持】时选择的就是正峰值检波器。

【负峰】：选择负峰值检波模式，用这种模式可使检波器选取采样数据段中的最小值显示在对应像素点上。

【取样】：设置检波器为取样检波模式。这种模式通常用于视频平均和噪声频标功能。

Detector 检波可根据实际应用选择不同的检波方式以保证测量的准确性，所选择的检波方式在屏幕左侧状态栏中都有参数图标与之对应。

各种检波方式比较如表 8.6 所示。

表 8.6　检波方式比较

检波方式	测　量
自动	这是最常用的检波方式，能够同时看见信号和噪声基底，而不丢失任何信号
常态	当检测到噪声时，该检波方式交替显示正峰值和负峰值；否则，仅显示正峰值
正峰值	确保不漏掉任何峰值信号，有利于测量非常靠近噪声基底的信号
负峰值	绝大多数情况下都用于频谱仪的自检，很少用在测量中，能很好地重现 AM 信号的调制包络
取样	有利于测量噪声信号，与自动检波方式相比，它能更好地测量噪声

8.　Display 显示

该按键用于弹出与显示有关的软菜单，包括全屏显示、打开或关闭窗口缩放、显示线、幅度标尺、网格以及标签等功能。

【全屏显示】：设置为全屏显示图形界面，按任意键可以退出。

【窗口缩放　开启　关闭】：在多窗口显示模式下，按此键可对选中的窗口执行缩放操作。首次按下该键，可将选中的窗口放大到整个图形显示区域显示；再次按下此键，可退出整个图形显示区域显示，恢复多窗口显示模式。

【显示线　开启　关闭】：此菜单为开启时，在屏幕上激活一条可调整的水平参考线。

【幅度标尺　开启　关闭】：打开或关闭幅度标尺功能。

【网格　开启　关闭】：网格线的显示与隐藏菜单。当网格显示线为开启时，再次按下可使之关闭。

【标签　开启　关闭】：定义出现在显示格线指定区域内注释内容的显示与隐藏。

9.　Sweep 扫描

该按键用于设置扫描的时间和模式，菜单包含【扫描时间　自动　手动】、【单次扫描】、【连续扫描】、【扫描点数】。

【扫描时间　自动　手动】：设置频谱仪在扫宽范围内完成一次扫描的时间。其要点说明如下：

（1）非零扫宽时，选择自动设置，频谱仪将根据当前 RBW、VBW 等参数的设置选择最短的扫描时间。

（2）可以用数字键、旋钮和方向键修改该参数。

【单次扫描】：允许设置单次扫描模式。按【单次扫描】可激活单次扫描模式，或在下一个触发信号到来时重新开始扫描。允许设置连续扫描模式。

【连续扫描】：按【连续扫描】可激活连续扫描模式。

【扫描点数】：设置每次扫描所获得的点数，即当前迹线的点数。其要点说明如下：

当扫描时间受限于 ADC 的采样速率时，改变扫描点数可影响扫描时间，点数越大，所需的扫描时间越长。

改变扫描点数会影响系统多个参数，因此系统将重新扫描和测量。可以用数字键、旋钮和方向键改变此参数。

10. Trig 触发

该按键用于设置频谱仪的触发类型及触发的相关参数，是用于设置触发模式的软菜单，包含的菜单有【自动】、【视频】。

【自动】：设置触发方式为自动触发模式，使得扫描触发尽可能与频谱仪所允许的一样快。任意时刻均满足触发条件，即持续产生触发信号。

【视频】：设置触发为视频触发模式，当检测到的视频信号电压超出设置的视频触发电平时，产生触发信号。

11. Source 源

打开跟踪源/信号源后，在前面板的 GEN Output 50 Ω 端输出与当前扫描信号同频率的信号或者独立的信号源信号。按此键可弹出跟踪源参数设置的软菜单，包括【跟踪源 开启 关闭】、【输出功率】、【网络测量 ▶】。开机及复位状态下跟踪源都处于关闭状态。

【跟踪源 开启 关闭】：射频输出与频谱接收在频率扫描上完全同步，跟踪源频率不可以单独设置。

【输出功率】：跟踪源功率输出范围为 0 dBm～－30 dBm。

【网络测量 ▶】：跟踪源网络测量功能，主要用于幅频特性测量；射频输出与频谱测量完全同步，可以作为标量网络分析仪使用。当网络测量功能"打开"时，测量结果显示的是相对于"归一化"后的相对值，以"dB"为单位表示。当网络测量功能"关闭"时，测量结果显示的是频谱，以"dBm"为单位表示。其要点说明如下：

(1)【网络测量 开启 关闭】：打开或关闭跟踪源网络测量功能。

(2)【输出功率】：用于设置跟踪源的输出功率。

(3)【参考电平】：用于跟踪源网络测量的用户、调整测量结果显示位置。

(4)【扫描点数】：用于设置网络测量时的扫描点数。

(5)【扫描时间】：用于设置网络测量时的扫描时间。

(6)【归一化】：用于跟踪源网络测量的用户现场校准，将仪器射频输出与射频输入连接后，按"归一化"软菜单，显示器在 0 dB 刻度上显示一条直线。

12. Demod 解调

进入解调设置。本频谱仪支持音频解调和 AM、FM 模拟解调。

【音频解调 ▶】：进入音频解调软菜单。

【解调模式 ▶】：进入解调模式软菜单，包括 FMW、FM、AM、USB、LSB。

【音量】：音频解调开启时，用于调节扬声器输出音量大小。

【广播电台 ▶】：快速进入常用广播频段。

【模拟解调 ▶】：进入模拟解调软菜单。

【AM▶】：进入 AM 解调软菜单。

【FM▶】：进入 FM 解调软菜单。

13. Peak 峰值

该按键用于打开峰值搜索的设置菜单，并执行峰值搜索功能。其要点说明如下：

（1）当在峰值搜索选项中选择"最大值"时，查找迹线上的最大值，并用光标标记。

（2）下一峰值、右峰值、左锋值的峰值查找都必须满足搜索参数条件。

（3）本振馈通引起的零频处的伪信号不作为峰值，将被忽略。

【最大值搜索】：将一个频标放置到迹线的最高点，并在屏幕的右上角显示此频标的频率和幅度。【最大值搜索】并不改变已激活的功能。

【下一峰值】：将活动频标移到迹线上与当前频标位置相联系的下一个最高点处。当此键被重复按下时，可快速地找到较低的峰值点。

【左峰值】/【右峰值】：寻找当前频标位置左边/右边的一个峰值。下一个峰值必须满足当前峰值和峰值门限标准。

【最小值搜索】：将一个频标放置到迹线的最低点，并在屏幕的右上角显示此频标的频率和幅度。

【频标→中心频率】：用于将峰值点移至中心频率点。

【峰值搜索 开启 关闭】：设置峰值的搜索形式，默认为关闭，开启模式下可自动搜索峰值。

14. Marker 频标

Marker 光标是一个菱形的标记，用于标记迹线上的点。通过光标可以读出迹线上各点的幅度、频率或扫描的时间点。其要点说明如下：

（1）最多可以同时显示 3 对光标，但每次只有一对或一个光标处于激活状态。

（2）在光标菜单下可以通过数字键、旋钮和方向键输入频率或时间，以查看迹线上不同点的读数。

【频标 1 2 3 4 5】：激活单个频标，默认选择光标 1，并将频标放置在迹线的中心位置。如果已激活频标差值，则此软键将变为【差值】功能下的菜单。

如果已经存在一个频标，则此命令将不产生任何操作；如果已存在两个频标（如在【差值】模式中），则【频标】将活动频标变为新的单个频标。从频标上可得到幅度和频率信息（在扫宽为 0 Hz 时，为时间信息），并且在活动功能区域和屏幕的右上角显示这些值。可用数字键、步进键或旋钮移动活动频标。

频标从当前的活动轨迹上读取数据（这个轨迹可能是轨迹 A 或轨迹 B）。如果两个轨迹都被激活，或两个轨迹都处于静态显示模式，则频标将从轨迹 A 中读取数据。

【迹线 1 2 3 4 5】：在迹线测量中，用于激活各迹线的频标。

【常态】：光标的类型之一，在普通测量模式下激活光标，可用于测量迹线上某一点的 X（频率或时间）和 Y（幅度）值。选择【常态频标】后，迹线上出现一个以当前光标号标识的光标，如"1"。其要点说明如下：

（1）如果当前没有活动光标，则在当前迹线的中心频率处激活一个光标。

（2）通过旋钮、方向键、数字键输入数值移动光标的位置，在屏幕的右上角显示当前光标的读数。

（3）X 轴（频率或时间）读数的分辨率与扫宽及扫描点数相关，欲获得更高的读数分辨率，可以增加扫描点数或减小扫宽。

【差值】：光标的类型之一，用于测量参考点与迹线上某一点之间的差值，即 X（频率或时间）和 Y（幅度）值。选择【差值】后，迹线上出现一对光标，即参考光标和差值光标，并在活动区和显示区的右上角显示两频标间的幅度差和频差。如果单个频标已经存在，则【差值】放置一个静止频标和一个活动频标到原始位置和单个频标位置，用旋钮、步进键或数字键可移动活动频标；如果存在两个频标，则可直接按【差值】。如果【差值】已被激活，则按【差值】把静止频标放置到活动频标的位置。显示的幅度差值以 dB 为单位表示，或者是按相应比例换算的线性单位。其要点说明如下：

（1）如果当前存在活动光标，则在当前光标处激活一个参考光标，否则在中心频率处同时激活参考光标和差值光标。

（2）参考光标位置固定（包括 X 和 Y），而差值光标处于激活状态，可以使用旋钮、方向键、数字键改变其位置。

（3）屏幕右上角显示两个光标之间的频率（或时间）差和幅度差值。

（4）将某一点定义成参考点的两种方法：

① 打开一个"常规"型光标，将其定位到某一点，然后切换光标类型为"差值"，则该点就变成参考点，通过修改差值点位置即可实现差值测量。

② 打开一个"差值"型光标，将差值光标定位到某一点，再次选择"差值"菜单，即将参考光标定位到该点，通过修改差值点位置即可实现差值测量。

【关闭】：关闭当前打开的光标及其相关的功能，频标不再显示。

【全部关闭】：关闭所有打开的光标及其相关的功能，频标不再显示。

【频标列表 开启 关闭】：打开或关闭所有频标表格的显示内容。

15. 　Marker→　频标→

弹出与频标功能相关的软菜单，使用当前光标的值设置仪器的其他系统参数（如中心频率、参考电平等），这些菜单与频谱仪的频率、扫宽和频标是否处于正常或差值频标模式相关。

【频标→中心频率】：设置中心频率等于频标频率。此功能可快速将信号移到屏幕的中心位置。

选择"常规"光标时，中心频率被设为光标处的频率。

选择"频标差值"光标时，中心频率被设为差值光标处的频率。

零扫宽下此功能无效。

【频标→频率步进】：根据当前光标处的频率设置频谱仪的中心频率步进。

选择"常规"光标时，中心频率步进被设为光标处的频率。

选择"频标差值"光标时，中心频率步进被设为差值光标处的频率。

零扫宽下此功能无效。

【频标→起始频率】：根据当前光标处的频率设置频谱仪的起始频率。

选择"常规"光标时，起始频率被设为光标处的频率。

选择"频标差值"光标时，起始频率被设为差值光标处的频率。

零扫宽下此功能无效。

【频标→终止频率】：根据当前光标处的频率设置频谱仪的终止频率。

选择"常规"光标时，终止频率被设为光标处的频率。

选择"频标差值"光标时，终止频率被设为差值光标处的频率。

零扫宽下此功能无效。

【频标→参考电平】：根据当前光标处的幅度设置频谱仪的参考电平。

选择"常规"光标时，参考电平被设为光标处的幅度。

选择"频标差值"光标时，参考电平被设为差值光标处的幅度。

【频标△→扫宽】：设置频率扫宽等于频标差值的频率值，使得扫宽能按要求迅速减小。

【频标△→中心频率】：设置频谱仪的中心频率等于频标差值。

16. Marker Fctn 频标功能

进入频标功能相关软菜单。

【功能关闭】：关闭频标测量功能。

【NdB 开启 关闭】：打开 NdB 带宽测量功能，或设置 NdB 的值。NdB 带宽是指当前光标频点左、右各下降（N<0）或上升（N>0）NdB 幅度的两点间的频率差。

其要点说明如下：

（1）测量开始后，首先分别寻找当前光标频点左、右与其相差 NdB 幅度的两个频点，如果找到了，则在活动功能区显示它们之间的频率差。

（2）可以用数字键改变 N 的取值，N 值默认为 3。

【频标噪声 开启 关闭】：打开或关闭频标噪声功能。对选中的光标执行标记噪声的功能，然后读取光标处的噪声功率密度值。打开时，频标处读出的平均噪声电平是归一化为 1 Hz 带宽的噪声功率。

【频率计数 ▶】：激活频率计数器功能并在屏幕的右上角显示计数结果。计数器仅对显示在屏幕上的信号进行计数。频率计数也弹出一个附加的计数器功能的软菜单，包括【频标计数 开启 关闭】、【分辨率】。

（1）【频率计数 开启 关闭】：打开或关闭频率计数器模式，当跟踪信号发生器被激活时，此功能无效。计数值显示在屏幕的右上角。

（2）【分辨率】：计数器分辨率分别为 1 kHz、100 Hz、10 Hz、1 Hz。改变计数器分辨率，可以改变计数器准确度。分辨率越高，计数准确度越高。

17. Meas 测量

该按键提供了多种高级测量功能，可弹出频谱仪内置的和用户定义的测量功能软菜单，打开或关闭时间频谱、邻道功率测量、信道功率测量、占用带宽、Pass-Fail 测量菜单等。

【测量关闭】：可以直接关闭当前正在运行的测量功能，也可以在该测量菜单中选择关闭。

【时间频谱 开启 关闭】：打开时间频谱测量模式。

【邻道功率 开启 关闭】：打开或关闭邻道功率测量。按 Meas Setup 弹出邻道功率测量的参数设置软菜单。邻道功率用于测量发射机相邻信道功率比值，通过线性功率积分方式获得主信道功率绝对值和邻近信道功率的绝对值，从而可以得到邻信道功率比。

【信道功率 开启 关闭】：打开或关闭信道功率测量。按 Meas Setup 弹出信道功率测量的参数设置软菜单。信道功率用于测量发射机信道功率，根据用户设置的信道带宽，通过线性功率积分方式获得主信道功率绝对值。

【占用带宽 开启 关闭】：打开或关闭占用带宽测量。按 Meas Setup 弹出占用带宽测量的参数设置软菜单。占用带宽是测量发射机信号占用带宽的一个量度，可以从带内功率占频率跨度内的总功率比值来测量，默认值为 99％（用户可以设置此值）。

【Pass-Fail▶】：进入通过/失败测量功能软菜单。通过/失败测量有窗口测量和区域测量两种模式。

【窗口测量▶】：进入窗口测量模式的软菜单，包括：

(1)【窗口测量 开启 关闭】：开启或关闭窗口测量模式。

(2)【幅值线 开启 关闭】：开启或关闭幅值线，窗口测量打开时该幅值线默认打开。

(3)【频率线 开启 关闭】：开启或关闭频率线，窗口测量打开时该频率线默认打开。

(4)【幅值 上限 下限】：用于幅值线上限值线和下限值线的编辑。

(5)【频率 起始 终止】：用于频率线的起始频率和终止频率的扫描及编辑。

(6)【窗口扫描 开启 关闭】：开启或关闭窗口扫描。窗口扫描打开时，只对幅值线与频率线交汇形成的窗口内部分进行扫描，外围停止扫描；关闭时对全频进行扫描。

【区域测量▶】：进入区域测量模式的软菜单，包括：

(1)【区域测量 开启 关闭】：开启或关闭区域测量模式。

(2)【上限值线 开启 关闭】：开启或关闭上限值线，区域测量打开时，上限值线默认打开。

(3)【下限值线 开启 关闭】：开启或关闭下限值线，区域测量打开时，下限值线默认打开。

(4)【偏置 X/Y 频率 幅值】：包括频率和幅值两部分。频率：针对实际测量，对已编辑的区域整体叠加上一频率，使其左移或右移，方便测量，不影响频谱仪的频率及频标的设置。幅值：对已编辑的区域整体叠加上一幅度，使其上移或下移，方便测量，不影响频谱仪的幅度设置。

【上线编辑▶】/【下线编辑▶】：上线编辑用于对迹线上方/下方，根据迹线具体情况编辑控制线。

18. ⎢Meas Setup⎥ 测量

该按键的功能是测量设置菜单，用于邻道功率、信道功率、占用带宽测量模式开启时对应的测量参数设置。

【信道带宽】：设置信道功率测量的带宽，同时包括设定总显示功率百分比的带宽。

【信道间隔】：设置主信道与邻近信道的中心频率间距。

【邻道数目】：设置邻道功率测量的上、下邻道的数目。

【占用带宽】：设置占用带宽的功率比。

19. System 系统

弹出关于系统参数设置的软菜单，包括【系统信息▶】、【配置 I/O▶】、【开机/复位▶】、【本地语言▶】、【日期/时间▶】、【用户校准▶】。初次使用频谱仪时，设置好日期、时间以后，系统会保留设置，关机后重新开机无需再重新设置。

【系统信息▶】：弹出系统信息与系统日志软菜单，包括【系统信息】、【固件升级】两个菜单。【固件升级】要点如下：

（1）在 U 盘内新建一个文件夹，以"spectrum"命名，然后将升级包固件拷贝到"spectrum"文件；

（2）将 U 盘插入前面板的 U 盘接口，按下 System 进入系统菜单，进入【系统信息】子菜单，按下 固件升级 键，开始执行固件升级。

（3）固件升级中需等待大约半分钟，在升级过程中需保持 U 盘连接状态，不可断电，无需操作任何菜单。

（4）固件升级完成后，重新开机将自动运行新版本固件程序。

【配置 I/O▶】：弹出频谱仪接口地址设置的软菜单，包括【网络▶】、【网关】、【DHCP 开启 关闭】。频谱仪支持 VGA、LAN 和 USB 接口通信。

（1）【网络▶】：弹出与网络配置相关的菜单。

①【IP 地址】：用于设置网口 IP 地址。

②【子网掩码】：用于设置子网掩码的参数。

（2）【网关】：用于设置默认网关地址参数。

（3）【DHCP 开启 关闭】：IP 地址设置方法之一。打开 DHCP，DHCP 服务器根据当前的网络配置情况给频谱仪分配 IP 地址、子网掩码和默认网关等各种网络参数。

【开机/复位▶】：用于设置频谱仪开机参数或复位参数。其有两项：

（1）【开机参数▶】：开机参数设置包括【出厂】和【用户】。

（2）【复位参数▶】：复位参数设置包括【出厂】和【用户】。

注意：欲将当前的系统配置保存为用户定义的配置，可按 Save 面板键，然后选择【用户状态】菜单项。

【本地语言▶】：用于设置系统界面的语言，默认为中文。

【日期/时间▶】：用于设置仪器日期、时间，以及日期时间的格式。

（1）【日期/时间 开启 关闭】：打开或关闭日期和时间的显示。

（2）【时间格式▶】：选择时间格式为【年月日时分秒】或【时分秒年月日】。

①【日期设置】：设置频谱仪显示的日期。日期输入格式为 YYYYMMDD。例如，2012 年 06 月 22 日表示为 20120622。

②【时间设置】：设置频谱仪显示的时间。时间输入格式为 HHMMSS。例如，16 时 55 分 30 秒表示为 165530。

【用户校准▶】：弹出用户校准软菜单，包括【开始校准】和【恢复出厂】。

（1）【开始校准】：设置信号发生器频率为 440 MHz、功率为 −20 dBm，接入频谱仪射频输入端，按下【开始校准】软键，开始执行用户校准。

（2）【恢复出厂】：若无需校准补偿数据，可以按【恢复出厂】键，清除数据，恢复到出厂前状态。

20. $\boxed{\text{File}}$ **文件**

弹出文件管理的软菜单，包括【刷新】、【文件类型】、【首页】、【上页】、【下页】、【尾页】、【文件操作▶】等。

【刷新】：在目录状态下，查看最新存储的文件。

【文件类型▶】：用于查看目录下的文件类型，分为屏幕图片、迹线数据或者全部显示。

【文件操作▶】：弹出文件操作相关软菜单，包括对文件的排序、删除、导出和载入的操作。

21. $\boxed{\text{Print}}$ **打印**

弹出与打印相关的软菜单，包括【纸张大小】、【打印语言 Pcl Esc】、【打印机类型 黑白 彩色】、【方向 横向 纵向】、【份数】、【打印曲线】和【打印屏幕】。

22. $\boxed{\text{Save}}$ **保存**

该按键用于保存屏幕截图、迹线数据或用户状态。

【屏幕截图▶】：进入屏幕截图保存方式软菜单，可选择保存屏幕截图至本地或闪存，图片文件格式为 bmp，屏幕左下角状态显示栏中显示保存屏幕截图的相关信息。

【迹线数据▶】：进入迹线数据保存方式软菜单，可选择保存迹线数据至本地或闪存，迹线数据文件格式为 csv，屏幕左下角状态显示栏中显示保存迹线数据的相关信息。

【用户状态】：将当前的系统配置保存为用户定义的配置，保存位置为本地，屏幕左下角状态显示栏中显示保存用户状态的相关信息。

8.5　技术指标和一般技术规格

本节将给出频谱仪的技术指标和一般技术规格。除非另有说明，技术指标适用于以下条件：

（1）仪器使用前已经预热 30 分钟。

（2）仪器处于校准周期内并执行过自校准。

本产品对于"典型值"和"标称值"的定义如下：

（1）典型值：产品在特定条件下的性能指标。

（2）标称值：产品应用过程中的近似量值。

8.5.1　技术指标

1. 频率

频率指标如表 8.7～表 8.11 所示。

表 8.7 频 率

指 标	说 明	
频率范围	NSA1015 NSA1015 - TG	9 kHz～1.5 GHz
	NSA1036 NSA1036 - TG	9 kHz～3.6 GHz
频率分辨率	1 Hz	

表 8.8 频 率 扫 宽

指 标	说 明
扫宽范围	0 Hz，100 Hz 到仪器的最大频率
扫宽准确度	±扫宽/(扫描点数－1)

表 8.9 内部参考源基准频率

指 标	说 明
基准频率	10.000000 MHz
基准频率精度	±[(距最后一次校准的时间×频率老化率)＋温度稳定度＋初始准确度]
温度稳定度	<2.5×10^{-6}(15 ℃～35 ℃)
频率老化率	<1×10^{-6}/年

表 8.10 载波偏移频率

指 标	说 明	
单边带相位噪声	20 ℃～30 ℃，$f_c = 1$ GHz，RBW＝10 K，VBW＝10 K	
载波偏移	10 kHz	<－82 dBc/Hz
	100 kHz	<－100 dBc/Hz(典型值)
	1 MHz	<－110 dBc/Hz(典型值)

表 8.11 带 宽

指 标	说 明
分辨率带宽	10 Hz～500 kHz(以 1～10 连续步进)，1 MHz，3 MHz
RBW 精度	<5％(典型值)(RBW≤1 MHz)
选择性(60 dB：3 dB)	<5:1(典型值)(数字实现，接近高斯形状)
视频带宽(VBW)	10 Hz～3 MHz

2. 幅度

幅度及其相关指标如表 8.12~表 8.16 所示。

表 8.12 幅 度 与 电 平

指 标	说 明
幅度测量范围	DANL~+10 dBm, 100 kHz~1 MHz, 前置放大器关 DANL~+20 dBm, 1 MHz~3.6 GHz, 前置放大器关
参考电平	−80 dBm~+30 dBm, 步进为 0.01 dB
前置放大器	20 dB, 标称值, 9 kHz~3.6 GHz
输入衰减	0 dB~40 dB, 1 dB 步进
最大输入直流电压	50 V DC
最大连续波射频功率	+30 dBm, 平均连续功率

表 8.13 显示平均噪声电平

指 标	说 明	
显示平均噪声电平	输入衰减为 0 dB, 抽样检波, 迹线平均次数≥20, 20 ℃~30 ℃, 输入阻抗为 50 Ω, RBW 归一化到 1 Hz	
前置放大器关	1 MHz~10 MHz	−130 dBm(典型值)
前置放大器关	10 MHz~1 GHz	−130 dBm(典型值)
前置放大器关	1 GHz~1.5 GHz	−128 dBm(典型值)
前置放大器开	1 MHz~10 MHz	−150 dBm(典型值)
前置放大器开	10 MHz~1 GHz	−150 dBm(典型值)
前置放大器开	1 GHz~1.5 GHz	−148 dBm(典型值)

表 8.14 前 置 放 大 器

指 标	说 明
频率响应	20 ℃~30 ℃, 30%~70% 相对湿度, 输入衰减为 10 dB, 参考频率为 50 MHz
前置放大器关($f_c \geqslant 100$ kHz)	±0.8 dB; ±0.4 dB, 典型值
前置放大器开($f_c \geqslant 1$ MHz)	±0.9 dB; ±0.5 dB, 典型值

表 8.15 误 差 与 精 度

指 标	说 明	
分辨率带宽切换误差	相对于 10 kHz 的 RBW 对数分辨率为 ±0.2 dB, 线性分辨率为 ±0.01, 标称值	
输入衰减误差	20℃~30℃, f_c=50 MHz, 前置放大器关, 相对于 10 dB 衰减, 输入衰减为 (1~40) ±0.5 dB	
绝对幅度精度	20℃~30℃, f_c=50 MHz, S_{pan}=200 kHz, RBW=10 kHz, VBW=10 kHz, 峰值检波, 输入衰减为 10 dB, 95% 置信度	
	前置放大器关	±0.4 dB, 输入信号电平为 −20 dBm
	前置放大器开	±0.5 dB, 输入信号电平为 −40 dBm
全幅度精度	输入信号范围 0 dBm~−50 dBm	
	±1.5 dB	
电压输入驻波比	输入衰减 10 dB, 1 MHz~3.6 GHz	
	<1.5, 标称值	

表 8.16 失真和杂散响应

指 标	说 明
二次谐波失真	f_c≥50 MHz, 输入信号为 −10 dBm, 输入衰减为 0 dB, 前置放大器关, 20℃~30℃
	−65 dBc
三阶交调截断点	f_c≥50 MHz, 输入双音电平为 −20 dBm, 频率间隔为 100 kHz, 输入衰减为 0 dB, 前置放大器关, 20℃~30℃
	+10 dBm
1 dB 增益压缩	f_c≥50 MHz, 输入衰减为 0 dB, 前置放大器关, 20℃~30℃
	>+2 dBm, 标称值
剩余响应	输入端口接 50 Ω 负载, 输入衰减为 0 dB, 20℃~30℃
	<−85 dBm, 典型值
输入相关杂散	混频器电平为 −30 dBm, 20℃~30℃
	<−60 dBc

3. 扫描

扫描指标如表 8.17 所示。

表 8.17 扫 描 指 标

指　标	说　明	
扫描时间	非零扫宽	10 ms～3000 s
	零扫宽	10 ms～3000 s
扫描模式	连续，单次	

4. 跟踪源(适用于 TG 型号)

跟踪源指标如表 8.18 所示。

表 8.18 跟 踪 源 指 标

指标	说　明
频率范围	100 kHz～1.5 GHz
输出电平范围	−30 dBm～0 dBm
输出电平分辨率	1 dB
输出平坦度	±3 dB
最大反向输入电平	平均功率为 30 dBm，DC：±50 V

5. 解调

解调相关指标如表 8.19 所示。

表 8.19 解调相关指标

指　标	说　明	
音频解调	频率范围	100 kHz～1.5 GHz
	解调类型	FM/AM/USB/LSB
AM 测量	频率范围	10 MHz～1.5 GHz
	调制率	20 Hz～100 kHz
	调制率精度	1 Hz，标称值(调制率＜1 kHz) ＜0.1％调制率，标称值(调制率≥1 kHz)
	调制深度	5％～95％
	调制深度精度	±4％，标称值
FM 测量	频率范围	10 MHz～1.5 GHz
	调制率	20 Hz～100 kHz
	调制率精度	1 Hz，标称值(调制率＜1 kHz) ＜0.1％调制率，标称值(调制率≥1 kHz)
	频偏	20 Hz～200 kHz
	频偏精度	±4％，标称值

6. 频率计数器

频率计数器指标如表 8.20 所示。

表 8.20 频率计数器指标

指 标	说 明
计数器分辨率	1 Hz、10 Hz、100 Hz、1 kHz
计数器精确度	±(频率读数×频率基准精度＋计数分辨率)

7. 输入输出

输入输出相关指标如表 8.21～表 8.25 所示。

表 8.21 射频输入

指 标	说 明
阻抗	50 Ω，标称值
连接器	N 型阴头

表 8.22 跟踪源/信号源输出

指 标	说 明
阻抗	50 Ω，标称值
连接器	N 型阴头

表 8.23 10 MHz 参考输入

指 标	说 明
连接器	BNC 阴头
10 MHz 参考幅度	0 dBm～＋10 dBm

表 8.24 USB

指 标		说 明
USB 主控端	连接器	B 插头
	协议	USB1.1（主机端）
USB 设备端	连接器	A 插头
	协议	2.0 版

表 8.25 VGA

指 标	说 明
连接器	15 引脚 D-SUB（阴头）
分辨率	800×600，60 Hz

8.5.2　一般技术规格

一般技术规格如表 8.26～表 8.29 所示。

表 8.26　显　　示

规　格	说　明
显示类型	TFT LCD
显示分辨率	800×600
屏幕尺寸	10.4 英寸
屏幕颜色	65536

表 8.27　远程控制

规　格	说　明
USB	USB TMC
LAN	10/100Base，RJ - 45

表 8.28　大规模存储

规　格	说　明	
大规模存储		
数据存储空间	内部存储	256 M 字节

表 8.29　温　　度

规　格	说　明
操作温度范围	0℃～40℃
存储温度范围	−20℃～60℃

8.6　频谱仪的故障判断和排除

频谱仪出现故障可能表现为以下 4 种现象。

1. 开机异常

开机异常可以细分为上电后一直黑屏、无法进入系统界面，或系统启动后异常等几种现象。

如果屏幕不亮，则按下面所列步骤进行检查：

（1）电源插座是否通电，电源是否符合频谱仪工作要求。

（2）频谱仪的电源开关是否按下。

（3）风扇是否运转正常。

电源指示灯不亮且风扇不转，可能是频谱仪电源出了故障；无法进入系统可能是频谱仪 CPU 故障。如果上述检查都正常，则可能是与图形显示有关的部件坏了。

2．无信号显示

如果所有波段都没有信号显示，则按以下步骤进行检查：

设置信号发生器频率为 30 MHz、功率为 −20 dBm，输入到频谱仪的射频输入端口。如果观测不到信号，那么可能是频谱仪硬件电路出现了故障，需联系厂家进行排除。

3．信号频率读数不准确

如果在测量信号时发现信号在频谱仪的屏幕上左右晃动或者频率读数超出误差范围，则首先检查输入频谱仪的信号频率是否稳定。如果输入信号的频率稳定，则再检查频谱仪的参考是否准确，根据不同的测试情况选择参考为内参考或外参考：按 $\boxed{\text{FREQ}}$ →【频率参考 内部 外部】。如果频率读数还不准，那么可能是频谱仪内部本振发生了失锁，需要返回厂家维修。

4．信号幅度读数不准确

如果信号幅度读不准确，则需进行整机校准；如果校准完毕后，信号幅度读数依然不准确，那么可能是频谱仪内部电路出现了问题，需联系厂家进行维修。

习 题 8

8.1 频谱仪使用前的安全事项是什么？

8.2 NSA1000 系列频谱仪的用户界面如图 8.4 所示，将用户界面功能描述及关联按键填入表 8.30 中。

表 8.30 用户界面功能描述及关联按键

编 号	名 称	功能说明	关联按键
①	幅度刻度类型		
②	幅度刻度		
③	参考电平		
④	检波方式		
⑤	衰减		
⑥	频率标记		
⑦	日期/时间		
⑧⑨	频标值		
⑩	菜单项		
⑪	菜单标题		
⑫	LAN 接口通信标志		
⑬	USB 标志		
⑭	温度标志		

编　号	名　称	功能说明	关联按键
⑮	扫描时间		
⑯	扫宽		
⑰	视频带宽		
⑱	中心频率		
⑲	分辨率带宽		
⑳	状态显示栏		

8.3　对 NSA1000 系列频谱分析仪，写出基本测量方法。

8.4　将 NSA1000 系列频谱分析仪功能区各功能键的功能描述填入表 8.31 中。

表 8.31　NSA1000 系列频谱分析仪的面板各按键和旋钮的功能

功能键		功　能　描　述
常用功能键区	FREQ	
	SPAN	
	AMPTD	
	Auto	
控制键区	BW	
	Trace	
	Detector	
	Display	
	Sweep	
	Trig	
	Source	
	Demod	
光标测量键区	Peak	
	Marker	
	Marker →	
	Marker Fctn	

功能键		功 能 描 述
高级测量键区	Meas	
	Meas Setup	
系统功能键区	System	
	File	
	Preset	
	Print	
	Save	
	Help	

8.5 对 NSA1000 系列频谱分析仪，如何进行参数设置？

第 9 章　$4\frac{1}{2}$ 数字交流毫伏表

【**教学提示**】　本章主要讲述 TH1912 系列 $4\frac{1}{2}$ 位双 VFD 显示双通道数字交流毫伏表的功能与使用方法，包括界面信息(面板和用户界面)、电压测量、测量配置、远程操作和命令参考等内容。

【**教学要求**】　了解交流毫伏表的主要性能指标、面板结构及功能；熟悉各键钮的名称和功能，能正确设置各功能键钮；掌握交流毫伏表测量交流电压的方法，了解安全规范操作。

　　晶体管毫伏表是一种专门用来测量正弦交流电压有效值的交流电压表。它具有输入阻抗大、准确度高、工作稳定、电压测量范围广、工作频带宽等特点。

　　晶体管毫伏表可从三个角度进行分类：

　　(1) 从测量频率范围分，有低频晶体管毫伏表、高频晶体管毫伏表、超高频晶体管毫伏表、视频毫伏表等。

　　(2) 从测量电压分，有有效值毫伏表和真有效值毫伏表。

　　(3) 从显示方式分，有指针显示毫伏表和数字显示(LED 显示)毫伏表。

　　本章以 TH1912(5 Hz～3 MHz) 和 TH1912A(5 Hz～5 MHz)型 $4\frac{1}{2}$ 位双 VFD 显示双通道数字交流毫伏表为例，介绍毫伏表的功能和使用方法。

　　TH1912 系列交流毫伏表也可作功率计和电平表使用，能同时显示测量值及运算值。采用智能化微处理器控制技术、优良的放大器电路和 A/D 线性检波器使测量电压的固有误差小于 1％；贴片生产及装配工艺使毫伏表具有体积小、重量轻、稳定可靠性高、测量速度快、频率响应误差小等优良性能。

9.1　前　面　板

　　TH1912 的前面板如图 9.1 所示。前面板键名说明如表 9.1 所示。

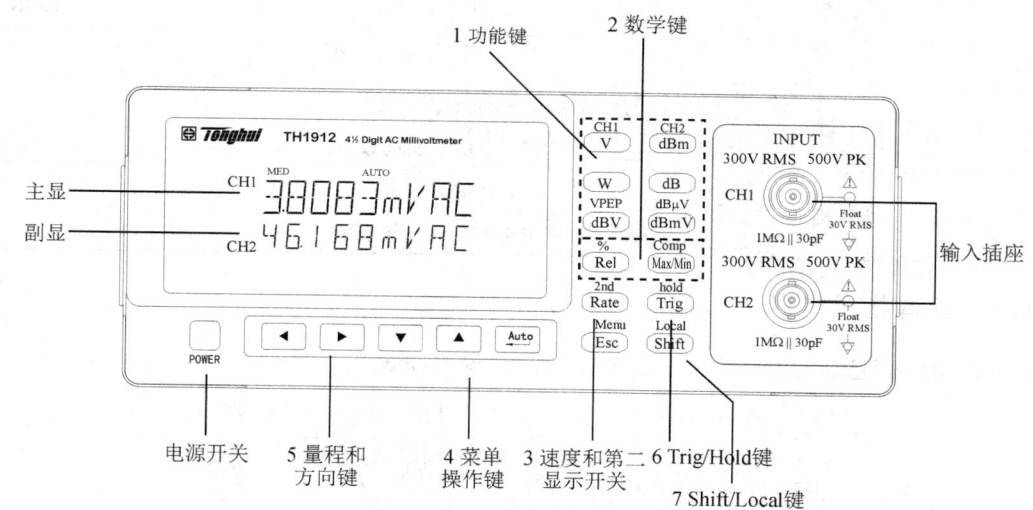

图 9.1　TH1912 的前面板

表 9.1　前面板键名说明

序号	键　名	说　明
1	功能键	选择测量功能：交流电压有效值(V)、电压峰峰值(Vpp)、功率(W)、功率电平(dBm)、电压电平(dBV、dBmV、dBμV)、相对测量值(dB)
2	数学键	打开或关闭数学功能(Rel/％、Max/Min/Comp、Hold)
3	速度和第二显示开关	(Rate)：依次设置仪器测量速度为 Fast、Medium 和 Slow； (Shift) + (Rate)：打开和关闭第二显示
4	菜单操作键	(Shift) + (Esc)：打开/关闭菜单； ◀：在同一级菜单移动可选项； ▶：在同一级菜单移动可选项； ▲：移动菜单到上一级； ▼：移动菜单到下一级； (Auto)：保存(Enter)"参数"级的参数改变； (Esc) 在数值设置时，取消(Esc)数值的设定，回到"命令"级
5	量程和方向键	◀：在第二显示打开后选择副参数组合显示； ▶：在第二显示打开后选择副参数组合显示； ▲：移动到上一个高量程； ▼：移动到下一个低量程； (Auto)：使能/取消自动量程

续表

序号	键 名	说 明
6	Trig/Hold 键	(Trig)：从前面板触发一次测量； (Shift) + (Trig)：锁定一个稳定的读数
7	Shift/Local 键	(Shift)：使用该键访问上挡键； (Shift)(Local)：取消 RS232C 远程控制模式

9.1.1 屏幕指示信息

屏幕指示信息如图 9.2 所示。屏幕指示信息说明如表 9.2 所示。

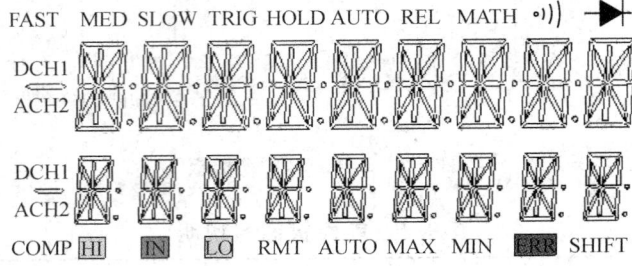

图 9.2 屏幕指示信息

表 9.2 屏幕指示信息说明

序号	指 示 信 息	说 明
1	FAST	快速读数速率
2	MED	中速读数速率
3	SLOW	慢速读数速率
4	TRIG	处于单次触发状态
5	HOLD	读数保持功能打开
6	AUTO	自动量程状态指示
7	REL	相对运算功能
8	CH1、CH2	通道指示
9	COMP	极限比较测试功能打开
10	HI IN LO	极限比较测试上超、合格、下超指示
11	RMT	处于远程控制模式
12	AUTO	自动量程状态指示
13	MAX MIN Max/Min	功能下最大最小值指示
14	ERR	检测到硬件或远程控制错误
15	SHIFT	第二功能键有效

9.1.2　前面板菜单一览

TH1912 的菜单以三级（菜单、命令、参数）"top-down"树形结构被组织，如图 9.3 所示。菜单说明如表 9.3 所示。

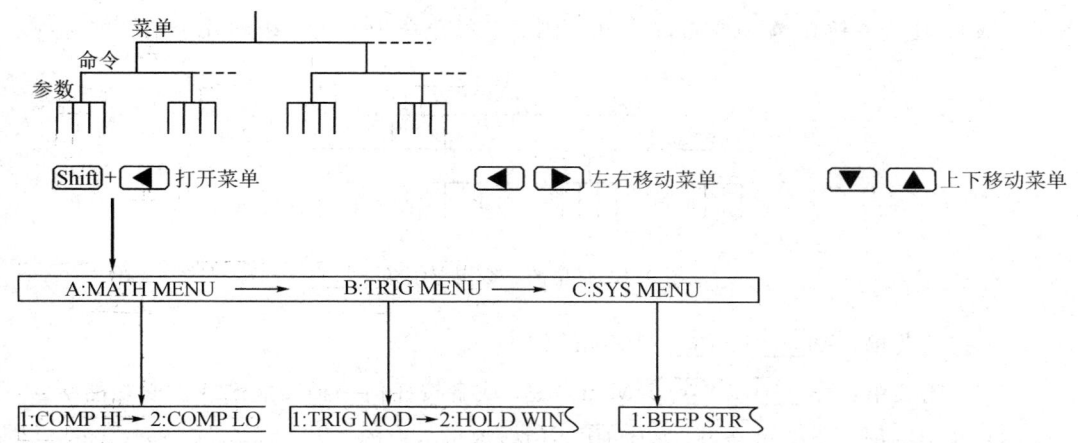

图 9.3　TH1912 的菜单的"top-down"树形结构

表 9.3　前面板菜单功能说明

序号	菜　单	命　令	功能说明
A	MATH MENU	COMP HI	设置 COMP 的上限
		COMP LO	设置 COMP 的下限
		PERC REF	设置 PERCENT 的参考值
		dB REF	调用或设置存储在寄存器中的 dB 参考值
		dBm Zx	调用或设置存储在寄存器中的负载参考值
B	TRIG MENU	TRIG MODE	选择触发模式（IMM/MAN/BUS）
		HOLD WIN	设置读数保持的误差范围
		HOLD CNT	设置读数保持的数据个数
C	SYS MENU	BEEP STR	打开或关闭蜂鸣器功能
		KEY SONG	打开或关闭按键声音
		BAUD RAT	选择 RS232C 接口的波特率
		Tx TERM	设置 RS232C 接口传输时的结束符
		GND STA	设置输入信号接地或浮地

9.1.3 菜单操作

菜单被设计为由上到下的三级(菜单(Menus)、命令(Commands)、参数(Parameters))树形结构,如图 9.4 所示。可以使用上键(▲)或下键(▼)移动菜单树(从上一级移动到下一级);使用左键(◄)或右键(►)浏览三级菜单中任何一级的几个同级的选项。

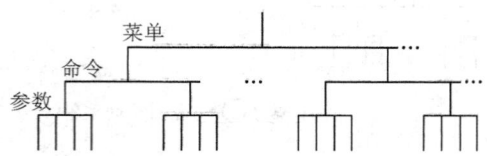

图 9.4 菜单的三级树形结构

(1) 打开菜单:按 Shift + Esc (Menu)键。

(2) 关闭菜单:按 Shift + Esc (Menu)键,或者按任何一种功能键或数学功能键。

(3) 确认执行一个菜单命令:按 Shift + Esc (Enter)键。

说明:TH1912 菜单设置是针对各个通道单独设置的,设置时默认以当前主显选择的通道为操作对象,也可通过在"参数(Parameter)"级时按 Shift + 上键(▲)或下键(▼)切换设置通道。当在"菜单(MENU)"级时,如果按下键 ▲,将不能再回到更高级的菜单;同样当在"参数(Parameter)"级时,如果按下键 ▼,也不能到更下一级的菜单。

9.2 后　面　板

TH1912 的后面板如图 9.5 所示。后面板说明如表 9.4 所示。

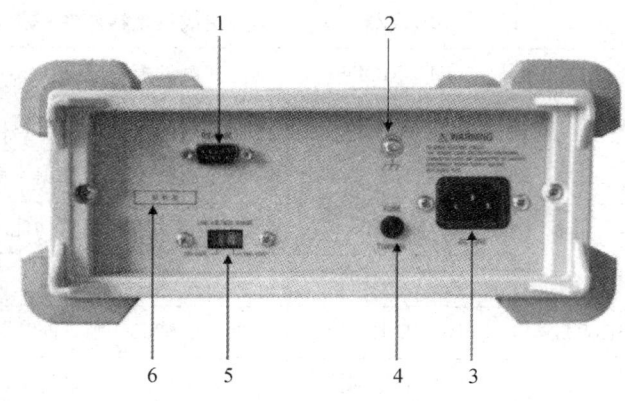

图 9.5 TH1912 的后面板

表 9.4　后面板说明

序号	功能名	说　　明
1	RS232	连接作为接口操作之用，必须使用转接连通的 DB-9 电缆
2	接地	仪器的接地端
3	电源插座	交流电源的输入端，可以使用于交流电压 110 V/220 V±10%，50 Hz/60 Hz±5%
4	保险丝	电源保险丝用于保护仪器，220 V/0.5 A
5	电源输入转换开关	用于交流 110 V 和 220 V 输入切换。默认打在交流 220 V
6	铭牌	记录仪器的机号

9.3　开机准备及开机状态

9.3.1　连接电源

（1）连接电源前，应保持供电电压在 198 V～242 V，频率在 47.5 Hz～52.5 Hz。

（2）插入电源线前，务必先确认前面板的电源开关是在关的状态。

（3）将电源线连接至仪器后面板的交流电源输入端和三孔交流电源的输出端（务必是有接地线的交流电源）。

警告：仪器自带的三孔电源线有一个独立的接地端线，所用的电源必须是三孔的，而且有接地的，否则，可能会因电击而导致人员死亡。

（4）按下仪器前面板的开关，以打开仪器，准备操作。

9.3.2　输入端介绍

输入端功能如图 9.6 所示。

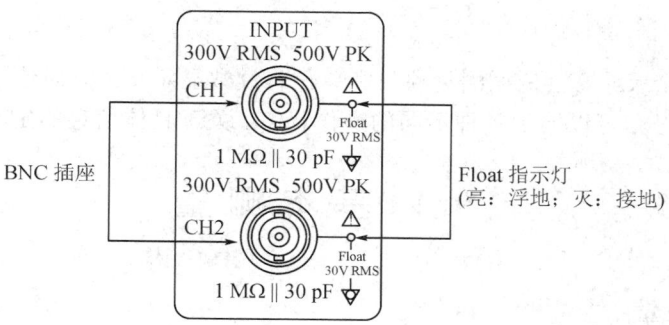

图 9.6　输入端功能

1. 开机程序

打开电源时，TH1912 会依内部 EPROM 和 RAM 的设定做自我测试，并且会将屏幕上所有的显示信息打开近 1 s。如果检测出仪器故障，屏幕中央会显示出错误的信息代码，并出现 ERR 的屏幕显示信息。

若仪器通过了自我测试，则会显示仪器当前的版本代号。

2. 高压线路测量的安全注意事项

出于安全上的考虑，当需要在高压线路中测量电压时，务必使用符合下列要求的导线及配件：

(1) 测试导线和配件必须完全绝缘。

(2) 在自动测试时，必须使用能够与线路连接的导线。如鳄鱼夹等导线。

(3) 不要使用会缩小电压空间的测试配件，因为那样会降低保护的功能，从而造成极危险的状态。

按照下列程序在高压线路中进行测量：

(1) 使用标准的连断装置，如断路器或主开关等作为线路连接用。

(2) 使用符合安全规格范围内的测试导线和附件与线路相连接。

(3) 将 TH1912 设定在正确的测量量程。

(4) 使用(1)所叙述的开关来使线路通电后，再用 TH1912 测量。(此时，切勿将测试导线从 TH1912 输入端拔出)

(5) 使用(1)所叙述的开关线路断开电源。

(6) 将测试接头从高压线路的测试单元分离。

警告：在 INPUT 和接地端间的最大共模电压为 500 V 峰值。超过此范围时，可能会导致绝缘的崩溃，从而有电击的危险。

3. 预热时间

TH1912 完成开机程序后，即可操作使用。但是为了测量上的精确度和稳定度，建议让 TH1912 有 30 min 的预热时间。预热后，如果要将 TH1912 移到温差很大的另一场所进行测量，则最好再多等待一些时间，直到仪器内部的温度稳定之后再开始测量。

9.3.3 显示屏

TH1912 的显示屏幕会依循测量项目和单位将读数显示出来。而位于显示屏幕左、右、下三边的特殊符号则可以指示各种不同的操作状态。关于具体信息的定义请参照9.1.1节。

9.4 基 本 测 量

9.4.1 电压测量

TH1912 的电压测量范围为 3.8 mV、38 mV、380 mV、3.8 V、38 V、300 V(500 V 峰值)；最高分辨率为 0.1 μV (在 3.8 mV 量程)。

假如 TH1912 处于厂家设定的条件下，则操作流程如下：

（1）电压探头 BNC 接到交流毫伏表 BNC 插座上（测小电压时，探头接地线尽量短，防干扰电压接入）。

（2）按 [Auto] 键锁定自动量程功能。启动此功能后，AUTO 标记被点亮。如果想手动设置测量量程，可使用 [▲] 和 [▼] 键选择与期望电压一致的测量范围。

（3）读取显示屏上的读数。

9.4.2　选择第二显示

默认状态下副显通过按 [◀] 或 [▶] 键可以滚动显示出除当前主显外的所有功能（包括另一通道的所有功能显示）。

副参数的各种组合如表 9.5 所示。

表 9.5　主显功能下可能的副显功能的各种组合

主　显	第二显示（副显）						
	[▶]						[◀]
V	dBm	dB	W	dBV	Vpp	dBmV	dBμV
dBm	dB	W	dBV	Vpp	dBmV	dBμV	V
W	dBV	Vpp	dBmV	dBμV	V	dBm	dB
dB	W	dBV	Vpp	dBmV	dBμV	V	dBm
dBV	Vpp	dBmV	dBμV	V	dBm	Vpp	W
dBmV	dBμV	V	dBm	dB	W	dBV	Vpp
Vpp	dBmV	dBμV	V	dBm	dB	W	dBV
dBμV	V	dBm	dB	W	dBV	Vpp	dBmV
Percentage/%（测试值）	%						
Comp（测试值）	HI, IN, LO, PASS, FAIL						
Max/Min（测试值）	Max				Min		

操作说明：

（1）按 [Shift] + [Rate] 键来开启第二显示功能。

（2）按 [◀] 或 [▶] 键来选择当前主显功能下的各种副显参数组合图。

（3）再次按 [Shift] + [Rate] 键关闭第二显示功能，主显不受影响。

9.4.3　数学运算功能

TH1912 的数学运算分为三类：百分比、dB 的计算、dBm 的计算。

选择和设置一数学功能的过程如下：按下相应的数学功能键，打开该功能；设置该数学功能的参数，并按 [Auto] 键确认（如果再次按下此数学功能键将取消该数学功能）。

1. Percent

Percent 计算是根据用户设定的参考值进行的运算，即

$$\text{Percent} = \frac{\text{Input} - \text{Reference}}{\text{Reference}} \times 100\%$$

式中，Input 是显示屏上的一般的显示读数；Reference 是用户输入的参数；Percent 是显示的计算结果。

应用 Percent 数学功能的操作方法为：按 [Shift] + [Rel] 键选择 Percent 数学功能，仪器副显显示当前的 Percent 数值。

如果在打开了 Percent 数学功能之后，还想改变参数的数值，除了上述介绍的参数数值设定外，还可以进行如下操作：

(1) 再按 [Shift] + [Esc] 调出 A：MATH MEU 下的 3：PERC REF 命令，按 [▼] 键进入参数设定：+1.0000。

(2) 使用 [◀] 和 [▶] 键选择欲改变的位数，然后用 [▲] 和 [▼] 键来增减数值，键入一个希望的数值及单位。

(3) 按 [Auto] 键确认参考数值。

切换到正常的测量功能后，TH1912 即显示出计算后的测量结果。如果 Input 大于 Reference，则显示结果为正；相反，如果 Input 小于 Reference，则显示结果为负。

2. dB 计算

使用 dB 来表示 AC 电压的好处是，可以将一个大的测量范围压缩到一个较小范围的坐标轴内。dB 和电压的关系式为

$$\text{dB} = 20\log\frac{U_{\text{IN}}}{U_{\text{REF}}}$$

式中：U_{IN} 是输入的电压值；U_{REF} 是用户设定的参考电压值。

当输入的电压值与设定的参考电压值相同时，仪器的读数将显示 0 dB。

如果相对运算（REL）功能作用于 dB 数学功能之前，那么这个值（REL 值）被转换成 dB 值，再应用到 dB 数学功能；如果相对运算（REL）功能作用于 dB 数学功能之后，则 dB 数学功能直接应用于相对运算（REL）值。

1) 一般应用方法

按 [dB] 键选择 dB 数学功能，仪器副显显示当前的 dB 数值。

如果在打开了 dB 数学功能之后，还想改变参数的数值，则可以进行如下操作：

(1) 再按 [Shift] + [▶] 调出 B：MATH MENU 下的 4：dB REF 命令，按 [▼] 键进入参数设定：REF：+0.00000。

（2）使用◄和►键选择欲改变的位数，然后用▲和▼键来增减数值，键入一个希望的数值。

（3）按[Auto]键确认设定的参考电压值。

说明： ① 计算 dB 时，取 U_{IN}/U_{REF} 的绝对值。② 最大的负 dB 值是 -180 dB，此时，$U_{IN}=1$ V，$U_{REF}=1000$ V。

2）TH1912 的双通道 dB 运算功能

TH1912 具有双通道 dB 运算功能，即可以将两通道的信号测量值进行 dB 运算。具体使用方法如下：按[Shift]+[dB]键开启通道 dB 运算功能，此时主显闪动的通道指示即为参考通道，用▲和▼键来改变参考通道；按[Auto]键确认选择的参考通道，主显即显示 dB 值；用▲和▼键选择 CH1/CH2 或 CH2/CH1。

若选择的是同一个通道进行 dB 运算，则此时的 U_{REF} 即为按下[Auto]键时参考通道的测量值。相应地，菜单设置中的参考电压值也改为此值。按▲和▼键可显示参考电压值。

3. dBm 计算

dBm 是以 1 mW 为参考值所定义的分贝值。用户可以自行设定参考阻抗，当 TH1912 所测电压值通过此参考阻抗所消耗的功率为 1 mW 时，仪器会显示 0 dBm。dBm 与参考阻抗和电压之间的关系式为

$$dBm=10\log\frac{(U_{IN}^2/Z_{REF})}{1\text{ mW}}$$

式中：U_{IN} 是交流电压输入信号；Z_{REF} 是用户设定的参考阻抗。

如果相对运算（REL）功能作用于 dBm 数学功能之前，那么这个值（REL 值）被转换成 dBm 值，再应用到 dBm 数学功能；如果相对运算（REL）功能作用于 dBm 数学功能之后，则 dBm 数学功能直接应用于相对运算（REL）值。

应用方法如下：

按[dBM]键选择 dBm 数学功能，仪器副显显示当前的 dBm 数值。

如果在打开了 dBm 数学功能之后，还想改变参数的数值，则可以进行如下操作：

（1）再按[Shift]+[►]调出 B：MATH MENU 下的 5：dBm Zx 命令，按▼键进入参数设定：REF：0000。

（2）使用◄和►键选择欲改变的位数，然后用▲和▼键来增减数值，键入一个希望的数值（1 Ω～9999 Ω）。

（3）按[Auto]键确认设定的参考阻抗值。

说明： ① 本节所提到的参考阻抗与输入阻抗是两个不同的概念，仪器的输入阻抗是仪器本身固有的，无法由前述方法改变。② 仪器默认 $mX+b$ 和百分比数学计算是在 dBm 或 dB 计算之后。例如，对于一个 1 V 的直流电压信号，如果 $mX+b(m=10,b=0)$ 数学功能被应用，则显示读数为 10.000 MXB；如果 $dBm(Z_{REF}=50\ Ω)$ 功能再被应用，则显示读数为 130 MXB。

9.5 测量选项

9.5.1 测量配置

1. 量程

通过前面板设置或远程接口，可以使数字毫伏表选择自动量程或手动量程。自动量程可以使毫伏表自动地为测量选择最合适的量程。但是为了得到更快的测量速度，也可以手动选择量程，因为毫伏表在每次测量前不必再去决定使用哪一个量程。当关闭电源或发送一个远程复位命令后，仪器又会回到自动量程。

1）最大读数

能显示的最大读数将会超过所设定量程的 5%。

2）手动量程

要想手动选择量程，只需要按 ▲ 或 ▼ 键即可；每按一次，即可改变一次量程，屏幕会提示所设定的量程范围，时间大约为 1 s。

如果在设定某个量程之后，屏幕提示"OVL. D"，则应选择一个更高的量程，直到屏幕显示出正常的读数为止。应尽可能地将能够正常测量的量程设定到最低，以确保测量的最佳精确度和分辨力。

3）自动量程

要想使用自动量程，只要按 Auto 键即可。当自动量程被选择后，屏幕上 AUTO 信号标记将被点亮，仪器根据输入的信号自动地选择最好的量程。但是当需要用快速测量时，最好不要使用自动量程。

说明：量程的上、下限为该量程的 ±5%。

如要想取消自动量程，再按一次 Auto 、▲ 或 ▼ 键即可，按 Auto 取消自动量程后，仪器将自动设定在当前量程。

2. 相对运算（Relative）

相对运算功能可用来将偏置归零，或是由现有或以后的测量值中扣除一个基准值。当使用 REL 功能时，TH1912 会将当前的读数设定为一个参考值，接下来的读数都会在实际输入值的基础上减掉该参考值。

针对各种不同的测量功能，可以自行设定一个参考值。但该参考值一经设定之后，无论在哪个设定量程下，该参考值皆相同。例如，在 20 V 量程时，参考值设定为 2 V，此后，不管量程在 300 V、38 V、3.8 V 或是 380 mV，其参考值都是 2 V。

另外，当使用 REL 功能时，屏幕上显示的读数如下：

$$显示读数 = 实际输入 - 参考值$$

说明：对某个量程来说，使用 REL 功能不会增加该量程的最大允许的输入信号。例如，在 3.8 V 量程，对于大于 3.9 V 的输入信号，TH1912 仍会显示"OVL. D"。

设置 REL 值，当仪器显示了期望的 REL 值时，可通过使用 Rel 键来设定 REL 的参考值，REL 标记就被点亮，当再次按下 (Rel) 键时将取消 REL。

3. 速度(Rate)

Rate 的选取即是用于设定 A/D 转换器的积分时间，亦即对输入信号测量的时间。积分时间的长短会影响有效的显示位数、读数噪声以及仪器最终的读数速率。

通常，最快的测试速度(Fast 可以通过前面板或远程接口设置)会增加读数噪声和降低有效位数，相反，最慢的测试速度(Slow)可以获得最佳的共模抑制能力。至于设定在中间的范围，则可以在测量速度和噪声间取得一平衡点。

关于 Rate 可供设定的参数，解释如下：

(1) Fast 设定测试速度为 25 次/s。当测量速度为最主要的需求时，可使用此设定，但相对地会造成有效位数的降低和噪声的增加。

(2) Medium 设定测试速度为 10 次/s。当想在噪声和速度间取得平衡时，可使用此设定。

(3) Slow 设定测试速度为 5 次/s。Slow 在损失速度的前提下，提供了最好的噪声性能。

9.5.2 触发操作

TH1912 的触发操作设置允许用户设定仪器自动触发测量、手动触发测量或外部触发测量，每次触发后得到测量结果。下面讨论前面板触发和读数保持功能。

1. 等待触发

触发源能够阻止仪器的操作，直到可编程的事件发生并被检测到为止。触发源触发方式有：

(1) 立即触发：对于这个触发源，触发检测能立即检测到事件的触发并继续执行。

(2) 外部触发：包括两种触发：① 收到总线触发(* TRG)命令；② 前面板 (Trig) 键被按下。

注意：要使 TH1912 响应 (Trig) 键，TH1912 不能处于远程控制模式下。

触发设置的步骤如下：

步骤 1：按 (Shift) + (Esc) 键调出"菜单选项"，之后使用 (◀) 或 (▶) 键找到 B：TRIG MEU，然后按 (▼) 键进入"命令选项"，最后使用 (◀) 或 (▶) 键找到 1：TRIG MODE 命令，按 (▼) 键进入参数(IMM、MAN 或 BUS)设定。

步骤 2：使用 (◀) 或 (▶) 键选择 IMM、MAN 或 BUS，然后按 (Auto) 键确认。

2. 测量采样

仪器最主要的工作就是测量。同时，测量可能又包括下面这些额外的工作：如果 Hold 功能已开启，则第一个被处理的读数称为"Seed"读数，接着仪器操作就在"测量采样"块内循环。得到第二个被处理的读数后，仪器会检查第二个读数是否在"Seed"读数的有效范围(0.01%，0.1%，1%，10%)之内，如果这个读数在所选择的范围之内，仪器操作再次在"测量采样"块内循环。这个循环继续，直至得到在有效范围内连续指定数量(2~100)的读数。如果某一个读数不在此范围之内，仪器就把这个读数作为一个新的"Seed"读数，Hold

处理继续循环。

3. 读数保持(Reading Hold)

当像前面"测量采样"中描述的那样得到一个 Hold 读数后,蜂鸣器(如果已打开)就会发出声响,这个读数("Seed"读数)就被认为是一个"真实的测量"结果。读数结果("Seed"读数)会显示在显示屏上,直至得到一个"超出范围"的读数,重新开始 Hold 处理过程。读数保持特性允许捕捉并且在显示屏上保持一个稳定的读数。

打开并设置读数保持功能的步骤如下:

步骤 1:按 (Shift) + (Trig) 开启仪器的读数保持功能。

步骤 2:按 (Shift) + (Esc) 调出"菜单选项",使用 ◀ 或 ▶ 键找到 B:TRIGMEU;然后按 ▼ 键进入"命令选项",使用 ◀ 或 ▶ 键找到 2:HOLD WIN 命令;最后按 ▼ 键进入参数选择。

步骤 3:使用 ◀ 或 ▶ 键选择范围(0.01%,0.1%,1%,10%),按 (Auto) 键确认所选的范围。

步骤 4:使用 ▶ 键选择 3:HOLD CNT,按 ▼ 键进入参数设定(默认为 5):RDGS:005。

步骤 5:使用 ◀ 和 ▶ 键选择欲改变的位数,然后用 ▲ 和 ▼ 键来增减数值,键入一个希望的数值。

步骤 6:按 (Auto) 键确认设定的个数(2~100)。

9.5.3　最大/最小值(Max/Min)

开启该功能后,仪器开始记录测试过程中的最大值和最小值,并保持更新。可用于检测一段时间内测试数据的波动范围。

打开和读取 Max 值和 Min 值的步骤如下:

步骤 1:按 (Max/Min) 键开启 Max/Min 功能。

步骤 2:按 ◀ 或 ▶ 键循环查看 Max 值和 Min 值。

步骤 3:再按 (Max/Min) 键关闭 Max/Min 功能。

9.5.4　极限比较测量

极限比较测量(Compare Operations)功能的设定和控制决定测量值在 HI、IN 或 LO 状态的读数。除导通测量以外,极限测量能够适用所有的测量功能。极限测量功能应用在百分比数学运算之后,测量值的单位已在应用此功能之前设定。例如:

低限(Low limit)=-1.0;高限(High limit)=1.0

一个 150 mV 的读数即为 0.15 V(IN)。

当测量读数不在范围内(HI 或 LO)时,TH1912 会发出报警声音(如果 Beep 打开)。

1. 打开极限比较测量(Enabling Compare)

按 (Shift) + (Max/Min) 键,开启(关闭)极限比较测量功能。

2. 设置极限比较范围(Setting Compare Limit Values)

设定高限或低限范围的步骤如下：

步骤 1：按 (Shift) + (Esc) 调出"菜单选项"，使用 ◀ 或 ▶ 键找到 A：MATH MEU；然后按 ▼ 键进入"命令选项"，使用 ◀ 或 ▶ 键找到 1：HIGH LIMIT 命令；最后按 ▼ 键进入参数设定：HI：+1.0000。

步骤 2：使用 ◀ 和 ▶ 键选择欲改变的位数，用 ▲ 和 ▼ 键来增减数值，键入一个希望的数值，按 (Auto) 确认键设定高限值。

步骤 3：使用 ▶ 键选择 2：LOW LIMIT，按 ▼ 键进入低限参数设定：LO：−1.0000。

步骤 3：使用 ◀ 和 ▶ 键选择欲改变的位数，然后用 ▲ 和 ▼ 键来增减数值，键入一个希望的数值，按 (Auto) 确认键设定低限值。

步骤 4：使用功能按键或 (Shift) + (Esc) 返回到正常读数显示状态。

当仪器返回到正常的测量状态后，状态信息 HI/IN/LO、PASS/FAIL 会随着读数同时显示。

9.6　系统应用

TH1912 还有其他一些菜单的操作：系统 Beep 的开/关状态、保存和恢复系统设置信息、显示状态的控制、按键声音的开关、仪器的自我检测以及仪器校准。下面就这些设置进行简单的介绍。

1. 蜂鸣器控制(Beep)

在一定的条件下，仪器会发出一报警声音。例如，打开读数保持(Hold)功能后，当仪器捕捉到一个稳定的读数时，就会发出 Beep 声。

当 Beep 处于关闭状态时，仪器在下列几种情况下不会发出声响：

(1) 在极限测量时，读数超出极限。

(2) 打开读数保持功能后，捕捉到一个稳定的读数时。

在 Beep 处于关闭状态下，仪器在下列几种情况下不受影响：

(1) 仪器内部有错误发生。

(2) 对仪器的导通测量功能。

(3) 对按键的声音。

仪器 Beep 的开/关状态保存在非易失存储器中，当关闭电源或仪器复位后，Beep 的状态不会改变。厂家的默认状态为打开。

对蜂鸣器的状态改变可以进行如下操作：

(1) 按 (Shift) + (Esc) 调出"菜单选项"，使用 ◀ 或 ▶ 键找到 C：SYS MEU；然后按 ▼ 键进入"命令选项"，使用 ◀ 或 ▶ 键找到 1：BEEP 命令；最后按 ▼ 键进入参数设定。

(2) 使用 ◀ 或 ▶ 键选择 ON 或 OFF，然后按 (Auto) 键确认。

2. 按键音(Key Sound)

有时为了防止误操作,TH1912 具有按键音功能,可以打开或关闭按键音。仪器的默认状态是打开。仪器按键音的设置存储在非易失存储器中,在关闭电源或远程仪器复位后,按键音的状态不会改变。

按键音的状态设置步骤如下:

步骤 1:按 (Shift) + (Esc) 调出"菜单选项",使用 [◀] 或 [▶] 键找到 C:SYS MENU;然后按 [▼] 键进入"命令选项",使用 [◀] 或 [▶] 键找到 4:KEY SONG 命令;最后按 [▼] 键进入按键音设置选项。

步骤 2:使用 [◀] 或 [▶] 键选择 ON 或 OFF,然后按 [Auto] 键确认。

3. 自检(Self-test)

系统的自检操作可以帮助维修人员快速地发现仪器的问题所在。

TH1912 具有开机自检功能,若可以通过开机自检,则说明仪器是可操作的。开机自检只是自检操作中的一部分,它不包括仪器的模拟电路部分的自检。关于自检程序的使用以及仪器所给出的信息请参阅 TH1912 维修手册。

4. 校准(Calibration)

为了确保仪器能够达到设计的性能技术指标,要求至少一年重新校准和校验一次。

9.7　远程操作

本仪器除前面板可以控制仪器之外,还可以使用 RS232 串行接口进行远程控制。RS232 接口使用可编程仪器命令标准(SCPI,Standard Commands for Programmable Instruments)通信协议与计算机进行通信。

可以将计算机连接到 TH1912 的 RS232 接口,但是需要注意:

(1)必须选择一种波特率。

(2)必须使用 SCPI 程序语言。

9.7.1　RS232 接口及操作

仪器提供丰富的程控命令,通过 RS232 接口,计算机可以实现仪器面板上几乎所有的控制操作。

1. RS232 接口

目前广泛采用的串行通信标准是 RS232 标准,也叫作异步串行通信标准,用于实现计算机和计算机之间、计算机与外设之间的数据通信。RS 为"Recommended Standard"(推荐标准)的英文缩写,232 是标准号,该标准是美国电子工业协会(EIA)1969 年正式公布的标准,它规定每次一位数据经一条数据线传输。

大多数串行口的配置通常并不是严格基于 RS232 标准,在每个端口使用 25 芯连接器(IMB AT 使用 9 芯连接器)的。最常用的 RS232 信号如表 9.6 所示。

表 9.6 RS232 接口信号

信 号	符 号	25 芯连接器引脚号	9 芯连接器引脚号
请求发送	RTS	4	7
清除发送	CTS	5	8
数据设置准备	DSR	6	6
数据载波探测	DCD	8	1
数据终端准备	DTR	20	4
发送数据	TXD	2	3
接收数据	RXD	3	2
接地	GND	7	5

同大多数串行口一样，本仪器的串行接口不是严格基于 RS232 标准的，而是只提供一个最小的子集，如表 9.7 所示。

表 9.7 本仪器的串行接口

信 号	符 号	连接器引脚号
发送数据	TXD	3
接收数据	RXD	2
接地	GND	5

这是使用串行口通信最简单而又便宜的方法。

注意：本仪器的串行口引脚定义与标准 9 芯 RS232C 的连接器的引脚定义相同。

本仪器的 RS232 连接器使用 9 芯针式 DB 型插座，引脚顺序如图 9.7 所示。

RS232

图 9.7 后面板连接器

使用标准的 DB 型 9 芯孔式插头可以与之直接连接。

警告：为避免电气冲击，插拔连接器时，应先关掉电源；请勿随意短接输出端子或与机壳短接，以免损坏器件。

2. RS232 操作

1）连接方式

RS232 与计算机的连接如图 9.8 所示。

图 9.7 表明，本仪器的引脚定义与 IMB AT 兼容机使用的 9 芯连接器串行接口引脚定义相同。用户可使用双芯屏蔽线按图示自行制作三线连接电缆（长度应小于 1.5 m）。

自制连接电缆时，注意应在计算机连接器上将 4、6 脚短接，7、8 脚短接。

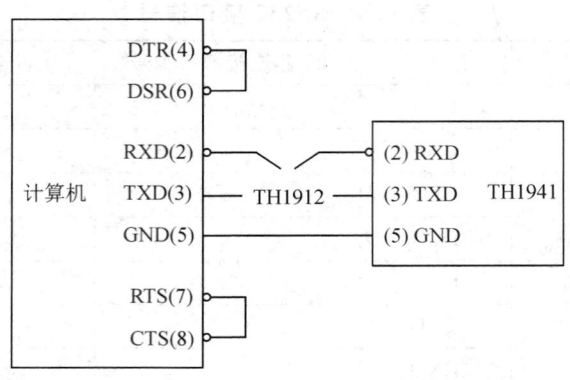

图 9.8　RS232 连接示意图

2）发送和接收的数据格式

TH1912 使用含有起始位和停止位的全双工异步通信传输方式，RS232 的数据传输格式为：8 位（bit）数据位，1 位（bit）停止位，没有校验位（bit），结束符为＜LF＞（换行符，ASCⅡ代码为 10）。

3）选择波特率（Baud Rate）

波特率是 TH1912 和计算机通信的速率，可供选择的波特率有：38.4k、19.2k、9600、4800、2400、1200 和 600。

说明：厂家默认的波特率是 9600。

当用户选择波特率时，首先要确认连接到 TH1912 上的可编程控制者（一般指计算机）能够支持所选择的波特率。

设定仪器波特率的步骤如下：

步骤 1：按 (Shift) + (Esc) 调出"菜单选项"，使用 (◄) 或 (►) 键找到 C：SYS MEU；然后按 (▼) 键进入"命令选项"，使用 (◄) 或 (►) 键找到 2：BAUD RAT 命令；最后按 (▼) 键进入波特率参数的选项。显示如下：

　　　　BAUD：＜rate＞

步骤 2：使用 (◄) 或 (►) 键选择将要设定的波特率，然后按 (Auto) 键确认选择。

步骤 3：使用功能按键或 (Shift) + (Esc) 返回到正常读数显示状态。

3．软件协议

由于在 RS232 接口上不使用硬件通信联络，为减小通信中可能的数据丢失或数据错误的现象，本仪器采用字符回送的方式进行软件联络。编制计算机通信软件时，请参考下述内容：

（1）命令串语法及格式在 9.7.3 节"命令参考"中叙述。

（2）主机发送的命令以 ASCⅡ代码传送，以＜LF＞（换行符，ASCⅡ代码 10）为结束符，仪器在收到结束符后开始执行命令串。

（3）仪器每接收到一个字符，就立即将该字符回送给主机，主机应在接收到这个回送字符后再继续发下一个字符。接收不到回送字符的可能因素有：

① 串行口连接故障。

② 仪器未打开 RS232 接口功能，波特率的选择不正确。

③ 仪器正在执行总线命令，暂时不能响应串行接收。此时，上一个发送字符被仪器忽略，如果要保证命令串的完整，主机应该重发未回送的字符。

（4）本仪器仅在下面两种情况下向主机发送信息：

① 正常接收到主机的命令字符，以该字符回送。

② 执行查询命令，向主机发送查询结果。

（5）仪器一旦执行到查询命令，就立即发送查询结果，而不管当前命令串是否已全部执行完毕。因此，一个命令串中可以有多次查询，但主机要有相应次数的读结果操作。本协议推荐一个命令串中仅包含一次查询。

（6）查询结果以 ASCⅡ码字符串送出，以＜LF＞（即换行符，ASCⅡ代码 10）为结束符。

（7）仪器发送查询结果时，是连续发送的（间隔约 1 ms），主机应处于接收数据状态，否则可能造成数据的丢失。

（8）主机产生查询后，要保证读空查询结果（接收到＜LF＞表示结束），以避免查询与回送间的冲突；同样主机在读取查询结果前，也应读空回送字符。

（9）对于一些需长时间才能完成的总线命令，如复位等，主机应主动等待，或以响应用户键盘输入确认的方式来同步上一命令的执行，以避免在命令执行过程中下一个命令被忽略或出错。

（10）用 DOS 应用软件编制的通信软件，应在支持串行口的纯 DOS 环境下运行；若在 Windows. 下运行，则可能会因对串行口的管理方式不一样而产生错误。

（11）串行接口程序举例。以下范例是以 C 语言编制的在纯 DOS 环境下运行的通信程序。其中，main 函数可以由用户任意扩展通信功能，而其他子函数则表示如何使用串行口进行字串的输入与输出。

```c
#define PORT 0
#include "dos. h"
#include "stdio. h"
#include "stdlib. h"
#include "ctype. h"
#include "string. h"
#include "conio. h"

void port_init(int port, unsigned char code );
int check_stat(int port );              /* 读取串行端口状态(16bit) */
void send_port(int port, char c);       /* 将字符发送到串行端口 */
char read_port(int port);               /* 从串行端口接收字符 */

void string_wr(char * ps);              /* 将字符串写入串行端口 */
void string_rd(char * ps);              /* 从串行端口读取字符串 */
```

```
char input[256];                      /* 接收缓冲区 */

main()
{port_init(PORT, 0xe3);      /* 初始化串口:baud = 9600,无验证,1 bit 停止,8 bit 数据 */
  string_wr("trig:sour bus; * trg");
  string_rd(input);
  printf("\n%s", input);

  string_wr("volt:dc:rang 1.0");
  string_wr("func 'volt:ac ');
}


/* write string to serial port */
void string_wr(char * ps)
{char c;
  int m, n;
  while(check_stat(PORT) & 256) read_port(PORT);      /* 读取数据直至为空 */
  for(; * ps; )
  {c = 0;
    for(m = 100; m; m——)
    {send_port(PORT, * ps);
    for(n = 1000; n; n——)
    {delay(2);                            /* 等 2 ms 左右,可以使用 dos.h 库功能:延迟 */
      if(kbhit() && (getch() == 27))      /* 如果按 escape 键 */
      {printf("\nE20:Serial Port Write Canceled!");
        exit(1);
      }
      if(check_stat(PORT) & 256)
      {c = read_port(PORT);
        break;
      }
    }
    if(n) break;
  }
  if(c == * ps) ps++;
  else
  {printf("\nE10:Serial Port Write Echo Error!");
    exit(1);
  }
}
  send_port(PORT, '\n');                 /* 发送命令结束符号 */
  delay(2);
```

```
    while(! (check_stat(PORT) & 256));
    read_port(PORT);
}
/* read string from serial port */
void string_rd(char *ps)
{unsigned char c, i;
    for(i = 0; i < 255; i++)                    /* 最多读取 256 个字符 */
    {while(! (check_stat(PORT) & 256))          /* 等待序列接收就绪 */
        if(kbhit() && (getch() == 27))          /* 如果按 escape 键 */
        {printf("\nE21:Serial Port Read Canceled!");
            exit(1);
        }
        c = read_port(PORT);
        if(c == '\n') break;
        *ps = c;
        ps++;
    }
    *ps = 0;
}


/* 将字符发送到串行端口 */
void send_port(int port, char c)
{union REGS r;
    r.x.dx = port;                      /* 串口 */
    r.h.ah = 1;                         /* int14 功能 1:发送字符 */
    r.h.al = c;                         /* 要发送的字符 */
    int86(0x14, &r, &r);
    if(r.h.ah & 128)      /* 检查 ah.7,如果由 int86(0x14,&r,&r)设置,则为平均传输误差 */
    {printf("\nE00:Serial port send error!");
        exit(1);
    }
}


/* read a character from serial port */
char read_port(int port)
{union REGS r;
    r.x.dx = port;                      /* 串口 */
    r.h.ah = 2;                         /* int14 功能 2:读取字符 */
    int86(0x14, &r, &r);
    if(r.h.ah & 128)                    /* 如果设置了 ah.7,则为平均传输误差 */
    {printf("\nE01:Serial port read error!");
        exit(1);
```

```
    }
    return r. h. al;
  }


  /*检查串行端口的状态 */
  int check_stat(int port)
  {union REGS r;
    r. x. dx = port;                    /* 串口 */
    r. h. ah = 3;                       /* int14 功能 3:读取状态 */
    int86(0x14, &r, &r);
    return r. x. ax;                    /* ax.7 显示串行操作,ax.8 显示串行接收就绪 */
  }


  /* 初始化串口 */
  void port_init(int port, unsigned char code)
  {union REGS r;
    r. x. dx = port;                    /* 串口 */
    r. h. ah = 0;                       /* int14 功能 0:初始串行端口 */
    r. h. al = code;                    /* 初始化代码 */
    int86(0x14, &r, &r);
  }
```

9.7.2　数据格式

　　仪器从接口总线输出测量结果时，以 ASCⅡ字符串的格式传送。数据格式如图 9.9 所示。

```
SD.DDDDDDESDDD<NL>
S：+/-
D：数字0~9
E：指数符号(尾数的 "+" 号省略)
<NL>：换行符，其ASCⅡ为10
```

图 9.9　数据格式

9.7.3　SCPI 命令参考

1. 命令结构

　　TH1912 命令分为两种类型：GPIB 公用命令和 SCPI（可编程仪器命令标准）命令。GPIB 公用命令由 IEEE488.2—1987 标准定义，这些命令适用于所有仪器装置，但本仪器并不支持全部公用命令。SCPI 命令是树状结构的，最多可以有三层，在这里最高层称为子系统命令。只有选择了子系统命令，该子系统命令下的层才能有效，使用冒号（:）来分隔高层命令和低层命令，如图 9.10 所示。

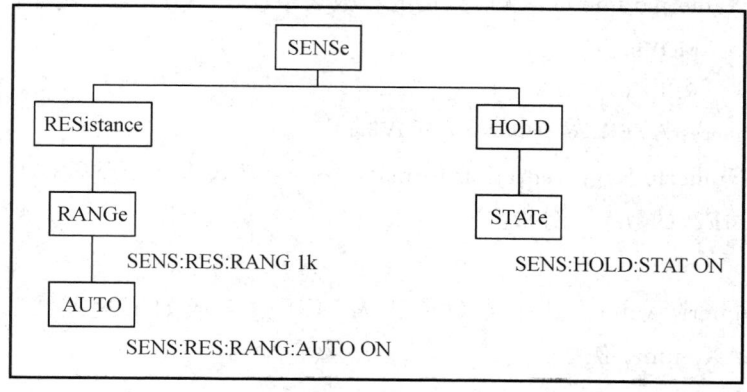

图 9.10　命令树例子

2. 命令语法

下面对公共命令和 SCPI 命令的语法做简要介绍。

1) 命令关键字和参数

公共命令和 SCPI 命令分为两种：带参数与不带参数的命令。下面是一些例子：

　　＊RST　　　　　　　　　　／＊没有参数＊／

　　：FORMat＜name＞　　　　／＊带参数（name）＊／

　　：IMMediate　　　　　　　／＊没有参数＊／

在命令关键字和参数之间应该至少有一个空格。

(1) ［ ］：有些命令字被放在方括号中，意味着这些命令字是可选择的，在编写程序时，可以不写这些信息。例如：

　　：RANGe［：UPPer］＜n＞

这个方括号表示 UPPer 是可选择的，可以不必使用。这样上面的命令可以用下面这两种方式发送：

　　：RANGe＜n＞　　或者：　RANGe：UPPer＜n＞

注意：使用可选择命令时，不要使用方括号（［ ］）。

(2) ＜ ＞：使用尖括号表示一个参数类型。在编写程序时不包括尖括号（＜＞）。例如：

　　：HOLD：STATe＜b＞

其中，参数＜b＞表示此处是一个布尔类型的参数。因此，如果打开 HOLD 功能，就必须发送带有 ON 或 1 的参数命令，格式如下：

　　：HOLD：STATe ON 或者：HOLD：STATe 1

(3) 参数类型。下面是一些公用的参数类型：

＜b＞ Boolean：用该参数来打开或关闭仪器的某项操作功能。0(OFF)：关闭该操作；1(ON)：打开该操作。例如：

　　：CURRent：AC：RANGe：AUTO ON　　　／＊打开 AUTO 量程＊／

<name>Name parameter：从所列出的参数名中选择一个参数。例如：

    <name>＝MOVing

           REPeat

  ：RESistance：AVERage：TCONtrol MOVing

<NRf> Numeric Representation format：这个参数代表一个整数(6)，实数(25.3)或者是浮点数(5.6E2)的数字。例如：

    ：MMFactor5

<n> Numeric value：这个参数值代表 NRf 数字或如下这些参数名：DEFault、MINimum、MAXimum。例如：

    ：CURRent[：DC]：NPLCycles 1

    ：CURRent[：DC]：NPLCycles DEFault

    ：CURRent[：DC]：NPLCycles MINimum

    ：CURRent[：DC]：NPLCycles MAXimum

2）命令关键字的缩写规则

使用如下这些规则决定任何 SCPI 命令的缩写形式。

（1）如果命令关键字的长度小于或等于 4 个字符，则没有缩写形式。例如：

    ：AUTO＝：AUTO

（2）这些规则适用于除 4 个字符以外的命令关键字。

（3）如果命令关键字的第 4 个字符是 v、o、w、e、l 其中之一，则去掉它和它后面的所有字符。例如：

    ：immediate＝：imm

（4）特殊规则。下面这个命令的缩写形式仅使用关键字的前 2 个字符：

    ：TCouple＝：tc

（5）如果命令关键字的第 4 个字符是一个辅音字母，则保留它并去掉后面的所有字符。例如：

    ：format＝：form

（6）如果这个命令包含查询标记(?)或者一个不可选择的数字在命令关键字中，则在缩写形式中必须包含它。例如：

    ：delay? ＝：del?

（7）包含在方括号([])中的命令关键字或字符都是可选择的，在程序代码中可以不包含它们。

3）命令结构基本规则

（1）忽略大小写。例如：

    FUNC：VOLT：DC＝func：volt：dc＝Func：Volt：Dc

（2）空格(_表示空格)不能放在冒号的前后。例如：

⊠FUNC_：_VOLT：DC → ☑FUNC：VOLT：DC

（3）命令可以缩写，也可以全部拼写（在以后的命令叙述中，缩写以大写字母给出）。
例如：

FUNCTION：VOLTAGE：DC＝FUNC：VOLT：DC

（4）命令后紧跟一个问号（?）执行一次对应于该命令的查询。例如：

FUNC?

4）多重命令规则

用分号（;）来分隔同一命令行上的多重命令，下面是多重命令规则：

（1）在一个多重命令行上，使用分号（;）来分隔同一子系统命令下的同层命令。例如：

：RESistance：NPLCycles＜n＞；NPLCycles?

（2）分号（;）作为分隔符，后面紧跟一个冒号（:），表示从命令树的最高层重新开始命
令。例如：

：RESistance：NPLCycles＜n＞；：RESistance：NPLCycles?

（3）公共命令和 SCPI 命令只要用分号（;）分开就可以在同一命令信息中使用。例如：

：RESistance：NPLCycles＜n＞；＊IDN?

5）命令路径规则

（1）每一个新的程序消息必须从根命令开始，除非根命令是可选的（如 FUNCtion）。如
果根命令是可选的，可以把下一级的命令字作为根命令。

（2）在程序开始处的冒号（:）是可选的，可以不必使用。例如：

：DISPlay：ENABle＜b＞＝DISPlay：ENABle＜b＞

（3）当仪器检测到一个冒号（:）时，程序指针会移动到下一个命令级。

（4）当仪器的程序指针检测到冒号（:）后面紧跟着一个分号（;）时，它会返回到根命令级。

（5）仪器的程序指针只能向下一级移动，不能向上一级移动，所以当执行一个高一级
的命令时，需要从根命令重新开始。

9.8　命令参考

TH1912 的子系统命令有 DISPlay、FUNCtion、VOLTage、PERiod、HOLD、
TRIGger、FETCh。

TH1912 的公共命令有＊RST、＊TRG、＊IDN。

9.8.1　DISPlay 子系统命令

DISPlay 子系统命令主要用于设定仪器的显示页面。表 9.8 是 DISPlay 子系统命令的
命令树结构。

表 9.8 DISPlay 子系统命令的命令树结构

命 令	功 能 简 述
: DISPlay	仪器的显示控制命令
: ENABle<b>	使能或取消前面板显示
: ENABle?	查询显示状态
: CH1	仪器主显设置为通道 1
: CH2	仪器主显设置为通道 2

命令语法：

　　: DISPlay：ENABle<b>

参数 <b>＝0 或 OFF，取消前面板显示；<b>＝1 或 ON，使能前面板显示。

该命令用于使能或取消前面板显示。当取消后，仪器处于高速操作状态，显示被固定，所有的前面板操作被取消（除了 LOCAL）。通过使用：ENABle 命令或按 LOCAL 键回复通常的显示。

9.8.2 FUNCtion 子系统命令

FUNCtion 子系统命令主要用于设定仪器的测量功能。表 9.9 是 FUNCtion 子系统命令的命令树结构。

表 9.9 FUNCtion 子系统命令的命令树结构

命 令	功 能 简 述
: FUNCtion <name>	选择测量功能： 'VOLTage/rms'、'VPP/peak'、'watt'、'dBm'、'dB'、'dBV'、'dBmV'、'dBμV'
: FUNCtion?	查询测量功能

命令语法：

　　: FUNCtion<name>

参数<name>值为'VOLTage/rms'时，选择有效值测量功能；为'VPP/peak'时，选择峰值测量计算功能；为'watt'时，选择功率测量计算功能；为'dBm'时，选择 dBm 测量计算功能；为'dB'时，选择 dB 测量计算功能；为'dBV'时，选择 dBV 测量计算功能；为'dBmV'时，选择 dBmV 测量计算功能；为'dBμV'时，选择 dBμV 测量计算功能。

注意：参数名是用单引号（'）引起来的，但是双引号（"）也能够替换单引号使用。例如：

　　: FUNC'VOLT'＝: FUNC"VOLT"

针对所有测量功能中的某一种来说，它自己可以进行单独的设置配置，如范围、速度、滤波器和相对读数，这就避免了当从一种功能切换到另一种功能时重新设置条件的必要性。

VOLTage 子系统命令用来设置和控制 TH1912 的电压测量功能，如表 9.10 所示。

表 9.10　VOLTage 子系统命令

命　令	功　能　简　述	默认参数
：VOLTage：AC	设置交流电压测量路径	
：speed/rate＜n＞	设置 A/D 积分速度（线性周期：0～2）	1
：speed/rate?	查询 A/D 积分速度	
：RANGe	设置测量范围路径	
［：UPPer］＜n＞	选择范围（0～757.5）	757.5
［：UPPer］?	查询范围	
：AUTO＜b＞	使能或取消自动测量范围	ON
：AUTO?	查询自动范围	
：REFerence＜n＞	设定参考值（−757.5～757.5）	0
：STATe＜b＞	使能或取消参考	OFF
：STATe?	查询参考状态	
：ACQuire	使用输入信号作为参考	
：REFerence?	查询参考值	

1. Speed 命令

命令语法：

　　：VOLTage：speed/rate＜n＞　　对 ACV 设定速度

参数 ＜n＞＝0～2，用来设置 A/D 的积分速度。MED 代表 1；FAST 代表 0；SLOW 代表 2。基本测量功能一般使用 speed 命令设定。

2. RANGe 命令

命令语法：

　　：VOLTage：RANGe［：UPPer］＜n＞

参数：

＜n＞＝0～757.5（V）	ACV
0～1010（V）	DCV
DEFault	757.5（ACV）
	1000（DCV）
MINimum	0
MAXimum	与默认值相同

RANGe 命令用来对所指定的测量功能手动地选择测量范围。范围的选定依据指定的期望读数作为一个绝对值，然后转换到与估计值最接近的范围。例如，如果期望的读数接近于 20 mV，就使参数＜n＞＝0.02(或 20e‒3)，这样，仪器就自动选择 200 mV 量程。

3. AUTO＜b＞

命令语法：

　　：VOLTageRANGe：AUTO＜b＞设置为自动量程

参数 <b>＝1 或 ON 时，使能自动量程；<b>＝0 或 OFF 时，取消自动量程。

如果使能自动量程，仪器自动选择最合适的量程范围来进行测量，命令：RANGe<n>的参数值<n>也改变到自动选择的范围值上。因此，当自动量程取消之后，仪器仍保持在自动选择的量程上。当一个有效的命令：RANGe<n>发送之后，自动量程将被取消。

4．REFerence 命令

命令语法：

> ：VOLTage：AC：REFerence<n>

参数：

<n>＝－757.5～757.5	ACV 的参考值
－1010～1010	DCV 的参考值
DEFault	0
MINimum	指定功能的最小值
MAXimum	指定功能的最大值

REFerence 命令用来对已指定的功能设置一个参考值，如参考值使能（：REFerence：STATe），读数与输入信号和参考值间有如下关系：

$$读数＝输入信号－参考值$$

从前面板来看，参考值即相对运算（REL）。

命令：REFerence<n>与命令：ACQuire 是相结合的。当一个参考值使用命令：REFerence<n>和命令：ACQuire 设置后，都可以用：REFerence? 命令进行查询，得到参考值。

5．STATe<b>

命令语法：

> ：VOLTage：AC：REFerence：STATe<b>
> 或：VOLTage：DC：REFerence：STATe<b>

参数<b>＝1 或 ON 时，使能参考；<b>＝0 或 OFF 时，取消参考。

6．ACQuire

命令语法：

> ：VOLTage：AC：REFerence：ACQuire
> 或：VOLTage：DC：REFerence：ACQuire

ACQuire 命令被发送后，仪器将当前测量的输入信号作为参考值。这个命令一般用作零显示。例如，如果仪器正在显示一个 $10\,\mu V$ 的偏置，通过发送此命令设置参考值，从而达到零显示。此命令是针对已经指定的测量功能而言的，以任何其他功能的形式发送此命令将导致错误产生。同时，如当前的读数溢出或者读数没有被触发，发送此命令也会导致错误。

9.8.3　HOLD 子系统命令

HOLD 子系统命令如表 9.11 所示。

表 9.11　HOLD 子系统命令

命　　令	功　能　简　述	默认参数
：HOLD	设置 HOLD 参数路径	
：WINDow	设置 HOLD 范围(%)；0.01 到 10	1
＜NRf＞	查询 HOLD 范围	
：WINDow？	设置 HOLD 计数；2 到 100	5
：COUNt＜NRf＞	查询 HOLD 计数	
：COUNt？	使能或取消 HOLD	OFF
：STATe＜NRf＞	查询 HOLD 状态	
：STATe？		

下面这些命令被用作配置和控制 HOLD 特性。

1. WINDow＜NRf＞

命令语法：

　　：HOLD：WINDow＜NRf＞

参数 ＜NRf＞＝0.01～10，用于设置范围(percent)。

WINDow＜NRf＞命令用来设定 HOLD 范围，用一个"种子"读数的百分比作为 HOLD 处理的误差范围。

2. COUNt＜NRf＞

命令语法：

　　：HOLD：COUNt＜NRf＞

参数 ＜NRf＞＝2～100，用于设置 HOLD 计数个数。

COUNt＜NRf＞命令用来指定 HOLD 功能的计数个数。COUNt 是在 HOLD 处理过程中符合"种子"误差范围内的读数的个数。

3. STATe＜b＞

命令语法：

　　：HOLD：STATe＜b＞

参数 ＜b＞＝0 或 OFF 时，取消 HOLD；＜b＞＝1 或 ON 时，使能 HOLD。

9.8.4　TRIGger 子系统命令

TRIGger 子系统命令如表 9.12 所示。

表 9.12　TRIGger 子系统命令

命　　令	功　能　简　述	默认参数
：TRIGger	用于设定仪器的触发模式	IMMediate
：SOURce	查询当前的触发模式	
＜name＞	用于设定仪器触发后的延时时间	0
：SOURce？		

TRIGger 子系统命令用于设定仪器的触发模式、触发后的延时与触发一次测量。

命令语法：

　　: TRIGger: SOURce<name>

参数 <name> 为 IMMediate 时，内部触发（仪器的默认设置）；为 BUS 时，被 RS232 接口触发；为 MANual(EXTernal)时，在面板按 ⟨Trig⟩ 键触发。

9.8.5　FETCh 子系统命令

命令语法：

　　: FETCh?

FETCh 子系统命令可获得仪器最新处理的读数。该命令不影响仪器的设置，仅仅得到最新的有效读数。

注意：这个命令能够重复地得到同一个读数，直到仪器得到一个新的读数。

当: READ? 或: MEASure? 命令发送后，这个命令自动地插入。

9.8.6　公共命令

公共命令是在所有设备上都可以使用的仪器命令。本仪器提供以下几种公用命令。

1.　* RST

命令语法：

　　* RST

功能：该命令用于对仪器进行复位。

2.　* TRG

命令语法：

　　* TRG

功能：该命令用于触发仪器测量。

3.　* IDN?

查询语法：

　　* IDN?

功能：该命令用于查询返回仪器信息。

9.9　技术指标

技术指标如表 9.13 所示。

表 9.13　技 术 指 标

指标名称	指　标
测量电压的频率响应误差	5 Hz～20 Hz ±(读数值的 4%＋满量程的 0.5%) 20 Hz～2 MHz ±(读数值的 2%＋满量程的 0.5%) 2 MHz～3 MHz ±(读数值的 3%＋满量程的 0.5%) 3 MHz～5 MHz ±(读数值的 4%＋满量程的 0.5%)
触发和存储器	读数保持误差范围：读数的 0.01%、0.1%、1%或 10%； 可编程触发延时：0～6000 ms(以 1 ms 为步进)； 存储器：可存储 512 个读数
显示读数和读数速率	Slow：38000；Med：38000；Fast：3800
数学功能	相对运算(Rel)、最大/最小/平均/标准偏差(存储读数)、dBm、dB、极限测试(Limit Test)、%和 mX＋b。 dBm 参考电阻值：可自行设定为 1～9999 Ω(以 1 Ω 为步进)，默认为 600 Ω
标准程序语言	SCPI(Standard Commands for Programmable Instruments)
远程接口	RS232C
一般技术指标	电源要求：220 V±10%； 电源频率：50/60 Hz±5%； 电源功耗：≤20 V·A； 储存环境：－40℃～70℃； 操作温度环境：18℃～28℃； 精确度的表示：±(1% of reading ＋ 190 digits)，在 30 min 的开机预热条件下，频率为 1 kHz～10 kHz； 温度系数：0℃～18℃及 28℃～40℃，增加±0.1%×准确度/℃； 工作湿度环境：0℃～28℃时≤80%RH，28℃～40℃时≤70%RH； 热机时间：至少 30 min

习　题　9

9.1　晶体管毫伏表的功能是什么，有几种分类方法，各分为几类？

9.2　晶体管毫伏表的基本操作规程是什么？

9.2　交流电压表都是以何值来标定刻度读数的？真、假有效值的含义是什么？

9.3　已知某电压表采用正弦波有效值为刻度，如何以实验方法判别它的检波类型？试列出两种方案，并比较哪一种方案更合适。

9.4　一台数字交流毫伏表，技术说明书给出的准确度为 $\Delta U = \pm 0.01\% U_x \pm 0.01\% \times U_m$，试计算用 1 V 量程分别测量 1 V 和 0.1 V 电压时的绝对误差和相对误差，有何启示？

9.5　甲、乙两台数字交流毫伏表，甲的显示器显示的最大值为 9999，乙为 19 999，问：

（1）它们各是几位的数字交流毫伏表，是否有超量程能力？

（2）若乙的固有误差为 $\Delta U = \pm(0.05\% U_x + 0.02\% U_m)$，分别用 2 V 和 20 V 挡测量 $U_x = 1.56$ V 电压时，绝对误差和相对误差各为多少？

9.6　按 TH1912 的屏幕指示信息图 9.2，说明各提示信息功能，填入表 9.14 中。

表 9.14　屏幕指示信息说明

序　号	指　示　信　息	功　能　说　明
1	FAST	
2	MED	
3	SLOW	
4	TRIG	
5	HOLD	
6	AUTO	
7	REL	
8	CH1、CH2	
9	COMP	
10	HIIN LO	
11	RMT	
12	AUTO	
13	MAX MIN Max/Min	
14	ERR	
15	SHIFT	

9.7　简述用 TH1912 型毫伏表进行电压测量的步骤和方法。

第 10 章　电子测量与仪器实验指导

【教学提示】　本章针对本书前 9 章的内容，给出了 12 个实验项目，涉及电阻、二极管、三极管等分立元器件的识别、检测与特性测试等相关实验内容。

【教学要求】　通过本章的学习，要求学生进一步熟悉并掌握常用仪器的使用方法，以及在使用过程中的注意事项，能进行数据处理与误差分析。

实验一　数据处理与误差分析

【预习内容】

(1) 预习测量过程中的基本知识及注意事项。

(2) 预习测量数据分析和误差估计方法。

(3) 预习数字万用表和模拟万用表的使用方法。

(4) 预习有关电阻、电压测量的内容。

一、实验目的

(1) 熟悉色码电阻的标称值表示方法。

(2) 掌握模拟万用表和数字万用表的使用方法。

(3) 会用万用表测量电阻并对测量数据进行分析和处理。

二、实验器材

数字万用表、模拟万用表、直流稳压电源、RT14 型色码电阻。

三、实验原理

一个物理量在一定条件下所呈现的客观大小或真实数值称作它的真值，而真值必须利用理想测量仪器进行无误差测量，这是无法测到的。实际测量中所得到的值都是利用各种测量仪器所测得的测量值，由于测量仪器的准确性、测量手段的完善性、环境等因素的影响，必然存在测量误差。测量误差具有普遍性、必然性和随机性，只能将误差限制在一定的范围内而不可能消除。对于具有随机性的误差，可以通过多次测量来减小。假定对被测量 x 进行了 n 次等精度测量，获得 n 个测量值 x_1，x_2，x_3，$\cdots$，x_n，则其平均值为

$$\overline{x} = \frac{1}{n} \sum_{i=1}^{n} x_i$$

该平均值也称为样本平均值。当 $n \rightarrow \infty$ 时，样本平均值 $\overline{x}$ 就称为测量值的数学期望，即

$$E_x = \lim_{n \to \infty} \left(\frac{1}{n} \sum_{i=1}^{n} x_i \right)$$

第 i 次测量所得到的测量值与实际值之间的绝对误差 Δx_i 即为随机误差 δ_i，即

$$\Delta x_i = \delta_i = x_i - A$$

对 δ_i 求算术平均，得

$$\bar{\delta} = \frac{1}{n} \sum_{i=1}^{n} (x_i - A) = \frac{1}{n} \sum_{i=1}^{n} x_i - A$$

当 $n \to \infty$ 时，可以证明 $\bar{\delta} = E_x - A$。由于 $\bar{\delta}$ 的抵偿性，当 $n \to \infty$ 时，有 $E_x = A$，即测量值的数学期望就是被测量的真值 A。实际上，在测量中，$n \to \infty$ 是不可能做到的，对有限次测量来说，当测量次数足够多时，就可近似认为测量值的平均值就为真值 A，即 $\bar{x} \approx E_x = A$。将该平均值作为最后的测量结果，称之为测量的最佳估计值或最可信赖值。

剩余误差是指在进行有限次测量时，各次测量值与算术平均值 $\bar{x}$ 之差，又叫残差，即剩余误差为

$$v_i = x_i - \bar{x}$$

对 v_i 求和，当测量次数足够多时，该代数和为 0，可以此作为检验测量结果是否符合要求的标准。由测量值与期望值之差的平方统计的平均值定义为测量值方差，即

$$\sigma^2 = \lim_{n \to \infty} \frac{1}{n} \sum_{i=1}^{\infty} (x_i - E_x)^2$$

由于 $\delta_i = x_i - A = x_i - E_x$，因而

$$\sigma^2 = \lim_{n \to \infty} \frac{1}{n} \sum_{i=1}^{\infty} \delta_i^2$$

在实际测量中更常用的是 σ^2 的平方根，即

$$\sigma = \sqrt{\lim_{n \to \infty} \frac{1}{n} \sum_{i=1}^{\infty} \delta_i^2}$$

称为标准差。在进行大量测量时，随机误差近似服从正态分布，此时

$$P\{|\delta_i| \leqslant 2\sigma\} = \int_{-2\sigma}^{2\sigma} \frac{1}{\sigma \cdot \sqrt{2\pi}} \cdot e^{-\frac{\delta^2}{2\sigma^2}} d\delta = 0.954$$

$$P\{|\delta_i| \leqslant 3\sigma\} = \int_{-3\sigma}^{3\sigma} \frac{1}{\sigma \cdot \sqrt{2\pi}} \cdot e^{-\frac{\delta^2}{2\sigma^2}} d\delta = 0.997$$

因此，当测得值 x_i 的置信区间为 $[E_x - 2\sigma, E_x + 2\sigma]$ 和 $[E_x - 3\sigma, E_x + 3\sigma]$ 时，置信概率分别为 95.4% 和 99.7%。

在实际测量中，是不可能测量无限多次的，在有限次测量情况下，以 $\bar{x}$ 作为测量值，以残差 $v_i = x_i - \bar{x}$ 代替真正的随机误差 $\delta_i = x_i - E_x$，以 $\hat{\sigma} = \sqrt{\frac{1}{n-1} \sum_{i=1}^{n} v_i^2}$ 作为对标准差 σ 的最佳估计值，即

$$\hat{\sigma} = \sqrt{\frac{1}{n-1} \left(\sum_{i=1}^{n} x_i^2 - n\bar{x}^2 \right)}$$

四、实验内容及步骤

1. 色码电阻的标称值识别

色码电阻用色环表示标称电阻值,有三色环表示法和四色环表示法。本实验所用元件为三色环表示的电阻。其表示方法如下:

(1) 前两色环表示有效数字,后一色环表示有效数字后"0"的个数,也即表示数量级。

(2) 色环颜色与数字之间的对应关系如表 10.1 所示。

表 10.1　色环颜色与数字对应表

色环颜色	棕	红	橙	黄	绿	蓝	紫	灰	白	黑
表示数字	1	2	3	4	5	6	7	8	9	0

(3) 如有一电阻,三色环颜色依次为黄、紫、红,则其表示的标称值为 4700 Ω 或 4.7 kΩ。

(4) 四色环色码电阻表示方法类似三色环,其有效数字为三位。

2. 万用表量程位置的选择

(1) 按测量内容正确连接表棒。黑表棒接 COM(数字表)或负极"−"(模拟表)。测量电压和电阻时,红表棒接 V/Ω 或正极"+"。

注意:测量电流时,红表棒必须换到电流专用挡"A"端。

(2) 按测量内容选择正确量程。万用表一般可用来测量电阻、直流电压、交流电压、直流电流。量程开关位置都有相应的符号来表示测量内容和测量显示范围。正确选择位置的原则是与测量内容相符,所测值必须小于量程范围。为了保证读数的精度(Precision),所选量程尽量接近所测值。在测量电压和电流时,要特别注意直流和交流的量程是不同的。

3. 测量色码电阻的实际电阻值

先从电阻色环上读取电阻阻值大小,再用数字万用表的欧姆挡测量电阻 R 值,看与读取数值是否相符,共测量 20 次,得到 20 个数据,求出在置信概率为 95% 时被测元件的估计值、方差及测量结果。测量值及计算结果均记入表 10.2 中。计算测量值与标称值之间的误差,计算样品电阻的标准偏差(以标称值为均值),并画出概率曲线。

表 10.2　测量与计算结果

序　号	1	2	3	4	5	6	7	8	9	10	11	12	13	14	15	16	17	18	19	20
测量值																				
剩余误差																				
平均值																				
方差																				
测量结果																				

4. 交流电压的测量

利用信号发生器产生一个频率为 50 Hz、振幅为 20 V 以内的低频正弦信号，利用数字万用表交流电压挡测量信号电压，测量 20 次，获得 20 个数据，求出该信号电压的估计值、方差及测量结果，记入表 10.3 中。

表 10.3　测量与计算结果

序　号	1	2	3	4	5	6	7	8	9	10	11	12	13	14	15	16	17	18	19	20
测量值																				
剩余误差																				
平均值																				
方差																				
测量结果																				

五、实验报告要求

(1) 写明实验目的。

(2) 写明实验仪器的名称和型号。

(3) 写明实验步骤和过程。

(4) 整理实验数据，进行数据处理与分析，按要求画有关表格。

(5) 总结实验结果。

实验二　晶体二极管的识别、检测与伏安特性

【预习内容】

(1) 预习万用表的使用。

(2) 预习晶体二极管的外形及引脚识别方法。

(3) 预习有关晶体二极管极性判断及其性能好坏的判别方法。

(4) 预习有关晶体二极管伏安特性的测量方法。

一、实验目的

(1) 学会测量仪器的使用方法。

(2) 了解一般二极管和稳压二极管的伏安特性。

(3) 学会伏安特性的逐点测试法。

二、实验器材

直流稳压电源、模拟万用表、数字万用表、二极管、稳压二极管、电阻。

三、实验内容及步骤

1. 晶体二极管的极性判别

（1）鉴别正负极性。指针式万用表及其欧姆挡的内部等效电路如图 10.1(a)所示。图中，E 为表内电源，r 为等效内阻，I 为被测回路中的实际电流。由图可见，黑表笔接表内电源的正端，红表笔接表内电源的负端。将万用表欧姆挡的量程拨到 R×100 或 R×1 kΩ 挡，并将两表笔分别接到二极管的两端，如图 10.1(b)所示，即红表笔接二极管的负极，而黑表笔接二极管的正极，则二极管处于正向偏置状态，因而呈现出低电阻，此时万用表指示的电阻值通常小于几千欧姆。反之，若将红表笔接二极管的正极，而黑表笔接二极管的负极，则二极管被反向偏置，此时万用表指示的电阻值将达几百千欧姆。

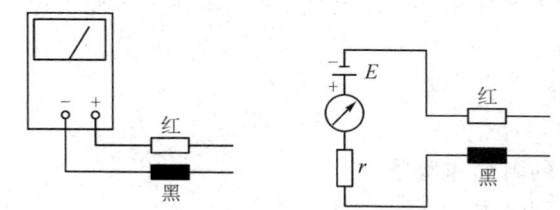

(a) 指针式万用表及其欧姆挡的内部等效电路

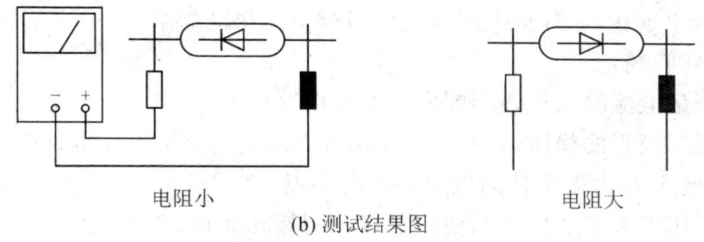

电阻小　　　　　　　　　　　　　　　　电阻大

(b) 测试结果图

图 10.1　万用表鉴别二极管正负极性

（2）测试性能。若将万用表的黑表笔接二极管正极、红表笔接二极管负极，可测得二极管的正向电阻，此电阻值一般应在几千欧姆以下。通常要求二极管的正向电阻越小越好。将红表笔接二极管正极、黑表笔接二极管负极，可测反向电阻。一般要求二极管的反向电阻值应大于二百千欧姆，如图 10.1(b)所示。

若反向电阻太小，则二极管失去单向导电作用。如果正、反向电阻都为无穷大，表明管子已断路；反之，二者都为零，表明管子短路。

2. 伏安特性的测试

测量电阻 $R=820\ \Omega$、二极管 2CP 型和稳压二极管 2CW 型串联电路的伏安特性及各个元件的伏安特性。

二极管伏安特性测试电路如图 10.2 所示。改变电源电压 E 的大小，测出相应的电流 I、串联支路的总电压 U 和各个元件的电压 U_R、U_{2CP}、U_{2CW} 值，将数据记录于自拟的表格中。

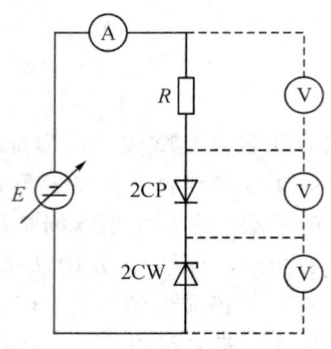

图 10.2　实验电路

注意：电源电压不要超过 30 V；测电流 I 时，电压表不能同时接在电路中。

四、实验报告要求

（1）写明实验目的。

（2）写明实验仪器的名称和型号。

（3）写明实验步骤和过程。

（4）整理实验数据，进行数据处理，用坐标纸画出串联电路和各个元件的伏安特性曲线（画在同一坐标平面内），分析电压表内阻对测量结果的影响。

（5）回答下列问题：

① 为什么测量电流时电压表不能同时接在电路中？

② 如果稳压二极管的稳压值为 5 V，若要求取 10 个测试点，那么这 10 个测试点该如何选取？在电源电压 E 为多少伏附近应多取测试点？

③ 如何用万用表判断二极管和稳压二极管的好坏和正、负极性？

④ 如果将电阻 R 的值增大 10 倍，或减为原值的 1/10，会得到什么样的测试结果？

（6）写实验心得体会。

实验三　二极管特性综合测试

【预习要求】

（1）预习晶体二极管的结构和伏安特性。

（2）阅读光电二极管、发光二极管和稳压二极管的特性和使用范围。

（3）预习用万用表测量晶体二极管特性的方法；阅读用示波器测量输出电压的方法。

一、实验目的

（1）验证晶体二极管的单向导电特性。

（2）学会测量晶体二极管的伏安特性曲线。

（3）掌握几种常用特种功能二极管的特性和使用方法。

二、实验器材

数字万用表、稳压电源、普通二极管、稳压二极管、发光二极管。

三、实验原理

晶体二极管由一个 PN 结构成，具有单向导电性。

几种常用二极管的符号如图 10.3 所示。具体介绍如下：

图 10.3　几种常用二极管的符号

普通二极管，如 IN4001、IN4148、2AP 等。

稳压二极管，如 2DWXX，它工作在反向击穿区。使用时，利用反向电流在击穿区很大范围内变化而电压基本恒定的特性进行稳压。

发光二极管是一种把电能变成光能的半导体器件，可发红光、黄光和绿光等。近几年，发蓝光的二极管是显示技术上的一大突破，它的出现带来了真彩显示技术。发光二极管的工作电压较低(1.6 V～3 V)，正向工作电流只需几毫安到几十毫安，故常用作线路通断指示和数字显示。

若将万用表黑表笔接二极管负极、红表笔接二极管正极，则二极管正向偏置，呈现低阻；反之，二极管反向偏置，呈现高阻。根据两次测量的阻值，就可判断二极管的极性。

注意： 二极管的电阻为动态电阻，变化范围较大，因为 $r_{be} = \dfrac{\Delta u_{be}}{\Delta i_b}$，只要 Δu_{be} 稍有变化，Δi_b 的变化就很大，所以 r_{be} 受外围电路变化的影响较大。

四、实验内容及步骤

1. 二极管电阻与电压的测量

按表 10.4 的要求，用万用表测量二极管(IN4004、IN4148、2AP9、LED)的正、反向电阻和正向电压，并将测量结果记入表中。

表 10.4　二极管正、反向电阻

管　型	正向电阻 R 挡	反向电阻 R 挡	正向电压
	实测值/Ω	实测值/Ω	/V
IN4004			
2AP9			
IN4148			
LED R×10 挡 （管脚短的一端为“＋”）			

2. 2AP9 伏安特性的测量

2AP9 伏安特性的测量步骤如下：

（1）2AP9 正、反向伏安特性的测量电路如图 10.4 所示。按该图接好电路，测量 2AP9 伏安特性。

（2）按表 10.5 所示要求，测量 2AP9 的正向伏安特性。将电位器 R_w 中心滑臂旋至使 R_1 为最大时的位置，接通电源。调节 R_w 的阻值使二极管两端电压逐渐增大。按表 10.5 所示要求测量 2AP9 的正向伏安特性，将数据填入该表，并绘出直角坐标曲线。

注意：使用两个万用表，一个测量二极管两端的电压，一个测量 R_2 两端的电压。其电流值就是 R_2 两端的输出电压除以 R_2 的阻值。

（3）按表 10.5 所示要求，测量 2AP9 的反向伏安特性。

注意：2AP9 型管反向电流不要超过 $400\,\mu A$。将数据填入表中，在直角坐标纸上绘出反向特性曲线。

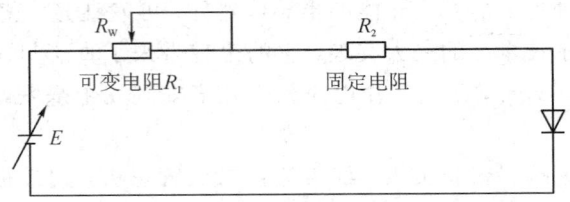

图 10.4　二极管伏安特性

按图 10.4 测量二极管的反向特性时，只需将二极管反接或电源反接即可。

在测量伏安特性过程中，值得注意的是：图 10.4 所示电路中元器件参数要有变化。根据对应的正向电压值，调节可变电源、可调电阻；在测量反向特性时，二极管要反接。

表 10.5　逐点测量二极管伏安特性

固定电阻/Ω	2M	100k		2k		510	
可变电阻/Ω	100k	100k		100k		1k	
正向电压/V	0.1	0.2	0.3	0.4	0.5	0.6	0.7
正向电流/A							
反向电压/V	2	4	6	8	10	12	14
反向电流/A							

3. 二极管（IN4004）整流的测试

二极管（IN4004）整流的测试步骤如下：

（1）按图 10.5 连接电路，图中，信号源为双通道任意波形发生器，为函数信号发生器。

（2）利用示波器观察图 10.5 中 R_2 两端的输出波形。

（3）将二极管反接，用示波器观察输出波形。将波形绘入表 10.6 中。

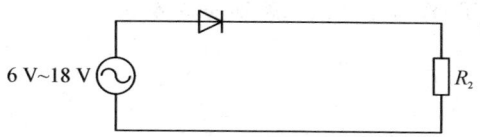

图 10.5　二极管在交流整流电路中的作用

表 10.6　二极管单向导电（整流）

二极管接法	输出波形（画波形）	导 通 状 态	
		正半周二极管工作状态	负半周二极管工作状态
正向			
反向			

4. 稳压二极管特性测试（选做）

类似于图 10.5。请自行测量稳压二极管稳压值的电路，并将测量结果记入表 10.7 中。

注意： 电阻的值必须保证其电流不大于 20 mA；当稳压管反接时，测出它的稳压值；电压表一个接于电阻两端，另一个接于稳压二极管两端。

表 10.7　稳压二极管特性（选做）

输入电压/V	0	2	4	6	8	10	12	14	16	18
电压表 V_1 值/V										
电压表 V_2 值/V										
电流/mA										

5. 发光二极管（LED）特性测试（选做）

用万用表测量发光二极管正、反向电阻，由于发光二极管正向导通时管压降大于 1.5 V，故需用万用表的大量程挡进行测量；否则，正、反向电阻均很大，呈开路状态。

发光二极管特性测试的实验线路类似于图 10.4 所示。按图 10.4 安装元器件，调节 R_w 使电流分别为 0.3 mA、3 mA、10 mA，观察 LED 亮度，测量 LED 两端的电压，并将数据填入表 10.8 中。

表 10.8　发光二极管（LED）特性测试（选做）

电流/mA	电 压		亮 度	
	LED1	LED2	LED1	LED2
0.3				
3				
10				

注意：发光二极管是微亮还是亮，可由实验者视定。过亮，则超过其允许功耗；此时，应增大 R_w 阻值，降低 LED 的工作电流，否则易烧毁。

五、实验报告要求

（1）写明实验目的。

（2）写明实验仪器的名称和型号。

（3）写明实验步骤和过程。

（4）整理实验数据，进行数据处理，用坐标纸画出串联电路和各个元件的伏安特性曲线。

（5）写实验心得体会。

实验四　晶体三极管的识别、检测与电压传输特性测量

【预习内容】

（1）预习晶体三极管的结构和伏安特性。

（2）预习数字万用表的使用方法。

（3）阅读用示波器测量晶体三极管输出电压的方法。

一、实验目的

（1）掌握用万用表判断晶体三极管类型与管脚的方法。

（2）掌握测量晶体三极管性能参数的方法。

（3）掌握晶体三极管应用电路的测试方法，加深对晶体管放大特性及工作状态的理解。

二、实验器材

模拟万用表、数字万用表、直流稳压电源、晶体三极管和电阻。

三、实验原理

1. 用万用表测试晶体管原理

1）目测法

（1）根据型号判别三极管的材料和类型：国产三极管的型号标记为 3XXX。其中，3AXX 为锗 PNP 型；3BXX 为锗 NPN 型；3CXX 为硅 PNP 型；3DXX 为硅 NPN 型。

（2）判定管脚：一般三极管的管脚排列如图 10.6 所示，准确判别可查手册。

2）用万用表判别三极管管脚

晶体三极管是由两个 PN 结组成的有源三端器件，分为 NPN 和 PNP 两种类型。等效电路如图 10.7 所示。

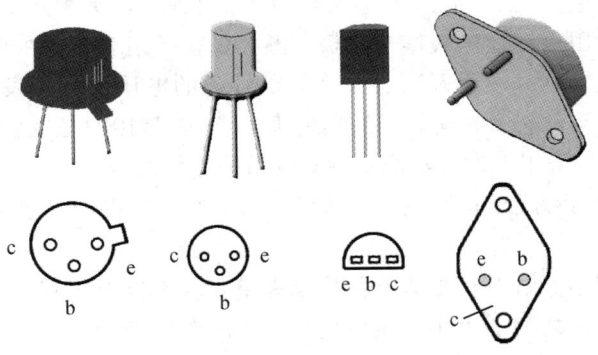

图 10.6　三极管的管脚排列

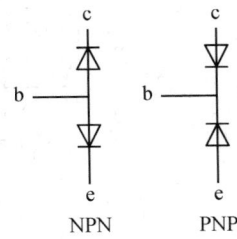

图 10.7　三极管等效电路

（1）指针式万用表判别法。

指针式万用表的黑表笔（插在万用表的"－"插孔）接的是万用表电源的正极，为高电位端；红表笔为低电位端。

当将万用表置于电阻挡，且把红表笔接在 NPN 型晶体管的基极 b，而用黑表笔分别接该管的集电极 c 和发射极 e 时，两个二极管都反偏，万用表电阻值均在 MΩ 级以上，即两次测得的电阻都很大。当用同样的方法测 PNP 型晶体管时，两次测得的电阻都很小。可根据上述原理，来判别三极管管脚。

① 首先，判别三极管的管型（NPN 型或 PNP 型）和基极，其方法如下：当用万用表的红表笔接晶体管的某一极，黑表笔分别接其他两个极时：

i. 若两次测得的电阻值都很小或都很大时，可以确定红表笔接的就是管子的基极 b；

ii. 若两次测得的电阻值均很小，则该管为 PNP 型；若两次测得的电阻值均很大，则该管为 NPN 型。

或者说当测得的电阻值都较大时，黑表笔所接的是 PNP 型管的基极；若测得的电阻值都较小，则黑表笔所接的是 NPN 型管的基极。若两次测得的电阻值一大一小，则应将红表笔换接一个极再测试。直到两次测得的电阻值都很大或很小时进行判断。

② 其次，集电极与发射极的判别。管子的类型和基极 b、管子的集电极 c 和发射极 e 的确定方法如下：

i. 对 NPN 型管，将万用表置于电阻挡，两个表笔分别与除基极外的两个管脚交替相接，并用手捏住黑表笔与基极（但黑表笔与基极不能相碰），观察万用表的阻值变化。再将两个表笔交换，同样用手捏住黑表笔与基极，再次观察万用表显示的阻值。在两次测量中，对应电阻阻值较大的一次，说明万用表表笔加给管子的电压使管子发射结处于正偏，集电极处于反偏。此时，黑表笔接的是管子的集电极 c，红表笔接的是发射极 e。

ⅱ. 对 PNP 型管，采用上述方法测试时，应用手捏住基极和万用表的红表笔，同时观察万用表阻值变化情况。对应于指针偏转较大的一次，红表笔接的是集电极 c，黑表笔接的是发射极 e。

在上述测量过程中，用手捏住基极和某个表笔，以人体电阻代替 100 kΩ 电阻的作用，从而给管子的三个电极之间加上了一定的电压，使两个结处于一定的偏置状态，如图 10.8 所示。

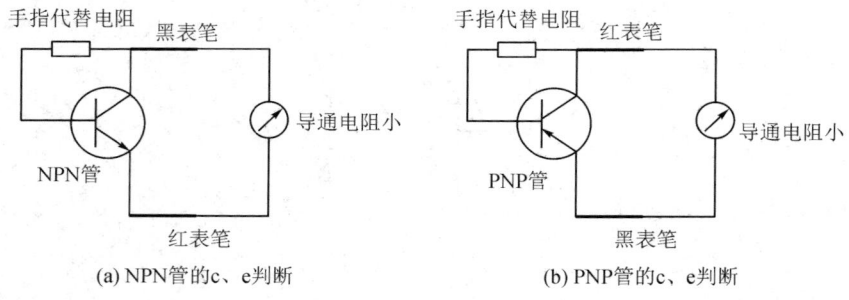

(a) NPN管的c、e判断　　　　　　(b) PNP管的c、e判断

图 10.8　三极管的判断

（2）用数字万用表判别三极管极性。

数字万用表的红表笔接内电源正极，黑表笔接内部负极，与指针式相反。

① 找到基极并判断二极管是 PNP 管还是 NPN 管。将万用表打在二极管测量挡位，分别对三个管脚颠倒测量，其中会有两次出现导通电压值（锗管为 0.3 左右，硅管为 0.7 左右）；其中这两次的公用极（即重复的那端）为三极管的 b（即基极），若 B 接的是红表笔，则判断是 NPN 型管；若为黑表笔，则判断是 PNP 管，如图 10.9 所示。

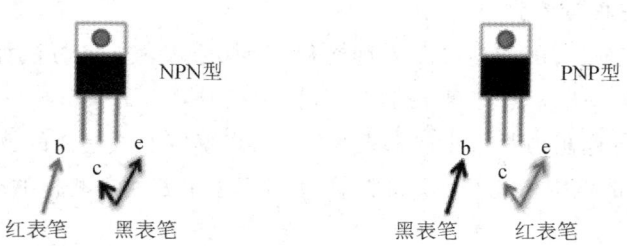

图 10.9　基极测试

② 插入三极管挡（h_{EF}），测量 β 值或判断管脚。先将万用表打到 h_{EF} 挡位，放置在对应 NPN 的小孔上，基极对应上面的字母 b；读数，再将其他的两个脚反转，再读数。两次测量中，数值较大的一次为正确插入顺序，三个管脚分别对应表上所标字母，字母对应的是 c、e 极。如果三极管正常显示一个约 20~200 的数值，此即为该三极管的 β 值。

2. 晶体三极管的特性测试原理

晶体三极管的特性测试实验电路如图 10.10 所示。当输入电压较小时，晶体三极管发射结反偏，处于截止状态，集电极电流 I_c 为零，输出电压最高，为直流电源电压 U_{CC}；当输入电压 U_I 增大时，发射结正偏导通，若 I_c 电流较小，使集电结反偏，晶体三极管处于放大状态，则输出电压为总电压 U_{CC} 与集电极电阻电压降之差，输出电压随输入电压的增大而减小；若 I_c 电流较大，使集电结正偏，则晶体三极管处于饱和状态，输出电压为集电极与发射极之间的饱和压降，比较小。

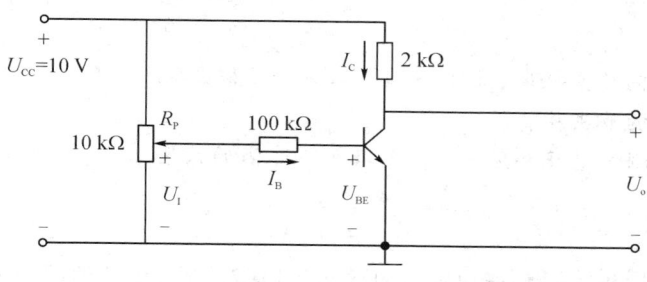

图 10.10　实验电路

四、实验内容与步骤

1. 三极管管脚与类型的判断

（1）基极与类型的判断。取不同型号的三极管，按照前面所述方法判断其基极与类型。

（2）集电极与发射极的判断。按照前面所述方法判断三极管的集电极与发射极，多次练习，熟练掌握三极管管脚与类型的判断方法。

2. 晶体三极管特性的测试

（1）按图 10.10 接线，检查无误后接通直流电压 U_{CC}。

（2）调节电位器 R_P，使输入电压 U_I 由零逐渐增大（见表 10.9），用万用表测对应的 U_{BE} 电压值、U_o 电压值，并计算出电流 I_c，将以上测试结果填入表 10.9 中。

表 10.9　晶体管电压传输特性

U_I/V	0.0	1.0	2.0	3.0	4.0	5.0	6.0	7.0
U_{BE}/V								
U_o/V								
I_c/mA								

五、实验报告要求

（1）写明实验目的。

（2）写明实验仪器的名称和型号。

（3）简述实验原理。

（4）写明实验步骤和过程。

（5）整理实验数据，进行数据处理，分析晶体三极管的工作状态，并在坐标纸上作出电压传输特性曲线。

（6）写实验心得体会。

实验五　示波器的使用和常用参数测量

【预习内容】

（1）示波器的偏转灵敏度、扫描速度、通频带等概念。

（2）示波器的调节机构。

（3）用示波器测量电压和频率、上升沿和下降沿的方法。

一、实验目的

（1）掌握示波器各控制开关和旋钮的意义和功能，学会示波器的一般使用方法。

（2）学会用示波器测量直流电压和交流电压、上升沿和下降沿。

（3）学会用示波器观察信号波形和测量信号频率。

二、实验器材

数字交流毫伏表、任意波形发生器、数字示波器、数字万用表、数字频率计数器、直流稳压电源。

三、实验内容与步骤

1. 阅读数字示波器使用说明书

阅读数字示波器使用说明书，熟悉主要调节机构名称及功能。

（1）对照说明书，熟悉所用示波器的各主要开关和旋钮位置。

（2）对照说明书，将所用示波器的主要技术指标填入表 10.10 中。

表 10.10　主要技术指标

名　称	技术指标
Y 轴频带宽度	
Y 轴偏转因数	
Y 轴输入阻抗	
Y 轴最大允许输入电压	
X 轴偏转因数	
X 轴扫描线性误差	

2. 偏转灵敏度的测试

调节任意波形发生器的输出正弦波信号，使其频率为 100 kHz，调节输出幅度，使之为 0.5 V。先将示波器探头置于×1 挡，偏转因数选择开关置于 0.2 V/cm，微调钮置于"校准"（CAL）；再将信号源输出接入示波器，从荧光屏上读出信号幅度的格数，记录在表 10.11 中，计算偏转因数，并与选择开关指示值（0.2 V/cm）比较。

再将信号幅度改为 0.1 V，并将示波器偏转因数选择开关置于 50 mV/cm，重复上面的测量，将结果记入表 10.11 中。

表 10.11　偏转因数测量数据

输入正弦信号		显示幅度	测得偏转因数	选择开关指	相对误差
有效值	U_{PP}	（格数）	$=U_{PP}/$格数	示偏转因数	
0.5 V					
0.1 V					

3. 扫描速度的测试

先将示波器的扫描速度开关置于 0.2 ms，再将扫描微调置于"校正"（CAL），输入 1 kHz 方波，测出一个信号周期 T 所占的水平格数，即可算出扫描速度＝$T/$格数。与扫描速度选择开关指示值（0.2 ms）相比较，计算相对误差，将结果记入表 10.12 中。

再将输入信号改为 2 kHz，扫描速度选择开关置于 0.1 ms，重复上面的测量，将结果记入表 10.12 中。

表 10.12　扫描速度数据表

输入信号		测得 T 所占	测得扫描速度	选择开关指	相对误差
频率	周期	水平格数	$=T/$格数	示扫描速度	
1 kHz					
2 kHz					

4. 通频带的测试

将任意波形发生器产生的正弦信号输入到示波器中，测量输出幅度。改变正弦波频率，保持有效值始终为 0.5 V，记录在不同频率时示波器荧光屏上的幅度值。

注意：在频率上升到高端，荧光屏上的信号幅度下降时，应适当多读一些数据。

将读得的数据记入表 10.13 中，并画出频率特性曲线。

表 10.13　通频带测量数据表

频率 f								
显示幅度 U_{PP}								

5. 用示波器测量直流电压

测量直流电压只需一个 Y 通道,选用通道 CH1,将相应开关置于 CH1 的位置,输入电缆接到 CH1 的 Y 轴插口上。

(1) 调节参考零点光迹位置。将 CH1 通道的输入选择开关置于 GND 的位置,Y 轴增益旋钮顺时针旋到底。调节 Y 轴位移旋钮,使光迹与屏幕上底部刻度线对齐,底部即为零电压位置。

(2) 用示波器测量直流稳压电源输出的电压。将通道选择开关置于 DC 的位置,用示波器和万用表分别测量表 10.14 所列稳压电源的输出电压值,并将测量结果填入表 10.14 中。比较测量结果,分析影响示波器测量直流电压误差的主要因素。

表 10.14 示波器和万用表对直流电压测量结果的比较

直流稳压电源输出电压/V	0.5	1	2.5	5	10	15
用示波器测量的电压值						
用万用表测量的电压值						

6. 用示波器测量交流电压

(1) 将通道选择开关置于 AC 的位置,用 Y 轴位移把光迹调到屏幕中央。

(2) 将 X 轴量程开关置 0.5 ms/div 挡。

(3) 用任意波形发生器产生 1 kHz 的正弦信号。

(4) 任意波形发生器的输出电缆接示波器 Y 轴的输入电缆,调节触发电平旋钮(Trigger),使示波器显示的波形稳定。

(5) 用示波器和晶体管毫伏表分别测量表 10.15 所列信号幅度的任意波形发生器的输出电压幅度,并比较测量结果,分析影响示波器测量结果误差的主要因素。

注意:示波器 Y 轴量程开关必须和输入信号幅度保持一致,Y 轴增益旋钮必须顺时针旋到底。

表 10.15 示波器和数字交流毫伏表对交流电压测量结果的比较

任意波形发生器输出电压有效值	50 mV	100 mV	500 mV	1 V
用毫伏表测量的电压有效值				
换算毫伏表测量的峰-峰值				
用示波器测量的电压峰-峰值				

7. 用示波器测量交流信号频率

(1) 将任意波形发生器输出电压调到 100 mV,产生表 10.16 所列频率的正弦信号。

(2) 将示波器 Y 轴量程开关置 50 mV/div。

(3) 用示波器测量以上信号的频率,将结果填入表 10.16 中,并分析影响示波器测量交流信号频率误差的主要因素。

注意：用示波器测量时，选择的 X 轴量程应和信号周期相当，一般为信号频率的 1/2～ 1/3。同时应调节触发电平（Trigger）旋钮，使波形稳定。

表 10.16　用示波器测量交流信号频率的结果比较

任意波形发生器输出信号的频率	500 Hz	1 kHz	5 kHz	10 kHz
用示波器测量的信号周期(T)				
换算的信号频率 $f=1/T$				

8. 用示波器观察非正弦波信号的波形

（1）用任意波形发生器分别产生幅度和频率任意的矩形波和三角波。

（2）用示波器观察矩形波的波形，说明为什么几乎看不到上升沿和下降沿亮度。

（3）用示波器观察三角波的波形，并测量三角波的周期和幅度；根据测量结果，计算三角波信号的有效值，画出矩形波和三角波的波形图，将周期、幅度、计算值和观察波形记入自拟表格中。

9. 李沙育图形（Lissajous Patterns）的观测

（1）将任意波形发生器的 50 Hz 输出信号接到 X 通道，而 Y 通道接入可调的正弦信号。

（2）分别调节两个通道，直至它们均能正常显示波形。

（3）切换到 X － Y 模式，调整两个通道的偏转因子，使图形正常显示。

（4）调节 Y 信号的频率，观测不同频率比例下的李沙育图形，将相关参数和图形记入自拟表格中。

四、实验报告要求

（1）写明实验目的。

（2）写明实验仪器的名称和型号。

（3）写明实验内容和步骤，并按要求记录实验数据，画图表。

（4）总结实验过程中碰到的问题和解决办法。

实验六　示波器测量各种周期的波形

【预习要求】

（1）预习任意波形发生器和示波器的使用。

（2）自行设计数据记录表格。

一、实验目的

（1）学习示波器的校准及主要性能指标的检验。

（2）学会用示波器测量正弦信号的幅值、频率、周期、相位及脉冲信号的上升时间等波形参数。

（3）重点掌握用示波器测量周期波形的峰值及周期的方法与步骤。

（4）了解频率特性仪的工作原理、组成结构、性能指标及使用要领。

二、实验器材

任意波形发生器、数字示波器及频率特性仪。

三、实验内容与步骤

（1）阅读仪器使用说明书，熟悉数字示波器、任意波形发生器和频率特性仪的主要性能指标，了解其主要用途。

（2）按照操作方法，识记示波器面板上旋钮的使用，理解示波器面板上一些重要旋钮的作用（如 Y 通道灵敏度、时基因数、聚焦、Y 位移、X 位移、寻迹、稳定度、辉度），分别调节 Y 通道灵敏度、时基因数、聚焦、Y 位移、X 位移、寻迹、稳定度、亮度等旋钮，观察它们对波形的影响。

（3）按照操作方法，识记任意波形发生器面板上旋钮的使用，理解任意波形发生器面板上一些重要旋钮（如频率调节、脉宽调节）的作用。

（4）选择示波器的适当挡位，校准信号波形，测量信号参数，并自拟实验数据记录表记录数据。

（5）调节任意波形发生器输出 1 V、20 kHz 正弦波，用示波器采用不同时基因数、扫描因数，多次测量正弦信号的幅值、频率、周期。测量数据及测量结果记入自拟表格中，分析与比较量程选择对测量结果的影响。

（6）调节任意波形发生器输出 20 kHz 矩形脉冲波，用示波器采用不同时基因数、扫描因数，多次测量信号的幅度、频率、周期、脉冲宽度、上升时间、下降时间、占空比，观察有无过冲、平顶降落现象。测量数据及测量结果记入自拟表格中，分析与比较量程选择对测量结果的影响。

（7）调节任意波形发生器输出 10 MHz 正弦波，用示波器采用不同时基因数、扫描因数，多次测量正弦信号的幅值、频率、周期。测量数据及测量结果记入自拟表格中，分析与比较量程选择对测量结果的影响。

（8）检查频率特性仪输出扫频信号的频偏、频率范围、寄生调幅系数是否符合其性能指标要求。

四、实验报告要求

（1）写明实验目的。

（2）写明实验仪器的名称和型号。

（3）写明实验内容和步骤。

（4）自行设计数据记录表记录数据，画出用示波器观测的波形。

（5）写实验心得体会。

实验七　数字交流毫伏表及其使用

【预习内容】

（1）数字万用表的使用。

（2）数字交流毫伏表的使用。

一、实验目的

（1）掌握数字交流毫伏表的使用方法。

（2）了解数字交流毫伏表的工作频率极限。

（3）学习数字交流毫伏表的使用方法。

（4）学会数字交流毫伏表使用前的调零和校正。

二、实验器材

数字交流毫伏表、任意波形发生器及数字万用表。

三、实验内容与步骤

1. 用数字交流毫伏表测量交流电压的一般步骤和注意事项

（1）一般仅用于正弦交流电压的测量，表中读数为有效值。而对于其他波形（矩形波、三角波），表中读数仅作参考，在数值上无确定意义。

（2）用电压表测量正弦交流电压时，必须了解所测交流电压的频率是否在所选仪器的极限范围内。$4\frac{1}{2}$ 位双 VFD 显示双通道数字交流毫伏表对所测电压的频率范围为 20 Hz～1 MHz，若超出范围，则不能保证准度。

（3）接通电源。连接电源前，应保持供电电压范围为 198 V～242 V，并且在频率为 47.5 Hz～52.5 Hz 的条件下工作。插入电源线前，务必先确认前面板的电源开关是在关的状态。将电源线连接至仪器后面板的交流电源输入端和三孔交流电源的输出端（务必是有接地线的交流电源）。按下仪器前面板的开关，以打开仪器，准备操作。

警告：仪器自带的三孔电源线有一个独立的接地端线，所用电源必须是三孔且有接地的；否则，可能会因电击而导致人员的死亡。

（4）测量前，视被测电压的大小将仪表量程置适当的挡级，以免过载烧坏输入级，被测电压的最大值应小于 300 V。

（5）由于仪表的灵敏度较高，使用时必须正确地选择接地点，以免造成测量误差。

（6）测量时，输入电缆的地线应先接入被测电路，再连接输入电缆的芯线。测完后，应先断开芯线后再去掉地线。这样可防止因输入电缆未接地而造成较高的感应电压，使表针偏转过头打弯。

(7) 若要测量电网电压，要特别注意防电击危险，数字交流毫伏表地线必须接到电网的地线，如不能确定电网的地线，则必须用其他手段先予以确定（如用测电笔）。一般不用毫伏表测电网电压，而用万用表测量。

2. 用数字交流毫伏表测量正弦交流电压

(1) 使 AG1022E 双通道任意波形发生器产生一正弦信号输出，频率为 1 kHz。

(2) 按上述方法对数字交流毫伏表进行调零，估计被测电压的幅度并选择合适的量程。若不知被测电压幅度，可先置较高量程，对本例可先置 3 V 挡。把输入电缆接到 AG1022E 双通道任意波形发生器的输出电缆。

(3) 初步调节任意波形发生器输出幅度，使输出为 0.5 V，将量程调到 1 V 挡，使读数的精度更高；然后，细调任意波形发生器输出，使输出为 0.5 V。

(4) 用万用表交流电压挡测量此时的信号输出电压。把测量结果与数字交流毫伏表测量结果进行比较，将测量数据记录于表 10.16 中。

(5) 将信号频率固定为 1 kHz，当任意波形发生器输出电压幅度分别为 0.1 V、0.2 V、0.3 V、0.4 V、0.5 V、0.6 V、0.7 V、0.8 V、0.9 V、1 V 时进行测量。

重复上述测量，并把测量数据填入表 10.17 中。

表 10.17　毫伏表测量和万用表测量结果比较（信号频率为 1 kHz）

用毫伏表	0.1 V	0.2 V	0.3 V	0.4 V	0.5 V	0.6 V	0.7 V	0.8 V	0.9 V	1 V
用万用表										
测量偏差										

说明：测量结果为什么会有偏差，哪个数据更准确？

(6) 将信号发生器的输出幅度固定为 0.5 V，当信号的频率分别为 50 Hz、100 Hz、500 Hz、1 kHz、5 kHz、10 kHz、20 kHz 时进行测量。

重复上述测量，并把测量数据填入表 10.18 中。

表 10.18　毫伏表测量和万用表测量结果比较（信号幅度为 0.5 V）

信号频率	50 Hz	100 Hz	500 Hz	1 kHz	5 kHz	10 kHz	20 kHz
用毫伏表							
用万用表							
偏差							

说明：随着频率增加，偏差是变大还是变小？为什么？

四、实验报告要求

(1) 写明实验目的。

（2）写明实验仪器的名称和型号。

（3）写明实验步骤和过程。

（4）整理实验数据，按要求填写相应表格。

（5）总结实验结果，并回答下列问题：

① 通过上述实验，你对仪器的使用极限有什么进一步的理解？

② 使用毫伏表时要注意什么事项？

实验八　任意波形发生器及其使用

【预习内容】

（1）AG1022E 双通道任意波形发生器的应用。

（2）示波器的使用。

（3）数字交流毫伏表的使用。

一、实验目的

（1）掌握双通道任意波形发生器的功能和使用方法。

（2）了解双通道任意波形发生器的工作特性和指标好坏的鉴别。

（3）熟悉数字交流毫伏表的使用。

二、实验器材

数字交流毫伏表、任意波形发生器及数字示波器。

三、实验内容与步骤

（1）阅读 AG1022E 双通道任意波形发生器使用说明书，并将仪器的技术指标填入表 10.19 中。

表 10.19　信号发生器的技术指标

名　称	技　术　指　标
频率范围	
频率基本误差	
输出电压	
非线性失真	
输出阻抗	
调制信号频率	
调制方式	

（2）用任意波形发生器产生符合下列要求的信号，并用数字交流毫伏表及频率计测量信号的幅度和频率，用示波器观察信号波形。将数据填入表10.20中。

① 信号1：频率为100 Hz、幅度为0.5 V（有效值，下同）的正弦波。

② 信号2：频率为1 kHz、幅度为1 V的正弦波。

③ 信号3：频率为15 kHz、幅度为1.5 V的正弦波。

④ 信号4：频率为100 kHz、幅度为0.5 V的正弦波。

表 10.20　任意波形发生器产生的信号测量结果

	信号要求频率幅度	毫伏表测量的信号幅度	频率计测量的信号频率
信号1			
信号2			
信号3			
信号4			

（3）用任意波形发生器产生上述频率的矩形波和三角波，用示波器观察信号波形。

（4）任意波形发生器各波段输出信号最大时，幅频特性的测量。

① 将任意波形发生器的输出置最大，产生等幅正弦电压信号。

② 选择第一波段，用数字交流毫伏表3 V挡量程测量第一波段的最低频率和最高频率的输出电压有效值，分别记录在表10.21的最左和最右位置。

③ 在第一波段内均匀选取另7个频率点，测量输出电压有效值并依次记入表10.21中。

④ 分别按上述方法测量第二、第三波段的幅频特性，也记入表10.21中。

⑤ 画出三个波段输出信号的幅频特性曲线，X轴为频率，Y轴为输出幅度。

表 10.21　任意波形发生器输出信号幅频特性测量

测 量 量	1	2	3	4	5	6	7	8	9
一波段测量点频率									
一波段测量点输出电压/V									
二波段测量点频率									
二波段测量点输出电压/V									
三波段测量点频率									
三波段测量点输出电压/V									

（5）用任意波形发生器产生调幅信号。

① 任意波形发生器一般内部附加有1 kHz的正弦信号产生电路，其输出作为对高频信号的内调制信号。调制方式有调幅和调频两种。若选择外加调制信号，则该内调制信号不

起作用，需从仪器后面的外部调制信号输入端送入调制信号。

　　② 先用任意波形发生器产生 100 kHz 的等幅信号，输出幅度为 0.5 V 左右，然后选择调幅（AM）按钮，使 AM 相应指示灯亮，选择内调制信号的方式。

　　③ 用示波器显示调幅信号波形。

　　注意：扫描时基选择 0.5 ms/div。

　　④ 调节仪器调制信号的幅度，使调幅信号的调幅度为 50%。

　　（6）用任意波形发生器产生调频信号。

　　① 先用任意波形发生器产生 100 kHz 的等幅信号，输出幅度同上，然后选择调频（FM）旋钮，使 FM 相应指示灯亮，选择内调制信号的方式。

　　② 用示波器观察调频信号，扫描时基选择 0.2 ms/div。为使调频波形容易观察，可适当加大调制信号的幅度。

四、实验报告要求

　　（1）写明实验目的。

　　（2）写明实验仪器的名称和型号。

　　（3）写明实验内容和步骤。

　　（4）按要求记录数据，画图表。

　　（5）总结实验结果，在分析数据的基础上，得出实验结论。

实验九　示波器的特殊测量方法和校正方法

【预习内容】

（1）预习用示波器测量重复脉冲的方法，以及脉冲上升时间和下降时间。

（2）预习示波器的相位测量方法（双踪测量法）。

（3）用示波器的 X - Y 法（椭圆法）测量相位差。

（4）预习示波器的校正和维护。

一、实验目的

　　（1）掌握数字示波器的使用方法。

　　（2）学会测量矩形波上升时间和下降时间的方法。

　　（3）了解示波器 X - Y 法的应用。

　　（4）掌握测量相位差的两种方法。

　　（5）了解示波器的校正方法。

二、实验器材

　　数字示波器、任意波形发生器、两只电阻（RT14 - 1 kΩ 和 RT14 - 10 kΩ）、两只电容

（CBB22 – 50 V – 104 和 CBB22 – 50 V – 103）。

三、实验内容与步骤

（1）用示波器测量脉冲信号的上升时间和下降时间。

① 用任意波形发生器产生频率为 20 kHz 的矩形波脉冲信号。

② 按图 10.11 连接电阻和电容，组成一个低通网络。

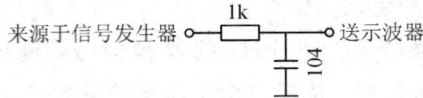

图 10.11　低通滤波电路

③ 因为任意波形发生器输出的脉冲信号上升时间较小，不易测量，所以先将脉冲信号通过低通网络后再送到示波器测量，以加大脉冲信号的上升时间，便于测量。

④ 调节示波器 X 轴的偏转因素选择开关，尽量使屏幕上突出显示脉冲的上升沿部分或下降沿部分，并配合使用 X 轴位移旋钮，使对应上升沿 10%（或下降沿 90%）高度处的测量点对齐 X 轴的某个刻度线，然后读出对应上升沿 90%（或下降沿 10%）高度处另一测量点到上一测量点的相对时间值。该相对时间值就是所测脉冲的上升时间（或下降时间），读数等于刻度个数乘以 X 轴偏转因数。

注意：以上操作只有在 X 轴细调（Variable）旋钮顺时针旋到底后读数才是正确的。

（2）用双踪法测量两个信号的相位差。

① 先用任意波形发生器产生一个频率为 20 kHz、幅度为 1 V 的正弦信号。

② 再按图 10.12 连接电阻和电容，组成一个阻容延迟网络。任意波形发生器输出信号一路直接作为信号 1 送入示波器 CH1 通道，另一路通过阻容延迟网络后作为信号 2 送入示波器 CH2 通道。由于信号 2 通过延迟网络，所以信号 2 比信号 1 在时间上有延迟，两个信号之间存在着相位差。

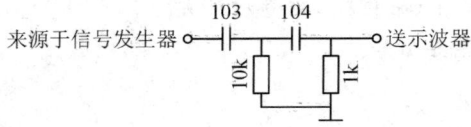

图 10.12　阻容延迟网络

③ 用示波器测量频率相同的两个信号之间的相位差。

示波器置交替工作状态，调节 X 轴偏转因数选择开关（也称 X 轴扫描速度选择开关），对于 20 kHz 的信号频率，可置于 10 μs/div 挡，调节触发电平（Trigger）旋钮，使显示的两个波形稳定。分别调节 CH1 和 CH2 两个 Y 轴位移旋钮，使两个波形的扫描时基线重合，在屏幕上可看到一前一后两个正弦波。测量信号周期 T，并测量两个信号之间的时间延迟量 ΔT，测得两个信号的相位差 φ 为

$$\varphi = 360° \times \frac{\Delta T}{T}$$

④ 将屏幕显示的波形和测量结果绘成图形。

思考：在上述测量过程中，X 轴细调（Variable）旋钮是否一定要按测量要求顺时针旋到底？如放在任意位置，对测量结果是否有影响？为什么？

（3）示波器的 X－Y 应用和椭圆法测量相位差。

① 示波器的 X－Y 应用，是指两个信号分别从 X 通道和 Y 通道送入示波器，示波器内部 X 振荡器不用，靠外接被测量信号之一来驱动电子束做水平方向的扫描。此时，光迹在水平方向的扫描反映了接在 X 通道的被测量信号的规律，而屏幕上显示的光迹图形和两个被测信号的参数都有关。示波器的 X－Y 法可用来测量未知信号的频率，其测量依据是李沙育图形（Lissajous Patterns）。示波器的 X－Y 法也可应用于相位差的测量，这就是椭圆法测量相位差。

② 先将辉度旋钮调小至刚能看到光迹，然后把 X 偏转因数选择开关（X 扫速开关）置于X－Y 挡。此时，屏幕上只有一个亮点。注意此时不能把辉度开大，以免能量集中灼伤荧光屏。调节 Y 轴位移和 X 轴位移旋钮，使光点在屏幕中央刻度线原点。

③ 按照上述步骤②产生同频率的两个信号，分别送至 X 输入插口和 Y 输入插口（选CH1 或 CH2 都可）。示波器 Y 轴工作模式开关从交替工作模式改为相应的 CH1 或 CH2。

④ 分别调节 Y 轴增益旋钮（Variable）和 X 轴细调旋钮（Variable），使两个信号的幅度相同，此时屏幕上将显示一个斜椭圆。

⑤ 测量椭圆与 Y 轴的交点高度 h_1 和椭圆最高点的高度 h_2，两个信号的相位差为

$$\varphi = \arcsin \frac{h_1}{h_2}$$

⑥ 将屏幕显示的图形和测量结果画成图形，比较两种方法的测量结果是否相同，如果有误差，则分析误差原因，你认为哪种测量方法准确度（Accuracy）较高？哪种方法精确度较高？

（4）示波器的校正。

① 示波器的专业校正要用到高精度计量标准，并打开示波器进行。本实验只对一般校正进行说明。

② 示波器内有一个测试用矩形波信号，其幅度为 1 V 峰-峰值、频率为 1 kHz，供测量时作为比对用。

③ 比对时把测试信号送入 Y 轴插口，把 Y 轴增益旋钮顺时针旋到底。测量该信号的幅度，该值应为 1 V，如果不为 1 V，则说明示波器存在系统误差，计算误差百分比，在实际测量时，将其作为测量电压的数据修正依据。同理，测量该信号的频率，计算系统的误差百分比，将其作为测量频率的数据修正依据。

④ 按照上述方法进行比对。如果有误差，计算系统的误差百分比。

四、实验报告要求

（1）写明实验目的。

（2）写明实验用仪器的名称和型号。

（3）写明实验内容和步骤。

（4）对实验数据进行分析，按要求填写数据和画图表。

（5）总结实验成功的经验，找出实验失败的原因。

实验十　直流稳压电源的输出指示准确度和纹波系数的测量

【预习内容】

详细阅读有关万用表和直流稳压电源的使用方法及注意事项。

一、实验目的

（1）掌握万用表和直流稳压电源的使用方法。

（2）掌握直流稳压电源输出指示准确度和纹波系数的测量方法。

二、实验器材

数字交流毫伏表、任意波形发生器和电容。

三、实验内容与步骤

（1）直流稳压电源的输出指示准确度的测量。

① 测量原理。输出指示准确度是直流稳压电源的一个技术指标，一般用百分数表示。万用表的读数（即测量值）为 U_1，直流稳压电源的输出刻度指示值为 U_2，则输出指示准确度为

$$A_U = \frac{|U_2 - U_1|}{U_1} \times 100\% \tag{10.1}$$

② 实验步骤。

步骤 1：将直流稳压电源的输出电压调节旋钮逆时针调节至较小位置，并将万用表的量程也置于适当的挡位。

步骤 2：接通万用表及直流稳压电源的电源开关，调节稳压电源输出，读取电源电压指示值和万用表读数，并计入表 10.22 中。

步骤 3：更换万用表为适当量程，从小到大调节稳压电源的输出电压调节旋钮，即调节稳压电源输出，分别读取电源电压指示值和万用表的读数，并计入表 10.22 中。

步骤 4：重复步骤 3。

步骤 5：按式（10.1）计算每次测量的指示准确度 A_U，最后计算 A_U 的平均值。

步骤 6：按上述步骤测试电源输出指示值 I_2，万用表读数 I_1，并计算电源输出指示准确度，完成表 10.23。

表 10.22　电压输出指示准确度的测量

电源输出指示值 U_2	万用表读数 U_1	$A_U = \mid U_2 - U_1 \mid /U_1$	A_U 平均值

表 10.23　电流输出指示准确度的测量

电源输出指示值 I_2	万用表读数 I_1	$A_I = \mid I_2 - I_1 \mid /I_1$	A_I 平均值

（2）直流稳压电源纹波系数的测量。

① 测量原理。纹波系数是反映直流稳压电源输出中交流成分大小的物理量，若用 U_1、U_2 分别表示直流稳压电源输出的总电压、交流电压，则纹波系数定义为

$$\gamma = \frac{U_2}{U_1} \tag{10.2}$$

纹波系数越小，说明直流输出特性越好。

② 实验步骤。

步骤 1：按图 10.13 所示连接测量电路。

步骤 2：将直流稳压电源的输出电压调节逆时针调节到较小位置，毫伏表的量程也置于适当的挡位。

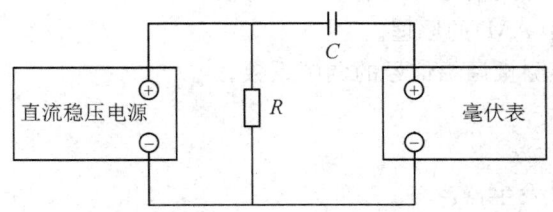

图 10.13　直流稳压电源纹波系数的测量电路

步骤 3：接通毫伏表及直流稳压电源的电源开关，调节稳压电源输出，读取电源电压指示值和毫伏表读数，计入表 10.24 中。

步骤 4：从小到大调节稳压电源的输出电压调节旋钮，即调节稳压电源输出，分别读取电源电压指示值和毫伏表的读数，计入表 10.24 中。

表 10.24　直流稳压电源纹波系数的测量

稳压电源输出总电压 U_1	稳压电源输出交流电压 U_2	$\gamma = U_2 / U_1$	γ 平均值

步骤 5：重复步骤 4。

步骤 6：按式（10.2）计算每次测量的纹波系数 γ，最后计算 γ 的平均值。

四、实验报告要求

（1）写明实验目的。

（2）写明实验仪器的名称和型号。

（3）写明实验内容和步骤。

（4）对实验数据进行分析，按要求填写数据并画图表。分析在直流稳压电源纹波系数的测量中，隔直电容 C 的大小对测量结果有何影响？

（5）总结实验成功的经验，找出实验失败的原因。

实验十一　普通调幅信号调幅系数的测量

【预习内容】

（1）详细阅读有关合成信号发生器和示波器的使用方法及注意事项。

（2）详细阅读有关普通调幅（AM）的原理及用示波器测量调幅系数的方法。

一、实验目的

（1）掌握示波器和合成信号发生器的使用方法。

（2）掌握普通调幅（AM）的原理。

（3）学会用示波器测量调幅信号的调幅系数。

二、实验仪器

示波器与合成信号发生器。

三、实验内容与步骤

1. 普通调幅（AM）原理

普通调幅是用低频信号去控制高频正弦波（载波）的振幅，使其随调制信号波形的变化而呈线性变化。

设载波 $u_c = U_{cm} \cos \omega_c t$，调制信号 $u_\Omega = U_{\Omega m} \cos \Omega t (\Omega = \omega_c)$，则普通调幅信号为

$$u_{AM}(t) = (1 + M \cos \Omega t) \cdot U_{cm} \cos \omega_c t \tag{10.3}$$

式中，$M = k \cdot \dfrac{U_{\Omega m}}{U_{cm}}$，$0 < M \leqslant 1$ 为调幅系数，k 为比例系数。

$u_{\Omega}(t)$、$u_c(t)$ 和 $u_{AM}(t)$ 的波形如图 10.14 所示。

结合图 10.14 和式(10.3)可知，调幅信号的振幅由直流分量 U_{cm} 和交流分量 $kU_{\Omega m}\cos\Omega t$ 相加而成。其中，交流分量与调制信号成正比，或者说，普通调幅信号的包络(信号振幅各峰值点的连接)完全反映了调制信号的变化。普通调幅信号的产生原理如图 10.15 所示。

由图 10.15 可知

$$U_{cm}(1 + M\cos\Omega t)\big|_{\max} = U_{\max}$$
$$U_{cm}(1 - M\cos\Omega t)\big|_{\max} = U_{\min}$$

所以可求得调幅系数 M 为

$$M = \frac{U_{\max} - U_{\min}}{U_{\max} + U_{\min}} \times 100\%$$

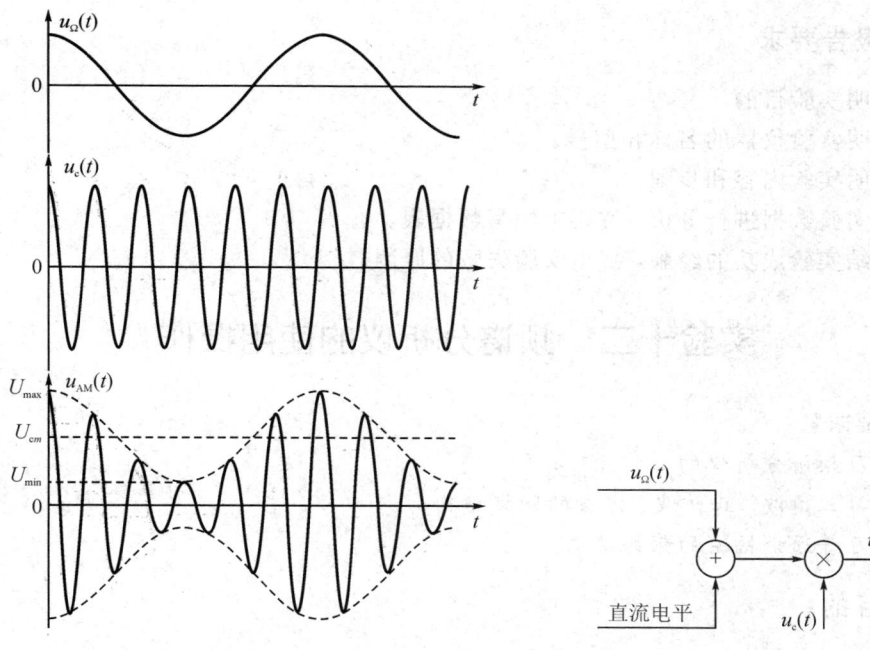

图 10.14　普通调幅(AM)波形　　　　　图 10.15　普通调幅信号产生原理

2. 测量步骤

步骤 1：调节合成信号发生器，使其输出调制频率为 1000 Hz，载波频率为 10 MHz，调制系数 20% 的调幅信号，采用内调制方式。

步骤 2：按下 CH1 垂直显示方式，调节示波器"V/div""t/div"旋钮到适当的数值，使示波器显示出调幅波形，将调幅信号波形图及有关数据记入表 10.25 中，并计算调幅系数 M。

步骤 3：调整调幅系数分别为 50%、80%，重复步骤 2，并完成表 10.25。

表 10.25　调幅系数的测量数据

调幅系数	20％	50％	80％
调幅信号波形			
V/div			
t/div			
U_{max}			
U_{min}			
M			

步骤 4：表 10.25 中，当调幅系数为 50％时，计算测量值 M 的绝对误差和相对误差。

四、实验报告要求

(1) 写明实验目的。
(2) 写明实验仪器的名称和型号。
(3) 写明实验内容和步骤。
(4) 对实验数据进行分析，按要求填写数据表。
(5) 总结实验成功的经验，找出实验失败的原因。

实验十二　频谱分析仪的使用操作

【预习要求】
(1) 预习频谱分析仪的工作原理；
(2) 预习三角波、正弦波、方波的频谱结构；
(3) 预习普通调幅波的频谱结构。

一、实验目的

(1) 了解频谱分析仪的工作原理和性能；
(2) 掌握用频谱分析仪测量信号频谱的方法。

二、实验器材

频谱分析仪、任意波形发生器及函数发生器。

三、实验内容与步骤

1. 阅读频谱仪使用说明书

阅读频谱仪使用说明书，了解频谱仪功能，熟悉面板和操作方法。

2. 测量方法

（1）用任意波形发生器产生 5 V、2 MHz 的正弦波，输入至示波器，调节任意波形发生器使信号不失真，记录此时的信号波形。

（2）将 5 V、2 MHz 的正弦波接入频谱分析仪的输入端，调节频谱分析仪的中心频率、扫描宽度、带宽、衰减等旋钮，直至显示的谱线清晰为止，记录此时频谱仪上的图形，比较测得的频谱结构与理论分析结果是否一致。

（3）把正弦波换成方波、三角波，重复上述实验过程。

（4）使任意波形发生器产生一载波为 1 MHz、信号为 1 kHz 的普通调幅波，用频谱分析仪观测此调幅波的频谱，记录此频谱并分析。

（5）使任意波形发生器产生一载波为 1 MHz、信号为 1 kHz 的普通调频波，用频谱分析仪观测此调频波的频谱，记录此频谱并分析。

四、实验报告要求

（1）写明实验目的。

（2）写明实验仪器的名称和型号。

（3）写明实验内容和步骤。

（4）按实验要求整理好数据，绘出波形频谱图，并与理论值比较。

（5）总结实验成功的经验，找出实验失败的原因。

参 考 文 献

[1]　魏鉴，朱卫霞. 电路与电子技术实验教程. 武汉：武汉大学出版社，2017.

[2]　吴晓新，堵俊. 电路与电子技术实验教程. 2 版. 北京：电子工业出版社，2016.

[3]　刘建成，冒晓莉. 电子技术实验与设计教程. 2 版. 北京：电子工业出版社，2016.

[4]　陈刚. 怎样识读电子电路图. 北京：中国电力出版社，2016.

[5]　叶永春，罗中华，邓艳菲. 电工电子实训教程. 2 版. 北京：清华大学出版社，2011.

[6]　刘旭，赵红利，孟祥忠，等. 电子测量技术与实训. 北京：清华大学出版社，2010.

[7]　王至秋. 电子技术实践快速入门. 北京：中国电力出版社，2010.

[8]　堵俊. 电路与电子技术实验教程. 北京：电子工业出版社，2009.

[9]　刘建成，严婕. 电子技术实验与设计教程. 北京：电子工业出版社，2007.

[10]　李国丽，刘春，朱维勇. 电子技术基础实验. 北京：机械工业出版社，2007.

[11]　张立毅，王华奎. 电子工艺学教程. 北京：北京大学出版社，2006.

[12]　周春阳. 电子工艺实习. 北京：北京大学出版社，2006.

[13]　高玉良. 电路与电子技术实验教程. 北京：中国电力出版社，2006.

[14]　李敬伟，段维莲. 电子工艺训练教程. 北京：电子工业出版社，2005.